Ahab's Rolling Sea:
A Natural History of Moby-Dick

クジラの海をゆく探究者《ハンター》たち 下

『白鯨』でひもとく海の自然史

リチャード・J・キング　坪子理美［訳］

慶應義塾大学出版会

AHAB'S ROLLING SEA: A Natural History of Moby-Dick
by Richard J. King

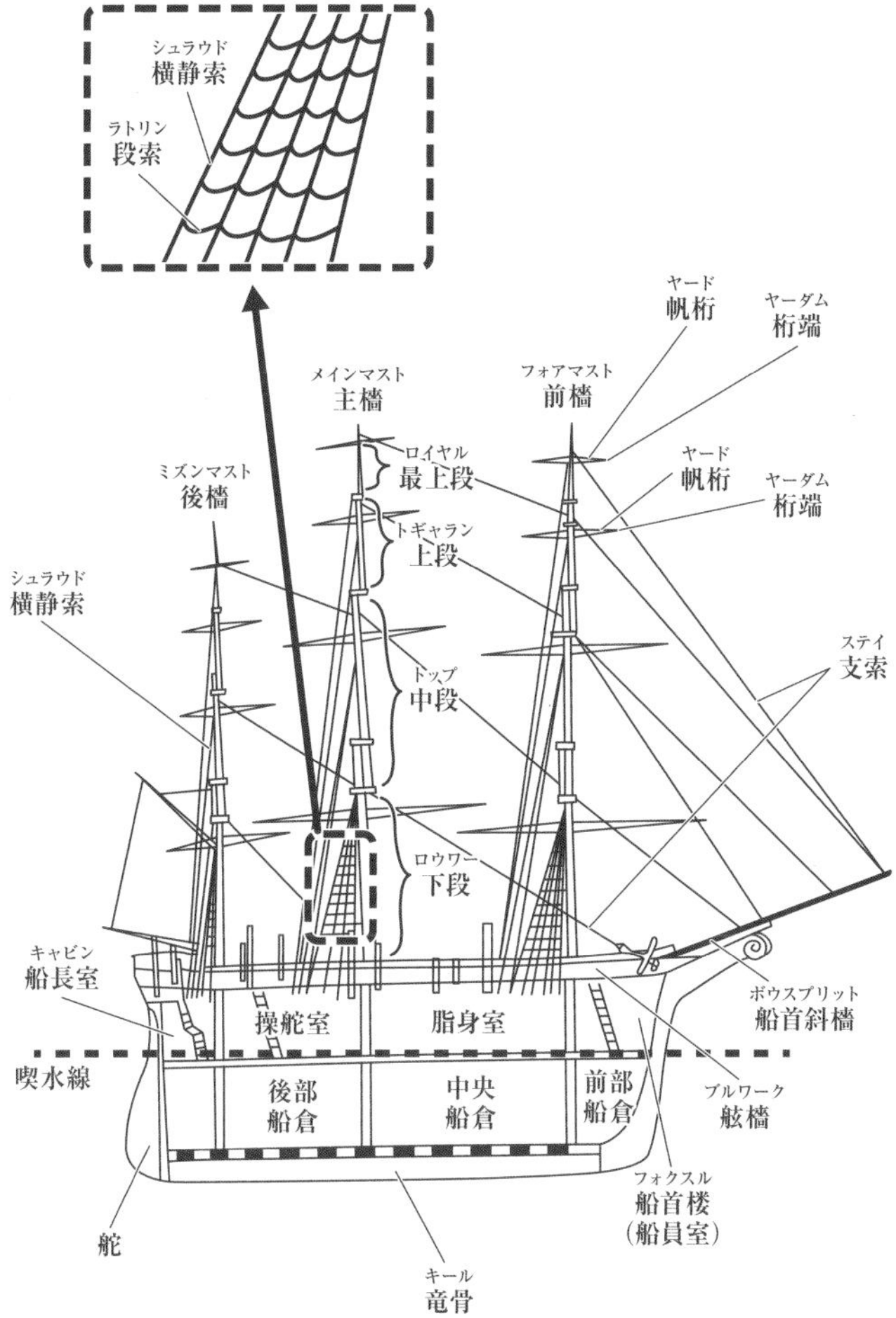

図A-1　木造捕鯨船のマスト、索具、船体

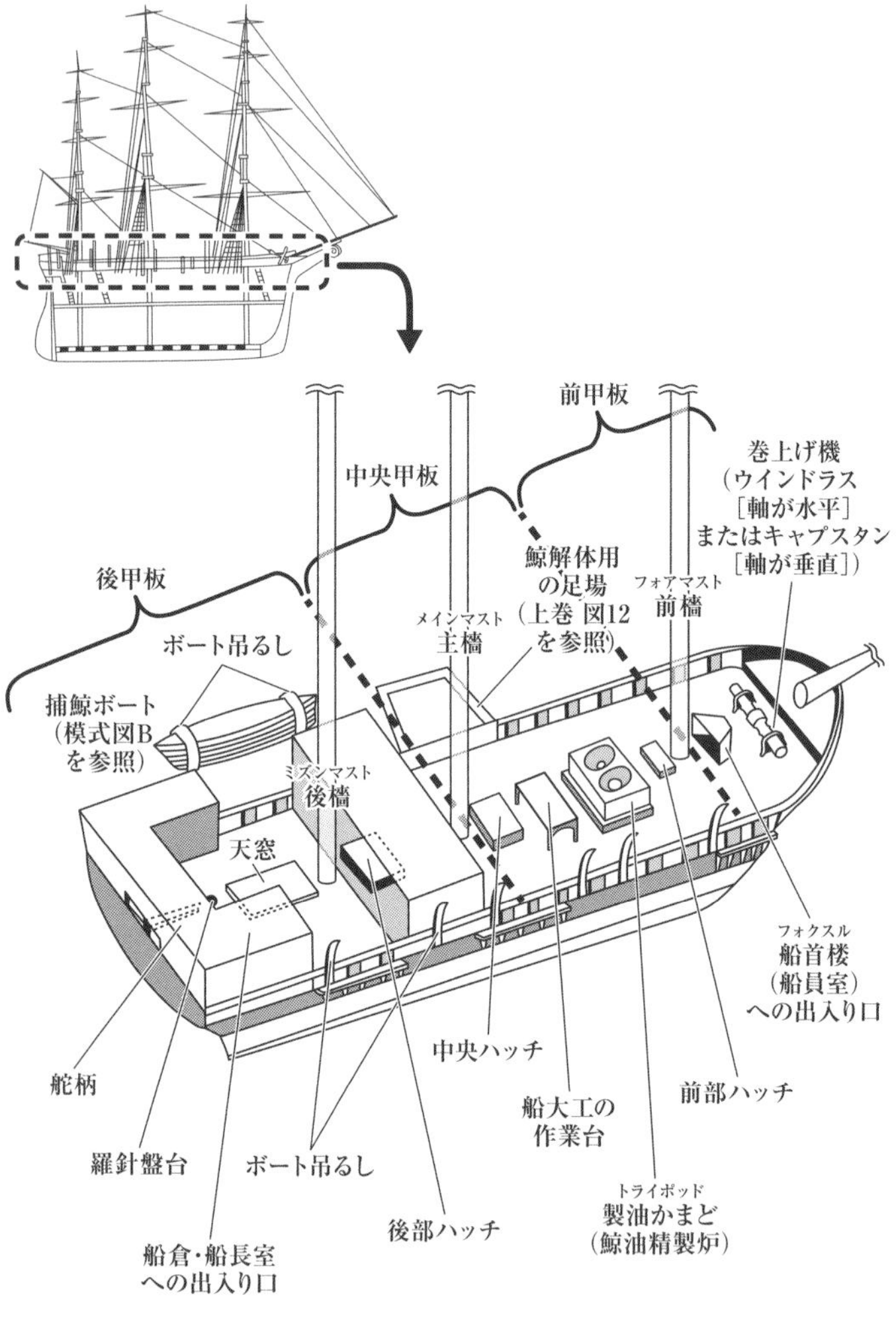

前甲板
中央甲板
後甲板
巻上げ機
（ウインドラス
［軸が水平］
またはキャプスタン
［軸が垂直］）
鯨解体用
の足場
（上巻 図12
を参照）
前檣《フォアマスト》
主檣《メインマスト》
ボート吊るし
捕鯨ボート
（模式図B
を参照）
後檣《ミズンマスト》
天窓
船首楼《フォクスル》
（船員室）
への出入り口
中央ハッチ
舵柄
前部ハッチ
船大工の
作業台
羅針盤台
ボート吊るし
製油かまど《トライポッド》
（鯨油精製炉）
後部ハッチ
船倉・船長室
への出入り口

図A-2　木造捕鯨船の甲板

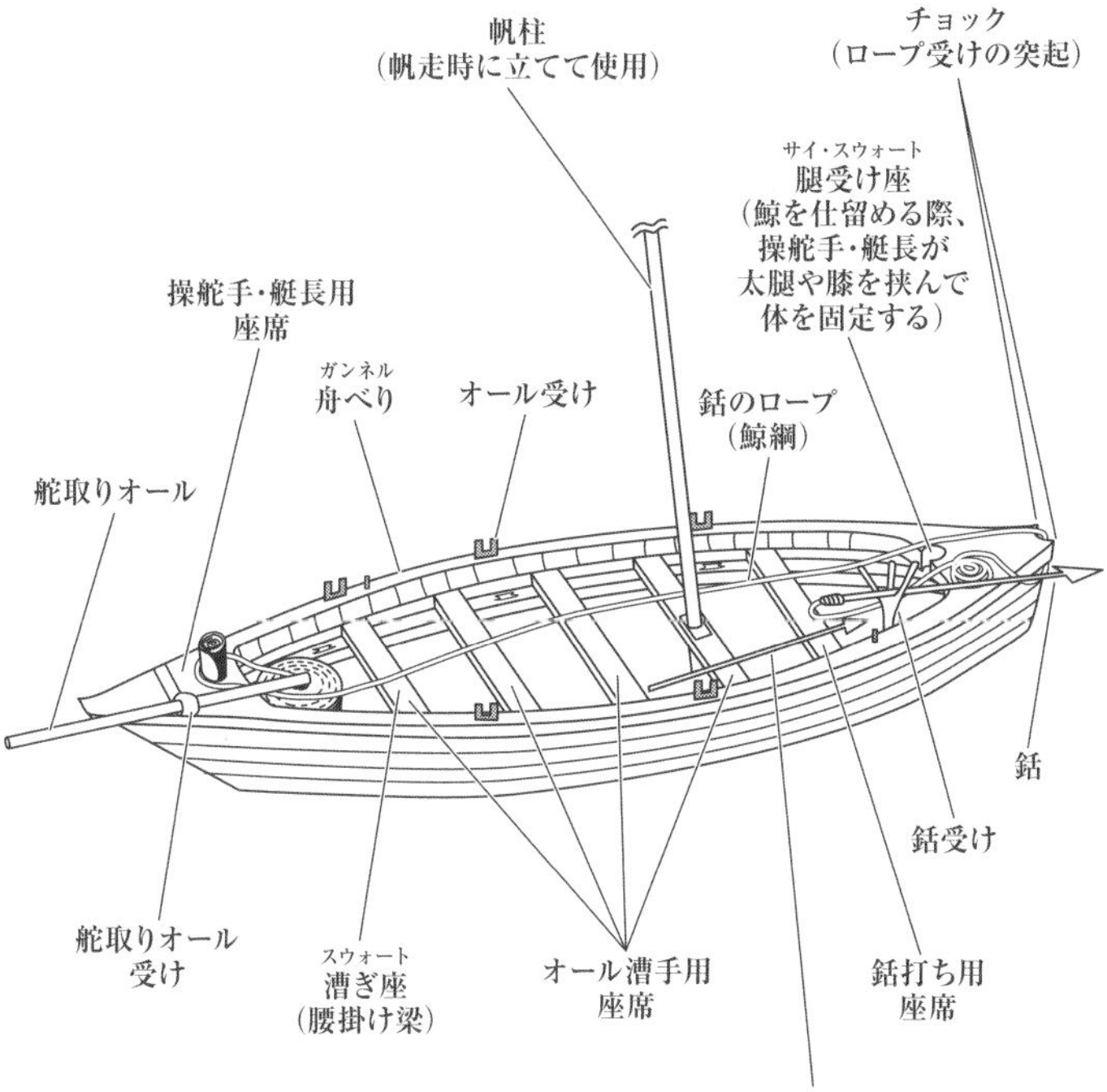
帆柱
（帆走時に立てて使用）
チョック
（ロープ受けの突起）
腿受け座《サイ・スウォート》
（鯨を仕留める際、
操舵手・艇長が
太腿や膝を挟んで
体を固定する）
操舵手・艇長用
座席
舟べり《ガンネル》
オール受け
銛のロープ
（鯨綱）
舵取りオール
銛
銛受け
舵取りオール
受け
漕ぎ座《スウォート》
（腰掛け梁）
オール漕手用
座席
銛打ち用
座席
予備の銛

図B　捕鯨ボート

凡例

- 原著者による注は〔　〕で、原文の強調箇所は太字ゴシック体で示した。
- 訳者による注は〔　〕で示した。また、登場人物の役割など、『白鯨（モービィ・ディック）』を未読の読者にとって必要だと思われる情報は〔　〕をつけずに補った。長い訳注は★マークをつけ脚注とした。
- 原文中の文献引用は、基本的に《　》で示した。
- 『白鯨』章題と人名の表記は、特に記載のない限り岩波文庫版（八木敏雄訳）を基に適宜改変を加えた。また、八木訳から引用した訳文にはⓎ印を付した。
- 読者の便宜を考え、上巻の冒頭に捕鯨船の各部分の説明図を付けた。説明図作成にあたっては岩波文庫版『白鯨』および下記の各ウェブサイトを参考とした。Encyclopædia Britannica（「Early commercial whaling」の項）、Whalesite.org（「The whale boat」の項）、Wikimedia Commons（Diagram_of_shrouds_on_a_16th-century_tall_ship.jpg および Mystic_whaleboat.jpg）、和英西仏葡語・海洋総合辞典（中内清文）（https://www.oceandictionary.jp/index.html）。

『クジラの海をゆく探究者《ハンター》たち』（下）目次

Straits of Sunda
Kiriba
AUSTRALIA
INDIAN OCEAN
Cape of Good Hope
NEW ZEALAND
Crozet Islands
Kaikoura Canyon

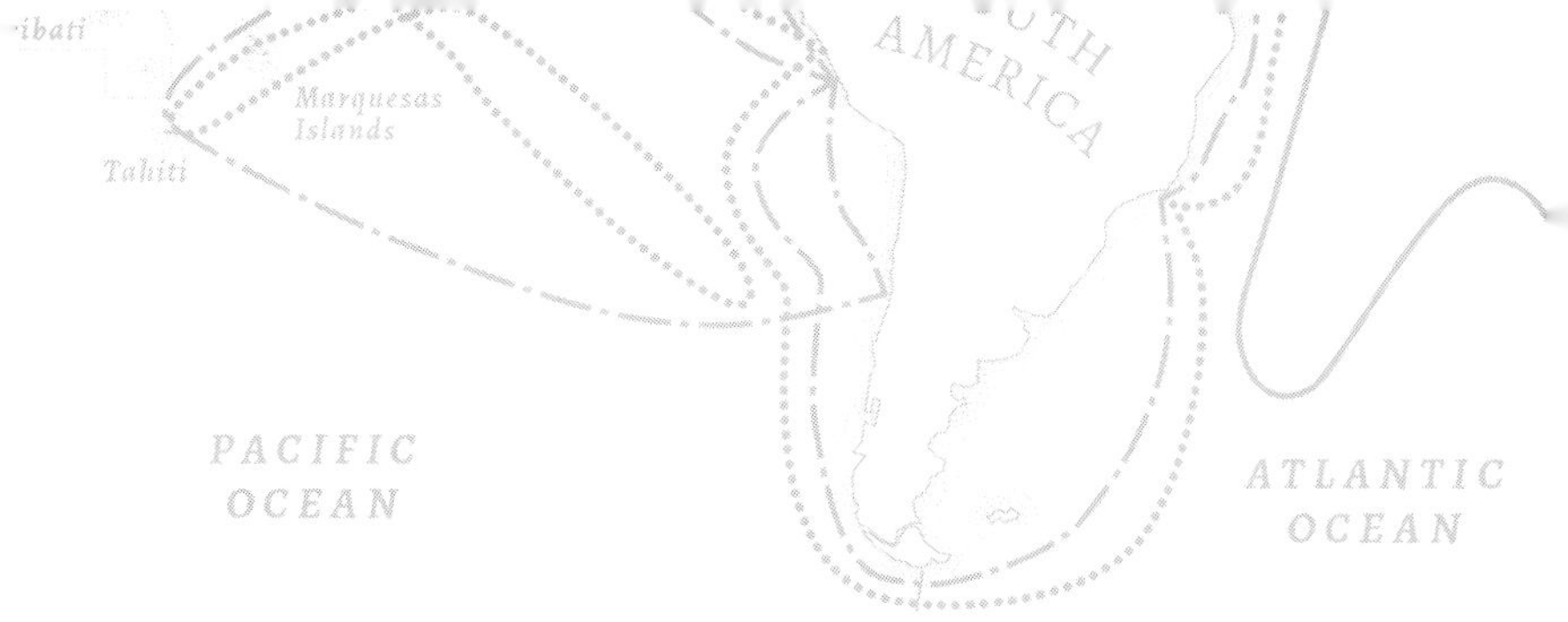
AMERICA
Marquesas Islands
Tahiti
PACIFIC OCEAN
ATLANTIC OCEAN

◆（上）目次

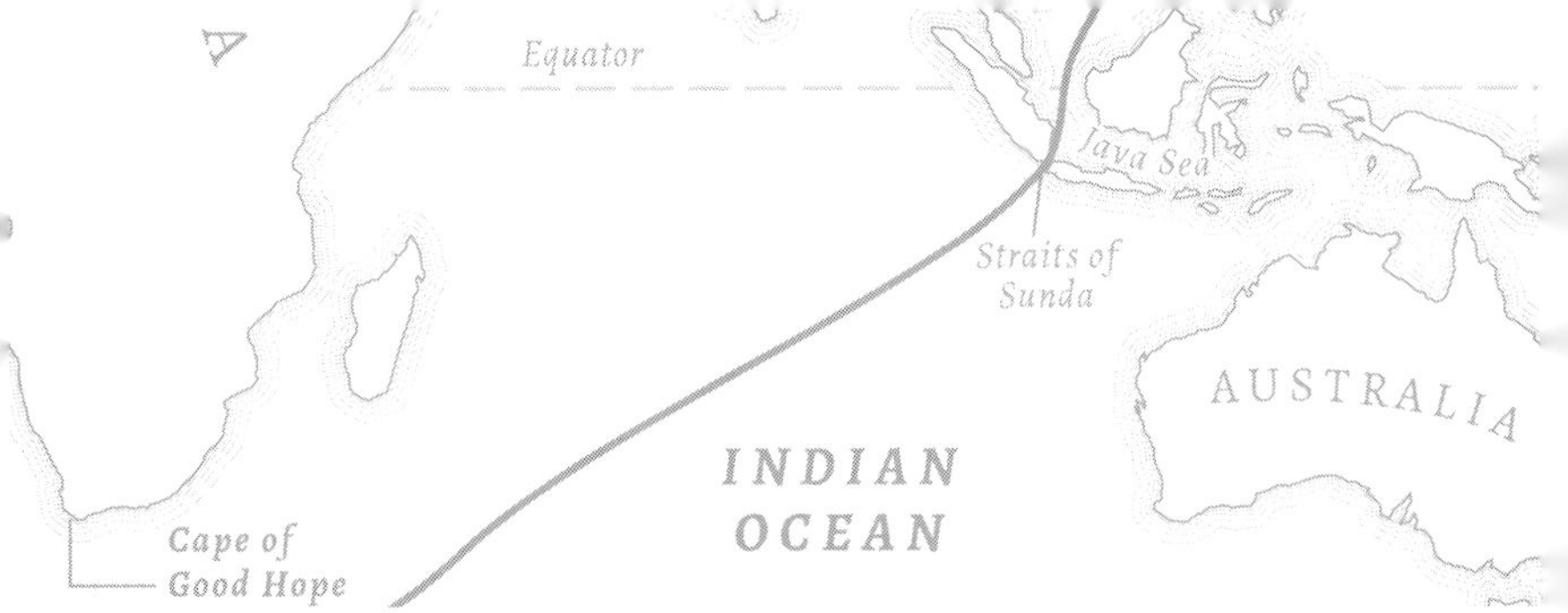

第16章　実用鯨学

——潮吹き、五感、頭部の解剖

この祝福された瞬間（紀元一八五〇年一二月一五日の午後一時を一五分と四分の一過ぎた時）を迎えても、これらの潮吹きがつまるところ、本当に水なのか、それとも蒸気に過ぎないのかという点がなお疑問のままだとは。これは間違いなく特筆に値する。

イシュメール（第85章「泉」）

ピークォッド号がインド洋をなお東へ進む中、イシュメールは言う。《実用的な鯨学を学ぶのに、ここ以上の機会をどこで得られるだろうか？　その場所を知りたいものだ。》

エイハブはピークォッド号の船体の左右にセミクジラの頭とマッコウクジラの頭を一つずつくくりつけるよう命じる。これは彼の迷信じみた意図によるものと推察される。イシュメールが「海のキャンディー」と鯨の解剖学を説明するのにも好都合だ。イシュメールは実に六つもの章を割いて鯨の頭部を様々に吟味する。内部の生理学、知覚活動、そして、船がインドネシアに近づくと、鯨の吹く潮の成分は厳密には何なのかが論じられる。

潮吹き

長身にマッシュルームカットのジャスティン・リチャード博士は、鯨に心底熱意を抱いている。その執心ぶりから考えれば、彼が話の中で「snot〔鼻水。「洟《はな》垂れ小僧」との侮蔑にもなる〕」や「bonkers〔狂っている、やばい〕」などの語を使うのを聞いても大して気には障らないだろう。彼はベルーガシロイルカの繁殖成功度を研究している。小型ではあるが、ベルーガも頭部に鯨油の詰まった白いハクジラの一種だ。自然の生息地にいるベルーガを調査するためリチャードは北極圏まで旅をするが、それよりもはるかに長い時間を、ミスティック水族館にいる個体の調査に充てている。チャールズ・W・モーガン号の船体や、コモドール・モリス号の海図のある場所から道を下ってすぐの場所だ。彼はミスティック水族館の訓練士を一〇年間務めた後、研究のため、この管理された環境下で暮らすベルーガたちと関わり続けている。リチャードは、急激な海水温の上昇と氷の減少に対するベルーガの応答を調べるツールを開発してきた。特に、吐息を採取して鯨の健康状態を追跡する方法の開発に取り組んでいる。彼の科学論文で、鯨の吹く潮は「呼吸による蒸気」あるいは「呼気凝縮物」と称される。[*1]

『白鯨』第85章「泉」で、イシュメールは的確な結論を出している。潮吹きは凝縮されて霧状になった水で、しばしば噴気孔の周りの海水と少しだけ混じり合っている。この説は当時まだ確定に至っていなかった。ドクター・ベネットは数ページを割いてこの件に対する両論〔噴水なのか、それとも霧状の細かい水滴なのか〕を論じ、《この問い全体が大いなる混乱の渦中にある》と説明している。一方、外科医ビールなど何名かは、潮吹きが確かに凝縮された霧であるとの結論にたどり着いていた。[*2]

「メルヴィルは潮吹きのことを大体正しく理解してますね」とリチャードは言う。私たちは柵越しにベルーガの展示水槽を眺めているところだ。「ただの霧だけじゃないんですよ。彼が言ったように、一部は噴気孔の窪みの上に溜まっていた海水で、それがこの、二酸化炭素たっぷりですごい勢いの呼気と一緒になるんです。これが外気に触れて凝縮するんですね[*3]」。

ミスティック水族館にいる雌のベルーガ「キーラ」は、水中に戻っていく前に素早く息をするが、それは私たちの目には**見えない**。

リチャードは話を続ける。「潮吹きは、いろんなものが含まれた複合的な生体基質でもあって、そういう意味でもただの霧ではないんですよ。気道を覆う粘膜、鼻水（snot）が入ってるんです。それから、肺の上にある上気道から運ばれてくる細胞や微生物も。あなたの鼻の中にも細菌がいますよね。それと同じで、鯨の潮吹きには本当にたくさんのものが入っているんです。やばいですよ（bonkers）。だからこそ、こうも刺激的な研究ツールなんです」。

他の研究仲間と協力しながら、リチャードは潮吹きを使って鯨の生殖状態〔排卵や妊娠〕とその他のホルモンの血中濃度についての情報を提供してきた。また、彼らはＤＮＡ、微生物、その他の細胞片の残骸を採取するのにも潮吹きを使ってきた。血液試料よりもはるかに侵襲性〔体への傷や介入の度合い」が低く、集めるのもはるかに容易だ。今、科学者は飛行ドローンを使って野生の鯨の潮吹きを集める方法まで模索している。

「『泉』の章のあの一節、読んでいてすごく面白かったです」とリチャードは話す。「自分たちの皮膚が潮吹きで溶けてしまうんじゃないかと怯えすぎて、鯨捕りが鯨に近づけなかったところ。すごく好きですね！　僕は何度もたっぷり浴びてきましたから、自分の皮膚は溶けていないって証言できますよ！　メルヴィルは冗談を言っていたんでしょうかね」。

私はそう思う。だが、ドクター・ベネットは潮吹きが悪臭を放ち、皮膚につくと刺激を感じると書いていた。また、イシュメールは「抜粋」で、鯨の潮吹きは臭く、《脳の不調をもたらす》との資料を引用している。私はリチャードに、鯨の潮吹きは臭うのかと尋ねる[*4]。

「臭う時はあります、ありますよ。個体によってそれぞれ独自の臭いがしがちだなと気づくんです。どこにでもいるような細菌の増殖だとか、個体ごとの細菌叢と関係があるのかどうかと思っているんですけどね。周りが気づくほど明らかに息が臭う人がいるでしょう。それとまさに同じで、その時どの細菌が気道の中で増殖しているかによるのかもしれません。ただ、鯨の口——肺に向かう気管——は、この潮吹きの穴とはつながっていないんですよね。メルヴィルの話とは違って、ほんの小さな弁さえも。ですから、この潮吹きの臭いは腐った食べ物なんかから来ているわけではないんです」。

私たちは「ジュノー」と名づけられた雄のベルーガが水面に現れ、息を吐き、また潜水するのを見つめる。ここミスティック水族館で、ジュノーはガラス越しに水を吹きかけて子供たちと遊ぶことで悪名高い。彼は自分に背を向けて説明をしているスタッフさえも標的にする。だが、見学客はこちら

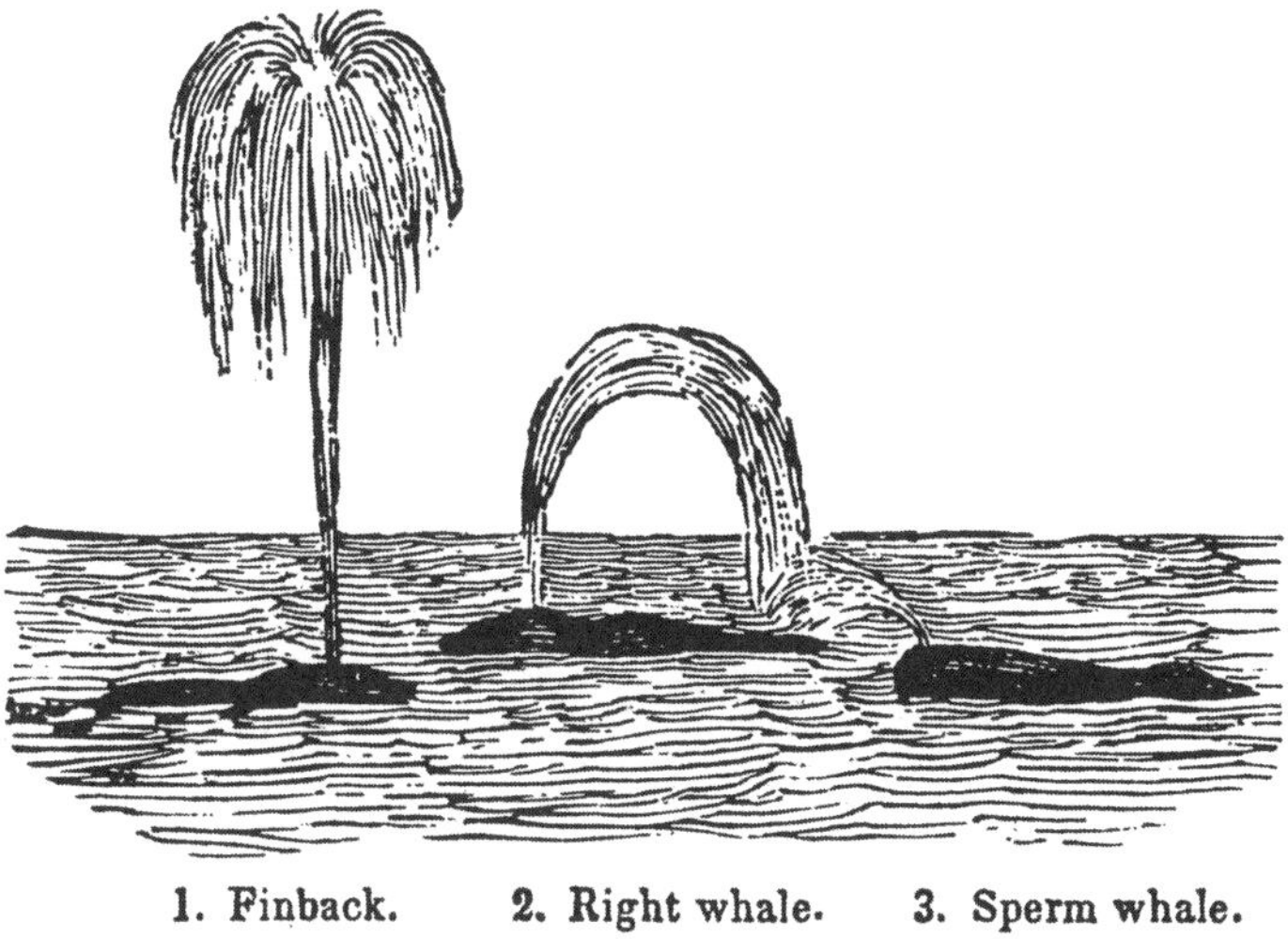

図31　J・ロス・ブラウン『捕鯨航海のエッチング集』（1846年）より、鯨を見分ける手がかりとしての潮吹きの図。左から「背びれ鯨（finback）」、セミクジラ類、マッコウクジラ。

に水をかけるジュノーが潮吹きを使っているわけではない、使えないのだとは気づかないことがある。このベルーガは口から水を**吐き出して**かけるのだ。

　ボートや岸から野生の鯨を見る際、最初に目に入るのは背びれかもしれないし、アーチを描く背中かもしれないし、尾かもしれない。だが、普通は最初に潮吹きが見える。潮吹きは鯨捕りたちにとって見逃せない要素だった。彼らはそこから相手の種《しゅ》と距離を見極めることができ、さらには泳ぎや潜水行動まで見分けられることもあった。日記に絵を描いていた一九世紀の鯨捕りたちは、鯨や魚の全身像よりも、潮吹きとヒレを描くことの方がずっと多かった[*5]（図31参照）。

『白鯨』第48章「最初のボートおろし」では、米先住民の銛打ち、タシュテーゴが遠くのほんのわずかなひと吹きから鯨の存在を特定する様をイシュメールが語る。その技は捕鯨ボートに座っている時でさえも発揮される。《陸者《おかもの》の目には、その瞬間に鯨も、ニシンの気配さえも一切見えなかったであろう。少しばかりの緑白色の水の乱れと、その上にパッと散り、荒れ狂う白波から逃散する船のごとく風下に吹かれて辺りを満たす、ほのかな蒸気を除いては何も。》*6

　世界各地の海で漁をしていた一九世紀の船乗りは実に、潮吹きの特徴で鯨の種《しゅ》を突き止めることができた。彼らは今日の鯨観光船の船長や博物学者がしているのとまさに同じことをしていたのだ。一八五八年、デンマーク人動物学者のデーニエル・フレズレク・エシュリクトは、こうした船乗りたちの観察技術、《蒸気の形》だけで種を識別する能力にどれほど感銘を受けたか書き記している。『白鯨』第87章「無敵艦隊」でイシュメールはマッコウクジラとセミクジラ類の潮吹きの違いを描写する。アフリカ人銛打ちのダグーは船長に対し、自らが白鯨モービィ・ディックを目撃したことを、その潮吹きに言及して請け合う〔『白鯨』第36章「後甲板」〕。白鯨の潮吹きは際立って「ふさふさ（bushy）」して「素早い（quick）」という。船乗りたちは、マッコウクジラやベルーガなどのハクジラが一つの噴気孔から前方へ一筋の潮吹きを噴射する一方、ヒゲクジラは**二つの**鼻孔から二筋の潮吹きを行うことを知っていた。例えばセミクジラ類はパッとV字型に二本を吹き出す。イシュメールが「鯨学」で「背びれ鯨」と呼ぶナガスクジラは高く、太く、柱状の一本を吹き上げる。これは二つの噴気孔からの潮吹きが合体したものであり、《不毛の平地にそそり立つ厭世的な槍のごとく、まっすぐそびえる一筋の噴水》*7だ。

　私はカリフォルニアのモントレー湾でホエールウォッチングに行ったことがある。この時のJ・

J・ラスラーという名の船長は、カリフォルニアの海岸部で唯一、バイオディーゼル燃料を使う鯨観光船を運営している。ラスラーは若いが、地元のちょっとした伝説的人物だ。彼はこの地域で漁師として育った。ラスラーの上司は、彼がロースクールの奨学金を辞退して海の上にとどまったのだと教えてくれた。彼は『白鯨』を三回以上読み通している。彼は私に、漁船の下にやってきてプロペラを曲げてしまったザトウクジラの話をしてくれる。ホエールウォッチング中は仲間の船長たちと無線にほぼ付ききりとなるが、鯨を見つける上では結局のところ、離れたところから潮吹きを見て識別できる彼の能力が物を言う。

「実際、〔『白鯨』の〕いろいろなところで、メルヴィルはそう見当違いでもないことを言っているんですよ」。船を操るラスラーは、手を止めて超短波ラジオに耳を傾けながら私に語る。「メルヴィルが一部のことを面白おかしくなるようにいじったのは、まあ笑えるところではありますけどね」。自身も潮吹きで違った種類の鯨を見分けるラスラーはその判別法を説明してくれるが、同じ種や状況の中でもばらつきはあるという。海に出ている間、私たちはシロナガスクジラが放つ衝撃的な高さの潮吹きをはるか遠くに見る。「餌を食べていて同じ水域に留まっている時には、シロナガスクジラはめったに息を吐かないこともあるんです。ちょっとずつ小分けに吸って、それをまとめて一気に吐き出そうとする。私はこの海で一三年働いていますが、それでもまだ新しい物事を目にするんです[*8]」。

ここまでの話を念頭におくと、メルヴィルが作中で魔法の領域に踏み込む最初の事例に鯨の潮吹きを選んだことは興味をそそる。メルヴィルは潮吹きを現実離れしたもの、魅惑的なもの、時に危険な未知のものを示す最初の象徴として選んだ。あの不気味な、悪魔的な四番めの銛打ちフェダラー（イシュメールが人間を超えた域に位置づける唯一の登場人物）が最初に《銀色の、月に照らされた噴水》を見るのは「潮吹きの霊」の章だ。それを追って船員たちが捕鯨ボートを降ろそうとすると、潮吹きは消える。これが夜ごとに起こり、ついには《不思議に思いこそすれ、誰も注意を払わなくなった。》[*9]

鯨の嗅覚

鯨の《嗅覚は絶えてしまったようだ》とイシュメールは主張する。ジャスティン・リチャードは、潮吹きから漂うどんなひどい悪臭も仲間の鯨には気づかれないだろうと証言する。少なくとも、マッコウクジラやベルーガといったハクジラたちには。嗅覚に必須だと解剖学者が考える嗅球〔脳の前方部で、嗅神経からの情報を嗅覚中枢に伝える〕と嗅神経を、ハクジラは数千年をかけて失った。しかし、ヒゲクジラについては、一部の匂いを感じ取れる能力が少なくともいくらかはあるかもしれないとの説がある。もしかすると、食べ物を探すのに役立っているのだろうか？[*10]

深く潜水するマッコウクジラの生理学

「泉」の章で、イシュメールはマッコウクジラが《その時間の七分の一、彼にとっての日曜日ともいえる時間》を水面での呼吸に使い、残りの生活は噴気孔をぴたりと閉じて完全に水面下で過ごすと主張する。イシュメールはこう断言する。《ニシン、あるいはタラが一世紀は生きるかもしれず、水面から一度たりとて顔を出さないことは（…）そのエラの独特の精巧さから誰もが認めるところだ。だが鯨は、通常の肺、人間のものに似た肺を授かるその際立った内部構造により、空に広がる大気に解き放たれた空気を吸い込むことでしか生きられない。[*11]》

外科医ビールは、熟練の鯨捕りが特定のマッコウクジラをある程度の時間観察すれば、その鯨がいつ呼吸のために水面に上がってくるかを予測できると書いた。ヒトは空気の中で暮らしているため、自動的に呼吸ができる。だが、主に水面下で暮らす鯨は自らの呼吸を意識しなければならない。つまり、鯨は私たちと同じようには眠ることができない。彼らは一度に脳の片側だけしか眠らせない睡眠方法に適応してきた。ただ、メルヴィルが宗教との共通点〔七日に一度の安息日〕を見つけて楽しんだ、七分の一の時間を水面で過ごすという比率を求めるのは難しい。一九九五年に発表された研究では、カリブ海南東部で無線標識により一頭のマッコウクジラを四日超にわたり追跡した結果、この個体（おそらく雄）が半分少々の時間を深い潜水に、二三・五％の時間を浅い潜水に、そして二二・六％を《水面かその付近での活動》に使ったとわかった。二〇一七年に論文発表されたある研究では、カリフォルニア湾のマッコウクジラたちが三〇％弱の時間を水面かその付近で過ごしたことがわかった。マッコウクジラの専門家であるハル・ホワイトヘッドは、イシュメールの言う七分の一とほぼ同一の比率を見出した。彼は《各個体が四〇分前後潜水した後、一度に約八分間水面に出てくる、二、三〇頭のマッコウクジラの集団》のことを記している。[*12]

マッコウクジラのこの行動は、水族館で二頭のベルーガを見つめるジャスティン・リチャードと私の目には映らない。ベルーガは水面にいる時、わずか一秒足らずのうちに息を吐き、吸う。気道に水が入らないようにしなければならないからだ。古今の科学者、詩人は、かくも深く、そして長く潜水できるマッコウクジラの能力にいみじくも驚嘆してきた。その能力には、イシュメールが理解していた二つの要素が関わっている。酸素の効率的な使用と、水圧に耐える能力だ。

イシュメールはマッコウクジラの頭を吟味し、『白鯨』第81章「ピークォッド号、処女号にあう」では、老い、病み、傷ついたマッコウクジラの姿を描写する。その際イシュメールは、マッコウクジラが深さ一二〇〇フィート〔約三七〇メートル〕（彼らは日常的にこの程度の深さまで潜っているようだ）で耐えなければならない水圧を認識している。マッコウクジラはベルーガやヒゲクジラが耐えうる深さよりはるかに深くまで潜水できる。イシュメールは深さ一二〇〇フィートで鯨が耐えなければならない水圧を約五〇気圧相当と見積もるが、この値は大きすぎだ。彼が参照した『北極地帯の報告』では、鯨捕りスコーズビーがほぼ同じ比率で水圧を過大評価している。

メルヴィルの時代の博物学者は、マッコウクジラの皮膚のゴムのような性質が潜水中に鯨を守っているのだろうかと考えた。現在、科学者は、マッコウクジラが（全ての鯨が同じように進化してきた通り）前頭部の副鼻腔を失っているため、潜水時に空気が閉じ込められるあの現象〔ヒトでは潜水時や飛行機移動時に不快感を生む〕を味わうことがないと知っている。さらに、マッコウクジラの肺は潜水時に潰れて空気を押し出すと見込まれている一方、他の間隙（中耳など）は血管と連動し、隙間を血液で満たす。こうして、圧力変化の影響を受けうる空気を排出し、閉じ込められた空気が残らないようにしているのだ。*13

ヒトが水面下に潜るために息を吸う時、一般的には酸素の約半分が肺に、残りが血液中に、そして最少量が筋肉に蓄えられる。それとは対照的に、マッコウクジラは深海で生き延びて狩りをするために酸素の大部分（約半分）を血中に蓄え、それをヒトの場合よりも効率的に分配する。イシュメールは、息を長持ちさせるマッコウクジラの能力は《酸素で満たされた血液》を蓄える肋間部と背骨の周りの《細麺のような血管の迷宮》に関わると説明する。メルヴィルによるこの説明は、鯨類が特別に適応したそのような形の血管群を確かに有しているという点では正確だ。ただ、生理学者は現在でもその機能について確かな答えを持っていない。この血管群は、ラテン語で「驚異の網」を意味する「奇網（*retia mirabilia*）」の名で知られており、深く潜水する哺乳類を温度調節、深海で肺にかかる圧力の作用からの保護、減圧症（スキューバダイバーたちには「ベンズ〔the bends〕」と呼ばれる）の危険からの窒素調節による保護といった点（いずれか、あるいは全て）で助けているのかもしれない。メルヴィルの時代のはるか以前に、解剖学者はイルカに奇網があることを突き止めていた。一九世紀の博物学者はこの血管群を水中に一時間以上も留まれるマッコウクジラの能力と結びつけていた。メルヴィルはそのことについて『ザ・ペニー・サイクロペディア』で読んでいたかもしれないし、載っていた図さえも見ていたかもしれない（図32参照）。メルヴィルは同じ事典で、鯨とイルカは《血管の弁をほぼ全く欠いている》との英国の博物学者ハンターとオーウェンによる説明を読んだ。彼らはそれが、銛で巨大な鯨を仕留め、出血させることができる理由だと考えていた。「ピークォッド号、処女号にあう」の章で、イシュメールは殺されたばかりの老マッコウクジラの周りの血だまりのことを述べるのに同じ説明を使う。しかし事実はというと、たとえ鯨の血管の弁が少なかったとしても止血能力には影響しない。今日の海洋生物学者は、マッコウクジラは単にヒトと比べて体重あたりの血液量がは

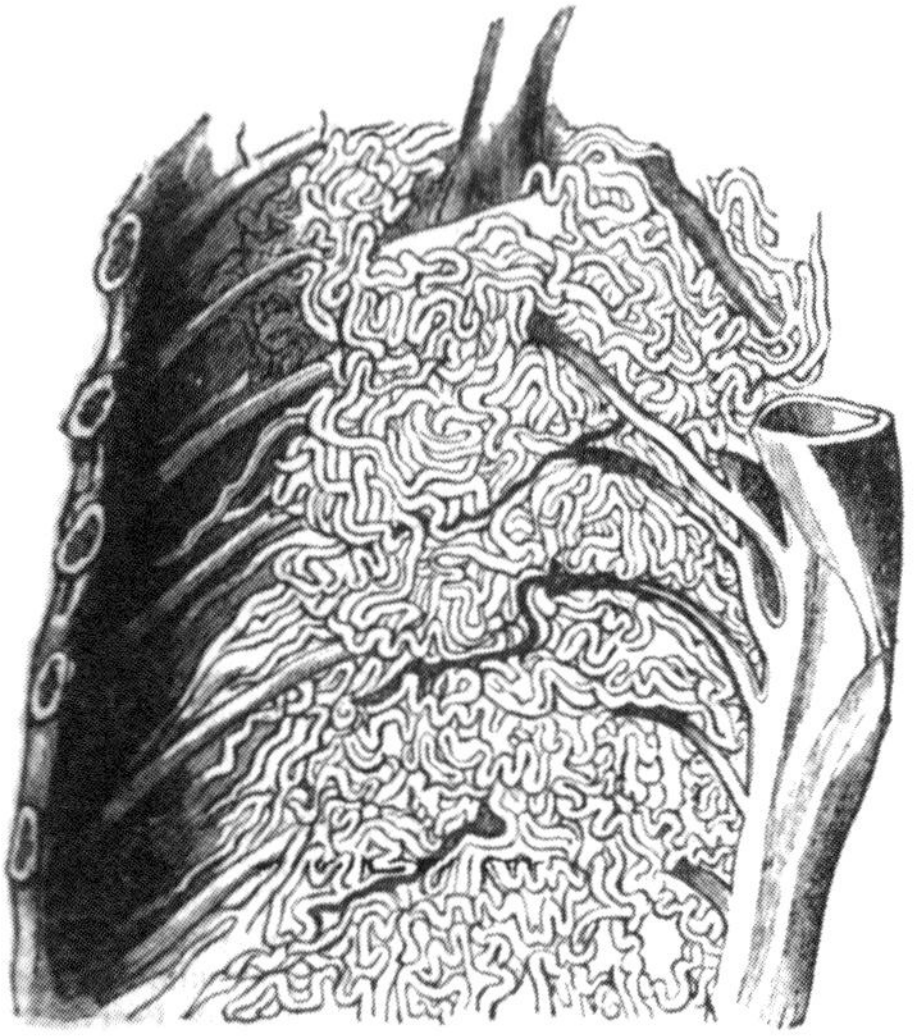

図32 メルヴィルの所蔵していた『ザ・ペニー・サイクロペディア』（1843年）の「Whale」の項の図。イシュメールが《細麺のような血管の迷宮》と称したイルカの奇網が描かれている。

るかに多いこと（潜水し水中に留まる能力にも貢献している）を知っており、当時の博物学者や鯨捕りは水中に見えるその血のとてつもない多さに驚いてしまっただけなのではないかとわかっている。*14

一九世紀の鯨の解体

『白鯨』を執筆していたメルヴィルは、その後わずか一〇年で、水族館にいるジャスティン・リチャードと似た形でハクジラを観察する機会を迎えることとなる。米国で捕獲後に飼育された初めての鯨類は、セント・ローレンス川で捕らえられたベルーガのようだ。このベルーガは一八六〇年、木箱に入れられて機関車に載せられ、開園したばかりのボストン水槽園へと運ばれた。川の対岸のケンブリッジでルイ・アガシーとハーヴァード大学が自然史博物館を開いてからさして間もない頃だった。このベルーガは一年以上生存した。水槽の中で暮らした間には時折、貝殻の形のボートに乗った女性を曳いて「ヴィーナスの誕生」もどきの場面を見学客に見せるため、首の周りに手綱をつけられることがあった。P・T・バーナム〔興行師。映画『グレイテスト・ショーマン』のモデル〕がこの案を気に入った。彼はそれから二年間にわたり、自分で何頭かの《白鯨》をニューヨーク市に連れてくるべく費用を投じた。ただ、彼がそれよりも苦労したのはベルーガを生かしておくことで、ニューヨーク湾から海水を汲み上げる地下パイプを数街区にわたって敷設したにもかかわらず、飼育には困難が伴った。一八六五年七月一三日、彼の「アメリカ博物館」が火事で焼け落ち、二頭のベルーガは釜茹でになって死んだ。[*15]

メルヴィルの時代の博物学者は、ガラス越しに管理された環境下での鯨の行動を観察することができなかっただけでなく、大型海生哺乳類の体の内部構造についても、かすかに理解し始めたばかりだった。当時、そうした類の図を描いて発表した者は誰もいなかった。その一因には、通常は鯨の体そのものが大きすぎて、甲板に載せたり近づいたりできなかったことがある。死体は海に半分沈んでいる。たとえ脂身を全て削ぎ落としてもだ。マッコウクジラの頭、特に雄のものは、長さ二〇フィート〔約六メートル〕を超えることがある。故に、マッコウクジラの頭が甲板に引き揚げられることは稀だった（図33参照）。イシュメールは「スフィンクス」の章で《マッコウクジラの断頭は科学的解剖学的偉業である》と述べる。マッコウクジラには見てそれとわかる頸部がなく、その部分は《彼の最も太い部位》であるからだという。『白鯨』第77章「ハイデルベルクの大酒樽」では、男たちが頭部から

図33　画家・鯨捕りのロバート・ウィアーによる、甲板に載せた小型のマッコウクジラの頭部から鯨脳油を汲み取る様子を描いた図。

油を取り出す様子をイシュメールが描写する。その方法は、頭部を危うい手つきで船体の側面に沿って垂直に引き上げるという、当時一般的だった手法による。[*16]

　もし、浜に打ち上げられたマッコウクジラの綿密な解剖を一八四〇年代以前に成し遂げた博物学者がいたなら、その報告は欧米の専門家の界隈には届いていなかったことになる。鯨の種を問わず、当時の情報伝達の所要時間、死体の保存と輸送の困難、適切なツールの欠如により、打ち上げられた個体を科学的な目的で利用できないことは多かった。そこで、外科医ビールやドクター・ベネットのような博物学者たちは様々な情報源からマッコウクジラの体の内部構造についての情報を集めてつなぎ合わせた。特に、イルカなど、より小型の種の解剖が参考となった。航海中だった一八三五年、ドクター・ベネットはマッコウクジラの胎児を解剖した。母鯨が殺された後にその体内で発見されたものだ。ベネットの考えでは、この体長一四フィート〔約四・二メートル〕の雄の胎児はわずか数時間後に産み落とされるところだった。彼はこの胎児の消化器系と呼吸器系の様子を描写することができた。長さ二〇八フィート〔約六三メートル〕にわたる腸を引き出したのもそうだ。ジェイムズ・コルネットらプロの鯨捕りさえも、解剖学を学ぶため、そして脂身の層を適切に切り落として鯨脳油を汲み出す方法を互いに教え合うために、時折若いマッコウクジラを捕らえることがあった（前掲の図28参照）。イシュメールが『白鯨』第102章「アルサシードのあずまや」で、過去に乗った船の乗組員が《マッコウクジラの仔》を引き上げたことがあると説明するのはそういうわけだ。子鯨の《袋〔胃のことか？〕》から銛の返しを納める鞘を作るためだったという。その後、イシュメールは手斧と私物のナイフを使い、《そのアザラシ（seal）のごとき仔鯨の封印（seal）を裂き、その中身を全て吟味した》という。[*17]

マッコウクジラの全身を科学的に解剖した記録と称するものが初めて発表されたのは、メルヴィルがボストンに戻ったのと同じ一八四五年になってからのことだった。J・B・S・ジャクソンという名の米国人医師が『ボストン・ジャーナル・オブ・ナチュラル・ヒストリー』誌上で発表した論文である。体重三〇〇〇ポンド〔約一・四トン〕、体長一六フィート〔約四・九メートル〕の若い雌の個体は、ニューベッドフォード沖約一五マイル〔約二四キロメートル〕で仕留められた後、鉄道でボストンまで運ばれた。ジャクソンの論文には、複数の空間に分かれた胃を描いた細かく見応えのある図が収められているが、図はそれだけだった。[*18]

鯨の声、聴覚、反響定位

ジャスティン・リチャードと私は鯨類の感覚活動について話しながら、水面下で泳ぐ二頭のベルーガをガラス越しに見つめる。イッカクやホッキョククジラと同様、ベルーガには背びれがない。おそらく、氷の下で動きやすく、また、ホッキョクグマに摑まれにくいように進化したのだろう。マッコウクジラはナガスクジラと同様、比較的小さくほとんど痕跡ばかりの背びれを、背中の隆起線の末端というかなり尾びれ寄りの場所に持つ。メルヴィルがモービィ・ディックの《高いピラミッド状の白こぶ》と称するものは、マッコウクジラの背中の隆起線と背びれだ。推測するに、この隆起は船の竜骨のように水面下で鯨の進む道を開く役に立っているのだろう。

二頭のベルーガのうち一頭が水面に現れながら、湿ったトランペットのような音を立てる。サッカーW杯の試合で有名になったあのブブゼラ〔筒の長いラッパ状の楽器で、大きな音が出る〕に似た音だ。ベルーガは他にも、ありとあらゆるクリック音〔指や舌を鳴らすような音〕とキーキー音、それに低く唸るような音を普段から発する。ガラス越しにもカチカチ、ガラゴロという様々な音が聞こえ、特にベルーガがこちらの様子を確かめに来る時には顕著だ。

ベルーガは発する音がとりわけ大きく多様だ。船乗りたちがつけたあだ名は「海のカナリヤ」だ。水上の音は噴気孔から発するもの、水面下で聞こえるクリック音とガラガラ音は、頭部の内部器官を通じて立てるものだ。ほぼ全てのハクジラと同様、ベルーガは鼻道内に音を生み出す弁を持つ。これはしばしば、「猿の鼻面（仏：museau de singe）」や「音唇（phonic lips）」と呼ばれるもので、内部の気嚢と周囲の筋肉組織の組み合わせで音を生む。ベルーガは噴気孔から並外れて多様な音を出す（ブーブークッションやバグパイプを思い浮かべてほしい）とともに、海面下でもさらなる言語を発する。こちらはどうやら主に、油で満たされた前頭部（「メロン（melon）」の名でも知られる）を通じて集約・増幅された音波のようだ。[*19]

マッコウクジラにも音唇があるが、この音唇を使って水面で噴気孔から何らかの音を発することはできないようだ。例外はハッと喘ぐ呼吸そのものの音で、ストレスがかかっている時には大音量になることがある。メルヴィルはJ・ロス・ブラウンの吠える鯨の描写を嘲笑し、イシュメールはマッコウクジラを禁欲的な沈黙の存在として語る隠喩に満足する。これらは水面でのマッコウクジラにはほぼ当てはまる。だが、水面下ではそうでもない。他のどの鯨とも違い、マッコウクジラとその近縁種（オガワコマッコウとコマッコウ）は左右二つの鼻道が並外れて非対称の形をしている。どちらの鼻道も油の詰まった頭部内容物の中を通過するが、太い方の鼻道は噴気孔の真下に位置する音唇につながっている。一方、狭い方の鼻道は噴気孔に直接つながっており、呼吸におけるガス交換を一手に担う（図34参照）。ベルーガ、イルカ、シャチ、その他全てのハクジラも噴気孔は一つだが、マッコウクジラと違って二つの鼻腔は短く、内部構造は対照的だ。[*20]

外科医ビールとドクター・ベネットはマッコウクジラの頭部内での鼻道の内部構造をはっきり理解していた訳ではないが、この立派なおつむの中に異なる油嚢があることは、メルヴィルや他の熟練の鯨捕り同様に熟知していた。鯨の生存における油の有用性については知らなかったにしてもだ。彼ら

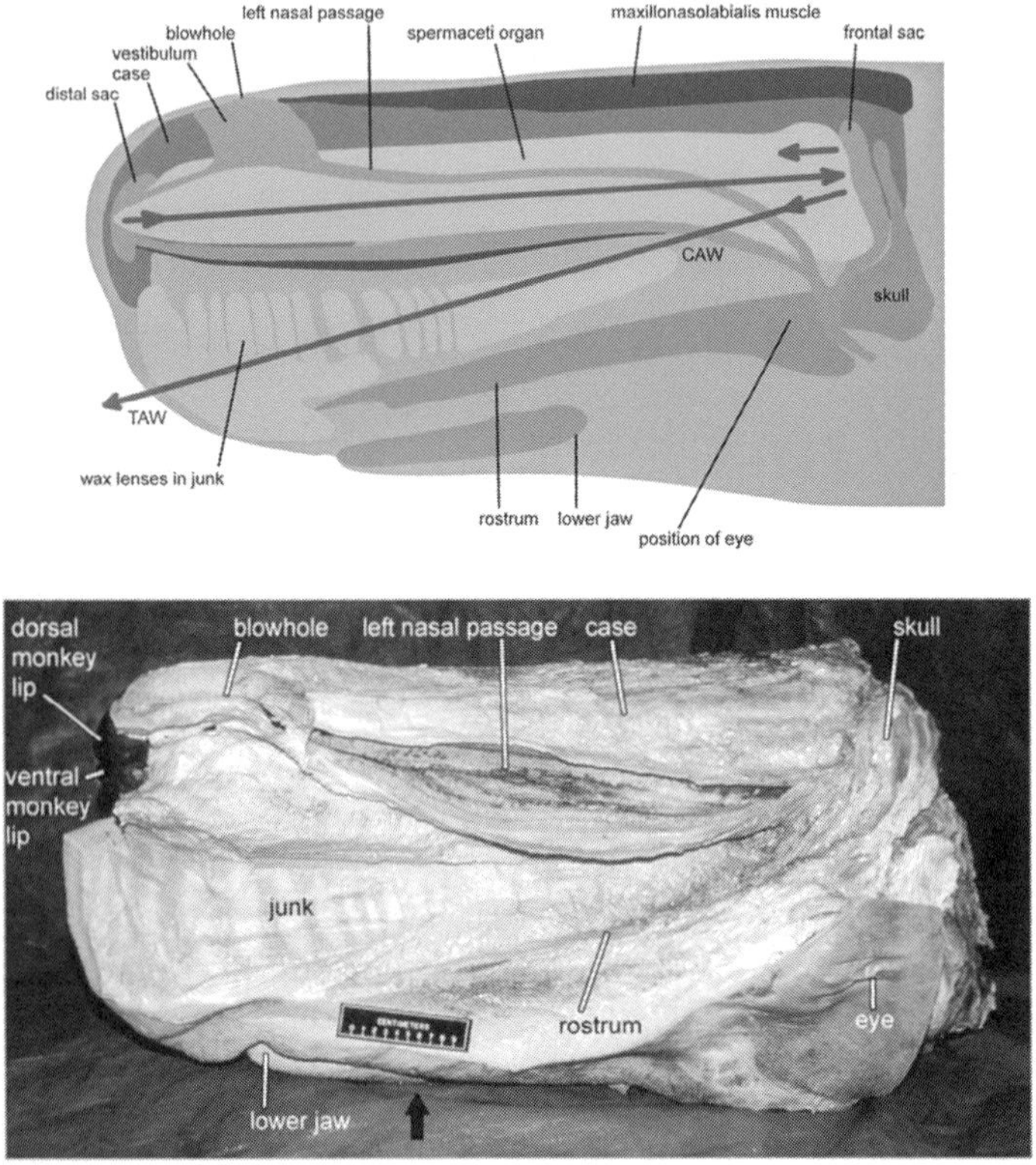

図34　マッコウクジラの幼獣の頭部の近代的な解剖図。上図の矢印は反響定位とコミュニケーションのために発せられる音の通り道として理論上示されているもの（TAW：Terminal Acoustic Window〔音響窓末端部〕、CAW：Connecting Acoustic Window〔音響窓連結部〕）。Huggenberger *et al.*, 2016 を参照。

は、油で満たされた二つの区画がマッコウクジラの頭部の大部分を占めることを知っていた。

二つの区画のうち、上の方を彼らは「ケース（case）」と呼んだ〔図34下図右上〕。現在の生物学者も同じ用語を使う。この「ケース」は端的に言うと、円筒状の白い柔組織の塊が鯨脳油として知られる液体に浸ったものだ。実は、鯨脳油は冷気に晒されると結晶化し、白っぽく蠟状になる。ドクター・ベネットは鯨脳油に《とても新鮮なバター》のような、クリーム様のまろやかな風味があると書いた。

一方、その下の上吻部にあるのは「ジャンク（junk）」だ〔図34下図左下〕。これもケースと似た油っぽい組織の区画に分かれているが、ケースよりも硬い。より密度の高い組織が仕切りとなり、ジャンクを小部屋、あるいはレンズのような層に分割している〔図34上図左下参照〕。イシュメールはジャンクを《油でできたミツバチの巣》と的確に説明している。[*21]

さて、鯨捕りたちが母港に戻ると、鯨市場では油が一般的に次のように分けられた。セミクジラ類やホッキョククジラの油、マッコウクジラの体の油、そして最も高価なマッコウクジラの鯨脳油だ。セミクジラ類やホッキョククジラの油は、一九世紀にはひとくくりに「鯨」の油、あるいは「列車」の油として知られ、ランプの油や、産業革命時代の一部の機械・装置の潤滑剤として使われた。マッコウクジラの体から採れる脂身の油は、燃やした時にススが出にくいのでより良い値がついた。鯨脳油は小型機械（船のクロノメーターや、ミシンなど）用の素晴らしい潤滑剤でもあった。例えば、チャールズ・W・モーガンの会社では一八三三年から一八四〇年の間、米国沿岸の全ての官営灯台の潤滑剤として鯨脳油を供給した。ケースとジャンクの双方の部位から採れる最高級の鯨蠟（spermaceti）は、陸で高品質の油と、高級ろうそくの材料となる特別な蠟へと加工された。[*22]

マッコウクジラにとっての鯨油の本来の用途については、イシュメールが「破城槌」の章で、液体で満たされた頭部のケースとジャンクが浮力を助ける役に立っているかもしれないと論じている。また、イシュメール曰く、《頭をぶつけるささやかな芸当》の際には、船の衝撃吸収材である防舷材のような役目を果たすかもしれないという。この話題については後に正面から**ぶつかっていこう**。[*23]

メルヴィル、そして同時代の全ての博物学者、鯨捕りは、脳油が水面下での意思疎通、位置関係を把握しながらの移動、食物探索において担うさらに重要な役割を知ったらたまげたことだろう。外科医ビールはマッコウクジラが何らかの《信号》により水面下で数マイルにわたってコミュニケーションをとることを知っていたが、その具体的な方法については《興味深い神秘のままである》と述べた。[*24]

マッコウクジラは生活の大部分を完全な闇の中で送る。たとえどこよりも澄んだ海でも、日光は約六五〇フィート〔約二〇〇メートル〕以深には届かない。動物が持つソナー〔音波探知機〕の研究は一七九〇年代に始まっていた。特に、ラッザロ・スパッランツァーニというイタリアの聖職者〔イエズス会の神学校に在学したが入会は辞退し、法学、さらに科学へと転向〕はコウモリから感覚を一つずつ順に奪う恐ろしい実験を行い、コウモリがどのようにしてか、真っ暗闇の中で音だけを使って飛行することを確かめた。それでもスパッランツァーニはコウモリの秘密の正体を突き止めることはできず、反響定位という現象が特定されるまでにはさらに一五〇年がかかった。メルヴィルの時代の博物学者は、マッコウクジラが暗闇でどうにかして餌を捕らえる必要があること、そして、盲目の鯨や顎の変形した鯨も野生の環境でどのようにしてか生き延びることを知っていた。外科医ビールはマッコウクジラが口を開けて静かに深海を漂い（アリゲーター方式だ）、口、舌、《てらてらと輝く白い》歯を使ってイカを口内へと誘い込むとの説を気に入っていた。少なくとも何人かの米国人鯨捕りもこの説を信じていた。[*25]

水中でマッコウクジラがカチカチ、キーキー、カラコロ、ブーブーと発する実に様々な音（そして、暗闇での食物探索と移動におけるその潜在的な役割）を科学者が認識するようになったのは、『白鯨』出版から一世紀以上が経ってからだ。その中心になったのはウッズホール海洋学研究所の科学者夫婦で、一九四九年にマイクを海中に沈めてベルーガの声を初めて聞いたビル・シェヴィルとバーバラ・ローレンスだった。二人はここから、ハクジラはコウモリと同じ方法で反響定位ができるのではないかとの説に至る。一九七〇年代には科学者がマッコウクジラの二つの鯨脳油器官〔ケースとジャンク〕の化学組成を詳しく調べ始めた。その組成はベルーガの「メロン」の中の油のものとも、他のほぼどのハクジラのものとも違う。マッコウクジラは頭の中に安定した脂質成分を持つことで、おそらく内部の温度勾配やパラボラアンテナ状の頭蓋骨のおかげもあり、並外れて便利な方法で外へと発する音波を集束させることができるようだ。生物学者はここ数十年で、マッコウクジラの発する音から複雑な種内コミュニケーションと採餌行動を同定してきた。二〇〇三年に発表され、いくつもの水中マイクを使って行われたある研究では、マッコウクジラの《単一パルスのクリック音》（「コーダ（codas）」とも呼ばれる）が《どんな生物音源から録音された音よりもはるかに大音量》であると結論づけられた。[*26]

ジャスティン・リチャードは私に、マッコウクジラはベルーガと似た方法で水中音を発するのだと説明する。ただし、マッコウクジラの音唇と気嚢は〔噴気孔近くにあるベルーガのものとは違い〕はるか前方となる顔の正面にある。ケースとジャンク、二つの鯨脳油器官は反響定位用の音波を増幅・集束させて跳ね返し、おそらくはそのボウル型の頭蓋骨に反射させて外へと放っているようだ（図34参照）。

ヒゲクジラも何らかの反響定位を行う能力を持っている可能性は無きにしも非ずだが、彼らが水面下で発する唸り声は深海での移動や餌探しのためというより、むしろ種内コミュニケーションのためのもののようだ。一九五〇年代と六〇年代、米ソ冷戦下でロシアの潜水艦を探す技術を使って始められた一連の研究から、研究者たちはシロナガスクジラの発する超低周波振動の信号が一〇〇〇マイル〔約一六〇〇キロメートル〕以上先の他個体にも伝わることを知るに至った。ひょっとすると、全海洋の隅々に至るまで届くのかもしれない。この研究を率いたのは先述のビル・シェヴィルと、今回は妻ではなく、別の共同研究者のビル・ワトキンスだ。「ひげ板のガラガラ」〔本書第11章参照〕を録音したのと同じコンビである。[27]

　近代的な海洋調査船や商業漁船に搭載された測深技術はハクジラのそれと同じ基礎を用いている。探査用のクリック音をカチカチと連続的に海底へと送り出すのだ。こうした装置の一タイプに「ＣＨＩＲＰ《チャープ》」と呼ばれるものがある。「Compressed High Intensity Radiated Pulse（圧縮高密度放射パルス）」の略だ〔chirp：鳥のチッチッという囀り〕。ＣＨＩＲＰの稼働時には鋼鉄船の船倉の下からクリック音が聞こえる。また、私自身が海で過ごしてきた年月の間には、船底を通じてイルカの生きたクリック音やホイッスル音〔口笛のような音〕も耳にしてきた。これは木造船でも鋼鉄船でも聞こえる。アクシュネット号やチャールズ・W・モーガン号の船首楼《フォクスル》の船員室にいた昔の鯨捕りもこの音を聞いたはずだ。少なくとも、小型の鯨類のものを耳にしていたのは間違いないだろう。鯨捕りがこうした音を《大工魚（carpenter fish）》と呼んでいたというのは信じるに足る話だ。反響定位や意思疎通を行うハクジラのカチカチ、コツコツという音が、船乗りには水面下の槌音に聞こえたのかもしれない。[28]

マッコウクジラや他の鯨の個体同士が互いの存在をどれほど正確に認識しているのかはまだ不明だ。ベルーガは幅広い周波数にわたる音をよく認識できるようだが、その知見の大部分は飼育下における小型の鯨類での実験から得られたものだ、とリチャードが水族館で説明する。鯨の目の後ろには外耳道を通じて内部構造につながるごく小さな耳の隙間があるが、実はハクジラ（イルカからマッコウクジラまで）は最初に下顎の中にある聴覚用の脂肪を通じて音を受け取る。一八四〇年代のビール、ベネットたちは、マッコウクジラの頭部の中にある聴覚装置を既に同定していたため、マッコウクジラには少なくとも耳孔を通じた何らかの聴覚があるものと想定した。イシュメールは、マッコウクジラの耳のごく小さな開口部には《羽根ペンを差し込むのもやっと》で、セミクジラ類も膜に覆われた狭い耳道を持つのだと説明する。これは大方正しい。セミクジラ類の耳には、解剖して初めて目に見える栓があるのだ。メルヴィルはこの細かい話をどこで仕入れたのだろうか？[29]

米国の鯨捕りは、マッコウクジラには立派な聴覚（そして視覚も）があり、自分たちは相手を刺激しないよう静かにボートを漕ぎ寄せなければならないと信じていた。イシュメールは航海がまださほど進んでいない時に、《乗組員の突然の叫び声が鯨を刺激したに違いない》と述べている。モービィ・ディックの最後の追跡中のある時点で、エイハブは自分の姿が見えにくいようにとこの白鯨に正面から接近する。鯨は正面にあるものに気づきにくいというのが、一九世紀の船乗りの一般的な認識だった。今日の観察者は、もし正面にボートがいればマッコウクジラは過敏になるかもしれないとの認識だ。特に、鯨がボートの存在に慣れていない場合には。だが、マッコウクジラがその目でボートを捉えようと（海鳥がやるように）頭を動かすことは、皆無とは言わずとも滅多にない。むしろ、反響定位のクリック音をもっと正面から当てられるよう、額を船にまっすぐ向けることの方が多い。また、鯨捕りたちが静かにしている必要も全くなかったかもしれない。水面で生じる音はマッコウクジラにははっきり聞き取れなかったかもしれないのだ。例えば、インドネシアのラマレラ村で自給自足の暮らしを送る鯨捕りたちは、マッコウクジラ漁の最中に掛け声を上げ、ボートの縁を叩く〔映画『くじらびと』（二〇二一年）などにその様子が記録されている〕。[30]

高い知能を持つ動物たちを飼育環境に閉じ込めておくことの深い倫理的葛藤を充分に自覚するジャスティン・リチャードは、ミスティック水族館のベルーガやその他の海棲哺乳類は、他の方法では実現不可能な研究の機会を自分たち研究者に与えてくれてきたのだと説明する。ほんのちょっとした出来事さえもが何冊もの本に匹敵する情報を物語る。例えば、彼はこの水族館で訓練士兼スキューバ潜水士として働いていた頃、水中でベルーガの発する音を遊びや空腹などの一般的な行動と結びつけるようになった。ある時、彼が同僚の訓練士とジップロックのプラスチック袋の口を開けるために留め具をスライドさせたところ、ジュノーとキーラの二頭は揃って水槽の隅へと逃げ込み、身を隠そうとした。「あれはやばかったですね。シャチの音だとか、何か自然界のものを僕たちが再現しちゃったんじゃないかと思いましたよ」。リチャードは北極圏まで行くと、本来の環境にいる鯨について知ることがいかに困難であるか痛感するという。ベルーガという、他の多くの鯨類に比べて特に岸寄りに生息する種についてさえもだ。さらに彼は、これほど技術の進歩に恵まれていながら、海棲哺乳類についてこれほど多くのことが未知のままであることにも感銘を受けている。

ジュノーが水面にやって来て息継ぎをし、左目で私たちを見ようと、体をくるりと横たえる。リチャードが、科学界は今なお、一部のかなり基本的な解剖学的情報、そして感覚情報を知らないままだと説明する。特に、最大の鯨に関しては。なにせ、例えば、マッコウクジラの嗅覚、あるいは聴覚を野生の中で調べる実験をどう計画すればいいのだろうか？　さらに具体的に言えばこうだ。もしマッコウクジラが頭部で鼻道内の空気を使って反響定位のクリック音を生んでいるのだとすれば、深海のあの水圧を受けながらどうやってそれを実現しているのだろうか？　潜水時に全ての空気を押し出してしまった後だと思われるのに。[*31]

《すると、私がいかに彼を解体しようとも》と、イシュメールは鯨の尾について夢想にふけりながら語る。《私は皮に深く潜るばかりだ。私は彼を知らず、今後も知ることはない。[*32]》

第17章　鯨とヒトの知性

彼の顔に並ぶしわを読み取ること、あるいはこの海獣《レヴィヤタン》の頭のこぶに触れること。これは未だどの観相学者あるいは骨相学者も請け合ったことのない行為である。

イシュメール（第79章「大草原」）

私は最近、エイドリアン・ウィルバーという当直士官と同船した。彼女は船の仲間たちに「ハートブレイク」の名で知られている。練習船で仕事をしていない時は、シトカ〔アラスカ州〕沖で鮭と底生魚の漁をする。ハートブレイクは私に、アラスカ沖の漁師にとってマッコウクジラが大問題になってしまったことを教えてくれた。マッコウクジラたちは延縄《はえなわ》漁の長い底延縄にかかったギンダラ（*Anoplopoma fimbria*）を食べることを覚えてしまったのだ。「私たちはマッコウクジラが潜るのを見張るんです」と彼女は言った。「わかるでしょう、私たちの魚を食べに潜っていくんです。私は映像も見たことがありますよ。要は魚を延縄から掠め取るのを覚えてしまったんです。しかも、その方法を子供に教えているみたいで」。ハートブレイクは、マッコウクジラが漁船の油圧ウィンチの音を（晩餐を知らせるチャイムのように）聞き分けることを覚え、漁師が延縄を巻き上げる時に寄ってきては魚を食べるようになってしまったのだと説明した。*1

マッコウクジラの知性

アラスカでのこうした行動を、今日のマッコウクジラの専門家はより高次の知性の証拠としてだけでなく、文化の存在を暗示するものとしても見ている。ハル・ホワイトヘッド〔本書第4章参照〕やルーク・レンデルら研究者が「文化」という言葉で指すのは、動物たちの間での情報の流れのことだ。より具体的には「社会的に習得および伝達される情報に頼る共同体の構成員によって共有される行動パターン」という定義を彼らは採用している。例えば、意思疎通の能力は遺伝的に受け継がれるが、マッコウクジラのある一族の中で通じるクリック音の表現方法（言語のようなもの）は遺伝の枠を超えている。クリック音の語法は、マッコウクジラが持つ非ヒト文化の一部なのだ。*2

行動生態学者は、特に海棲哺乳類の知性と文化を調査するためにハンドウイルカの研究を行ってきた。研究は一九六〇年代に本格的に始まり、キャスリーン・ダドジンスキーなどの科学者が、この小さな鯨類から知性と文化の両方の驚くべき証拠を見出してきた。イルカは「心の理論」と呼ばれるものを持つ。つまり、ある個体が自己を認識し、思考と発想を持ち、さらにこの個体が別の個体を見た時には、相手の個体も独自の考えを持つはずだと認識する。飼育下および野生で過去半世紀以上にわたって行われてきた実験では、イルカがチンパンジーや象のように鏡に映った自分を認識することも示された。イルカは物体の永続性も理解できる。つまり、物を視界から取り去られても、それがまだ〔どこか別の場所に〕存在しているとわかるのだ。イルカは動かない物体を使って遊ぼうとするようだ（一頭での一人遊びでも、集団でも）。さらに、イルカは様々なレベルで社会的協力関係を作り、その関係性について長期の社会的記憶を持つ。その好例が、メスのハンドウイルカが二〇年間離れ離れになっていた仲間の音（別のメス個体の特徴的なホイッスル音）を認識したという研究結果に表れている。[*3]

イルカと比べて研究・評価は遥かに大変だが、マッコウクジラにも似た（たとえ同等、あるいはより高度ではないとしても）知覚認知能力がある可能性は高そうだ。

外科医ビールなどの一九世紀中盤の博物学者は、マッコウクジラが他の大型鯨類よりも知性が高いと考えていた。鯨捕りの中にもそう考える者はいた。イシュメールの語りの目的の一つは、エイハブ船長の敵である白鯨を単なる《ばかな獣》（敬虔な一等航海士のスターバックはそう考えている）をはるかに超えた存在へと仕立て上げることであり、先述の見方はもちろんその役に立っている。イシュメールは「海図」の章でマッコウクジラの回遊が本能的であるだけでなく、むしろ《創造主から授けられた秘密の知性》であることをほのめかす。追跡の初日、イシュメールはモービィ・ディックに《属する悪意ある知性》に言及する。我らが語り手はマッコウクジラが重さ一七ポンド〔約七・七キログラム〕に及ぶ地上最大の脳を持つという知識を備えていなかったが、これは私たちにとって幸運なことだ。この事実を知っていたら彼は我慢できなかっただろうから。外科医ビールの文章を読んで脳の収まる頭蓋腔の大きさのことは知っていたイシュメールだが、『白鯨』第80章「あたま」ではマッコウクジラの脳は《ほんの片手に収まるほど》だと語り、その高い知性は脊柱全体を含めて評価されるものに違いないと、不真面目な理屈を念入りにこねている。[*4]

一九六〇年代以降、マッコウクジラの脳は数々の憶測の源になった。ジョン・リリーを中心に、その脳が有しているかもしれない超人的な知性について論じられるようになったのだ。科学者はつい近年になって、鯨類の中でも大きな脳を持つハクジラが、高度な人間様《よう》の認知・文化活動を行う能力を確かに有していそうだと確認した。これはそう、より小さな脳を持つヒゲクジラに比べての話である。例えば、〔ヒゲクジラである〕ミナミセミクジラの脳は〔ハクジラである〕マッコウクジラの三分の一の大きさだ。とはいえ今日、体全体に対する脳容量を考えれば、マッコウクジラの脳はすっかり並外れたものというわけではない。現時点で、知性について単に脳の大きさからたどり着ける結論はあまり多くない。[*5]

ヒトの知性についての廃れゆく作り話

インド洋でピークォッド号の両脇に鯨の頭部が一つずつ吊るされる中、イシュメールは一八五〇年代の科学による考えを皮肉ることでさらにマッコウクジラを持ち上げ、ヒトをさらに一段低く下げる。イシュメールは当時注目を集めていた科学のうち、二つの手法を拠り所とする。「大草原」の章では観相学の考え方を使ってマッコウクジラの顔周りをなぞり、続いて、次の「あたま」の章では骨相学の概念でもって頭部を撫で回す。

メルヴィルは一八四九年冬にロンドンにいた際、ゴシック小説の『フランケンシュタイン』（一八一八年）と『オトラントの城』（一七六四年）を買い求めたのに加え、ヨハン・カスパル・ラヴァーターの『観相学断章（*Physiognomische Fragmente*）』（一七九八年）の図解英訳版を購入した。これは顔の特徴がその人の様々な特性をいかに明らかにするかを研究した一般書だ。ラヴァーターの観相学も、骨相学という疑似科学（頭蓋骨の感触から脳の各領域の配置を読み取り、性格診断を行う）も当時の欧米で大流行していたが、必ずしも完全に真剣に受け止められるばかりではなかった。例えば、ロバート・フィッツロイ船長は熱狂的な信者だったが、同船した若き日のダーウィンは懐疑的だった。現代に暮らす私たちの中にも、クイズや質問に答えてＩＱ判断や性格診断、適職診断を楽しむ人々は多い。一八五〇年代、観相学と骨相学はそれと同様の良き娯楽となることがほとんどだった。[*6]

しかし、ラヴァーターは自身の観相学研究を動物の世界へと真剣に持ち込んだ。ライオンから昆虫に至るまで、彼は生物の頭部と顔の造作を分析した。ラヴァーターは鯨のことは論じなかったが、動物の中で象が最も賢いと信じた。そして、顔の傾斜、相対的な口の大きさ、そして、瞼を持たないことから、魚が《生き物の中でも最も愚か》だと宣言した[*7]（図35参照）。

ラヴァーターはヒトの鼻に並外れて熱心かつ細かい注意を向けている。故に、マッコウクジラに鼻がないことに滑稽な理屈をつけるイシュメールの説明は、現実味を高めることはないとしても、その代わりにマッコウクジラの崇高な精神をより深く印象づける。

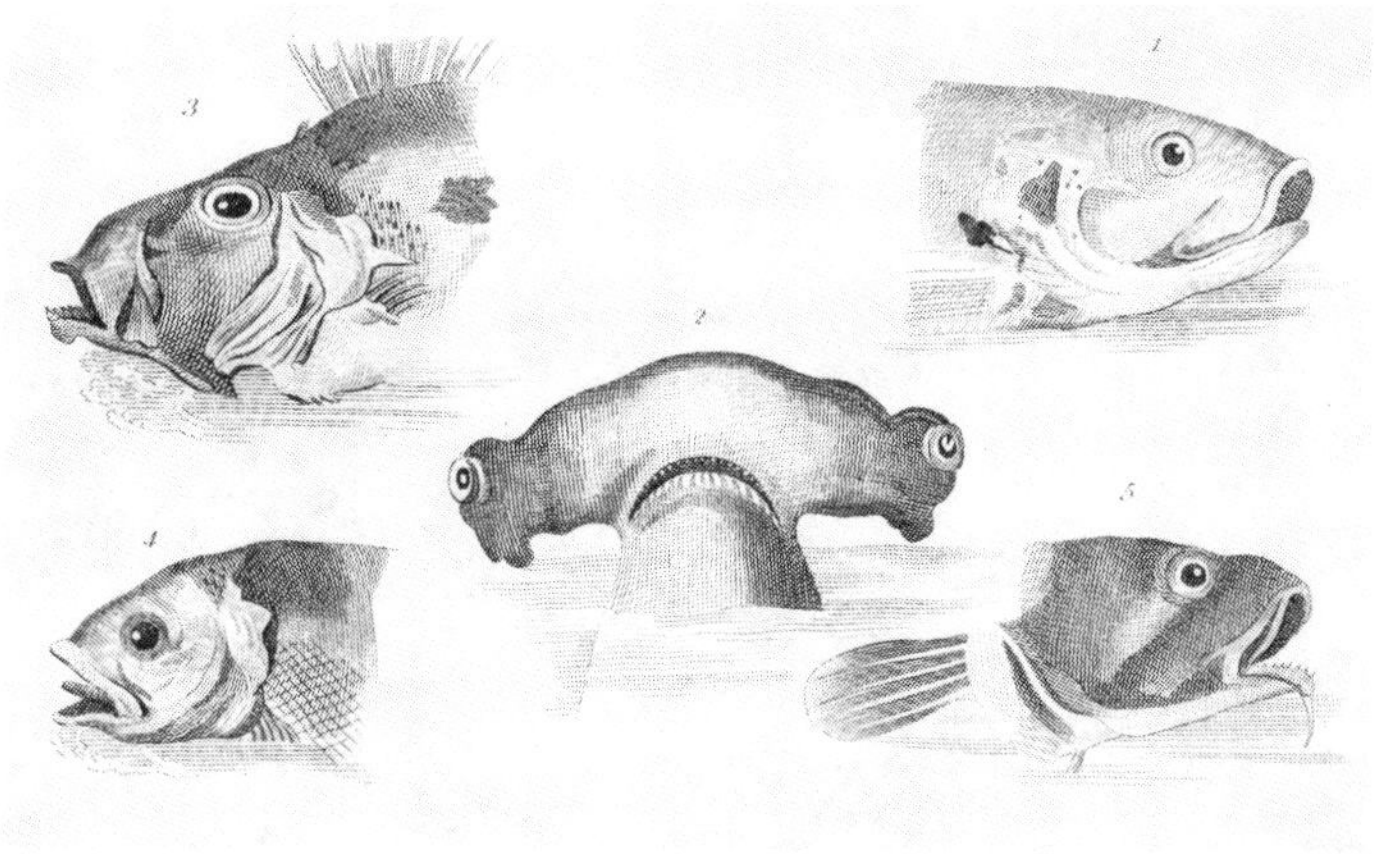

図35　ヨハン・カスパル・ラヴァーターによる『観相学断章』（1798年）の魚の図版
ラヴァーターは中央のシュモクザメ（2）と左上の魚（3）についてこう書き添えている。《怪物、2。優雅だとか、美しいとか、感じが良いと呼ばれうるもの全てから、いかに限りなく離れていることか！　尖った歯の生えた、この弧を描いた口、いかに無意味で手に負えず、情熱あるいは感情に欠けていることか。歓びや満足なしに貪り食うのだ！　いかにも筆舌に尽くし難い間抜けぶりなのが3の口で、特に目との相対比といったら！》

頭蓋骨を中心としたもう一つの疑似科学、骨相学について言えば、イシュメールは《この海獣の頭のこぶ》を分析する上で、オーストリアの医師フランツ・ヨーゼフ・ガルがその創始者であると正確に特定している。ガルの骨相学は、脳は筋肉であり、特定の領域が性格の特徴に特化しているとの発想が元になっており、多少の筋が通っている。実のところ、この考え方は近代的な神経科学にも一部当てはまるところがある。ただし、現代では脳領域のマッピング〔位置関係の解析・把握〕研究の重点は脳機能と課題遂行の方に置かれているが。ガルと骨相学者たちは、脳という筋肉の特定の部位は使うことで増大したり萎縮したりするものであり、故に、頭蓋骨の凹凸が個人の性格を明らかにしうるのだと信じていた。ある時点でメルヴィルがヨハン・ガスパー・シュプルツハイムの『骨相学、あるいは精神現象の学説（英訳版：*Phrenology, or the Doctrine of the Mental Phenomena*）』（一八三二年〔ドイツ語原書は一八〇九年〕）を手に取ったか、類似の要約を『ザ・ペニー・サイクロペディア』などで目にした可能性は高そうだ。というのも、《自尊心（self-esteem）》、《畏敬の念（veneration）》、《強堅性（firmness）》の臓器、というイシュメールの言い回しが、シュプルツハイムが頭部の図に記した各部の名称と合致するのだ。愉快なことに、これらはマッコウクジラが頭突きに使うとされる「破城槌」〔『白鯨』第76章〕の領域に対応している（図36）。シュプルツハイムの説明によると、「強堅の臓器」というのは強情さ、そして信条に対する忠実さを担うもので、こうした性質が指令を出すのに適しているという。《この感覚を高度に備えた人々は常に「やります」と述べる。それは事実だ》とシュプルツハイムは書いている。「強堅の臓器」はエイハブ船長の診断結果のように読める。イシュメールが「強堅性」をマッコウクジラのこぶの硬さに重ねた駄洒落を言っていてもだ。*8

さて、私たち読者がイシュメールによる船乗り流の理屈を読み解く中で、「あたま」と「大草原」の章は少々のユーモアをもたらすだけでなく、『白鯨』の冷厳たる生体批評的主題に三つの重要な形で貢献している。*9

第一に、これら二章は海上生活を全く経験したことのない科学界の人々に対する改めての痛烈な批判の場になっている。《観相学は、他のあらゆる人間科学と同様、やがて廃れゆく作り話でしかない》とイシュメールは言う。彼は注意深い探求と学習の価値を認めているが、世界を整然とした揺るぎない体系で説明できるとする人間の解釈は、いかなるものも無益だという点をはっきりさせようとする。

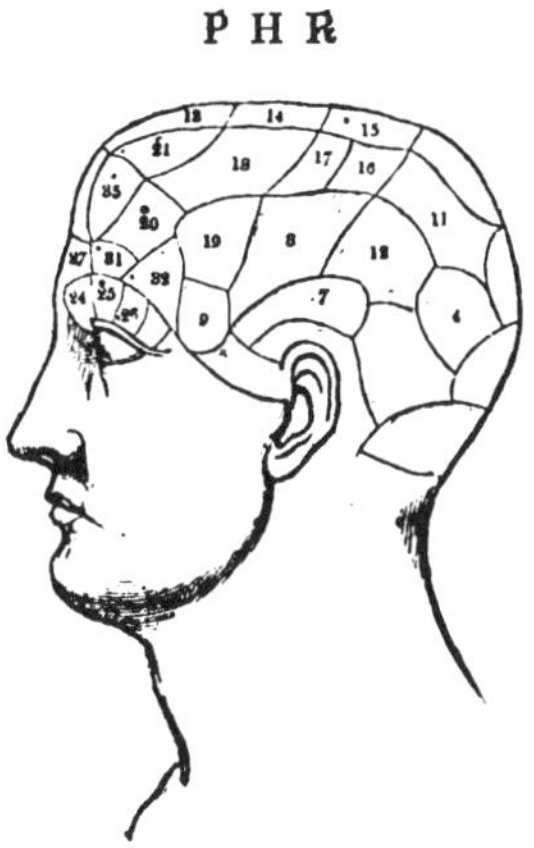

Combe.	Spurz-heim.	Affective.
		I. *Propensities.*
1.	1.	Amativeness.
2.	2.	Philoprogenitiveness.
3.	3.	Inhabitiveness.
4.	4.	Adhesiveness.
5.	5.	Combativeness.
6.	6.	Destructiveness.
9.	7.	Secretiveness.
8.	8.	Acquisitiveness.
7.	9.	Constructiveness.
		II. *Sentiments.*
10.	10.	Self-Esteem.
11.	11.	Love of Approbation.
12.	12.	Cautiousness.
13.	13.	Benevolence.
14.	14.	Veneration.
18.	15.	Firmness.
17.	16.	Conscientiousness.
15.	17.	Hope.
	18.	Marvellousness.
16.	19.	Ideality.
32.	20.	Mirthfulness or Gayness (Wit).
33.	21.	Imitation.

Combe.	Spurz-heim.	Intellectual.
		I. *Perceptive.*
19.	22.	Individuality.
20.	23.	Configuration.
21.	24.	Size.
22.	25.	Weight and Resistance.
23.	26.	Colour.
24.	27.	Locality.
27.	28.	Calculation.
25.	29.	Order.
	30.	Evenutuality.
26.	31.	Time.
28.	32.	Melody.
29.	33.	Language.
		II. *Reflective.*
30.	34.	Comparison.
31.	35.	Causality.

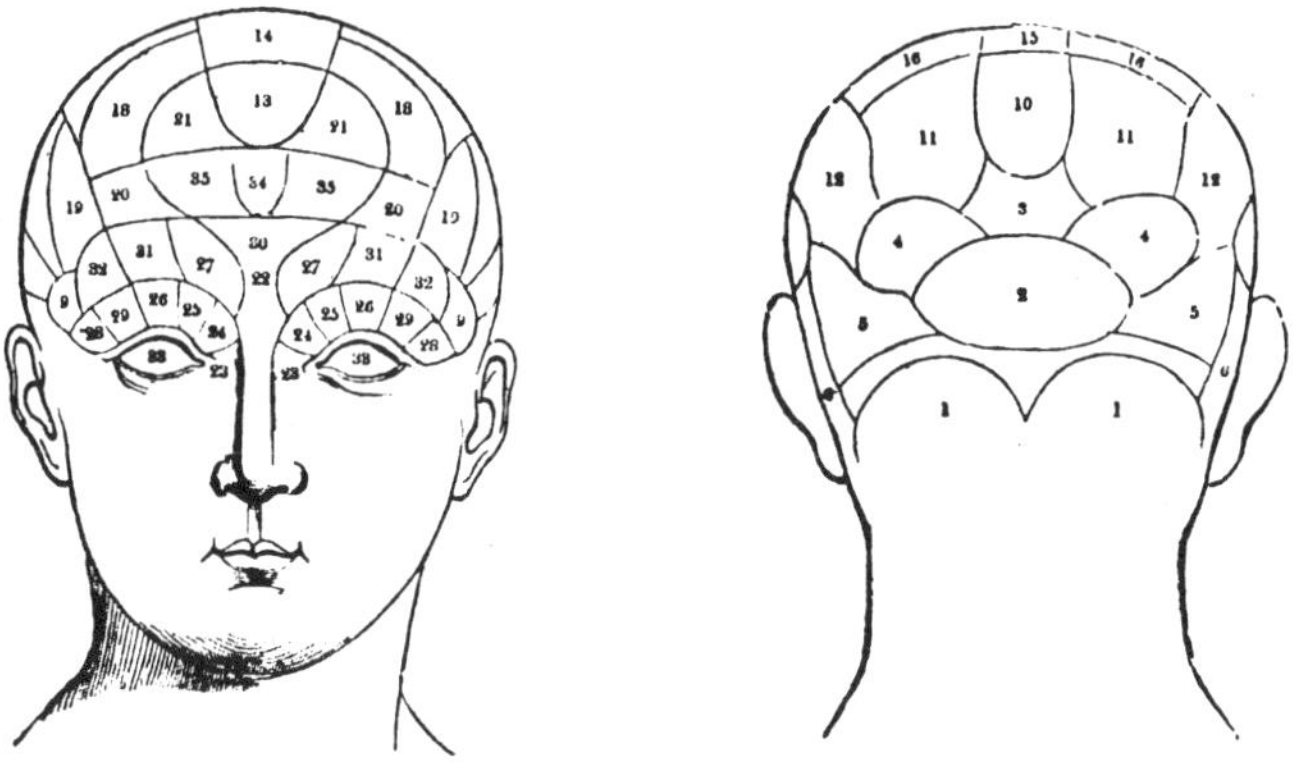

図36　メルヴィル所有の『ザ・ペニー・サイクロペディア』(1840年)に掲載されたシュプルツハイムの骨相学の図。
《自尊心(self-esteem)》、《畏敬の念(veneration)》、《強堅性(firmness)》を担うとされた三つの部位は10、14、15。マッコウクジラの「破城槌」(『白鯨』第76章)に対応。『白鯨』第80章「あたま」でイシュメールが用いる語と同一。

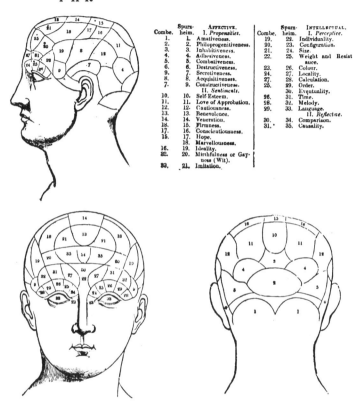

これは「鯨学」の章と同様の主張である。誰一人として鯨を読み解ける者はいない。《私はその額を貴君の前に置くのみだ。読めるものなら読みたまえ。[*10]》〔『白鯨』第79章「大草原」〕

第二に、特に二一世紀の読者にとっては、知性と知覚は鯨との結びつきを築き、同情を深め、さらには共感までも深めるのに最も確かな観点である。どの動物は食用にすべきで、どれはすべきでないか。どの動物は消費者向け製品の犠牲とすべきで、どれはすべきでないか。私たちの楽しみや教育のために閉じ込めて飼育することが許されるのはどの動物か。こうした判断、順位づけを試みる際には、しばしば知性、自己認識、文化、そして心の理論によって議論の行方が決まる。

第三に、イシュメールがマッコウクジラの頭を描写するために観相学や骨相学という疑似科学に首を突っ込む様子は、原初ダーウィン主義的な形で人間を主役の座から外し、鯨を昇格させる流れに沿っている。彼はその擬人的ユーモアを通じ、知性と賢さという概念は当てにならないこと、西洋英語圏社会で用いられるツールが（無用とは言わないまでも）不完全であることを示す。これらの定規が文学、言語、あるいは人間の頭のふくらみの分析における成果を考慮したものであるか否かにかかわらずだ。

イシュメールは観相学と骨相学を皮肉でおかしなものと感じている。クイークェグも、シェイクスピアも、ジョージ・ワシントンも、マッコウクジラも皆立派な額の持ち主なのだ。アラスカ沖で自分の釣り針にかかった魚をマッコウクジラに横取りされたら、イシュメールはかなり喜びそうだ。だがエイハブ船長にとっては、最も知的で賢くあるべき人間の失敗、私たちの知りうる範囲を超えたものを理解できないこと、そして、隠喩としての水面を超えた存在、うわべを超えた本質を知覚できないことが、彼の強堅の臓器にカチンとくる。頭蓋のてっぺんから怒りの蒸気が噴出する。《全ての潜り手の中でも、汝は最も深くまで潜水した。》エイハブ船長はマッコウクジラの頭部にこう語りかける。人間の頭蓋骨を抱えたハムレットのように、『白鯨』第70章「スフィンクス」のエイハブ船長は切断された死骸を見下ろす。《おお頭よ！　汝は惑星の数々を砕き、アブラハムに信仰を捨てさせるに足るほどのものを見てきながら、たった一言でさえも己のものとして発することはない！。》[*11]

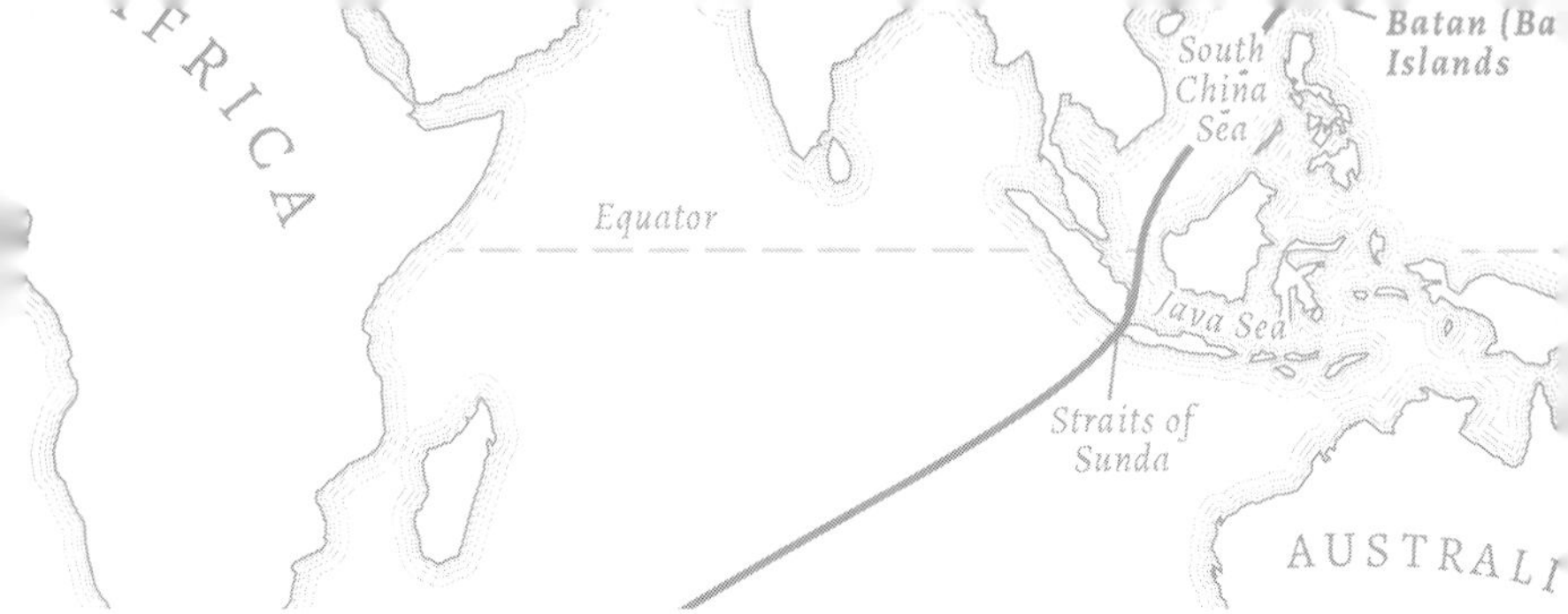

第18章　竜涎香

——海に隠された香りの秘密

あの鯨の中には、油よりも良い値がつくものが収まっているかもしれないな。そう、竜涎香だ。

スタッブ（第91章「ピークォッド号、バラのつぼみ号にあう」）

ピークォッド号はインド洋の横幅いっぱいを渡り、インドネシアの島々の間を縫うように通り抜け、今や南シナ海を北上している。ここで乗組員たちは同じ海域に別の捕鯨船がいるのを**嗅ぎつける**。檣頭の見張りが水平線に船影を認め、続いてフランス国旗を確認する。男たちは≪ハゲタカのような海鳥の大群≫の下にいるその船の脇に吊るされた二頭の鯨に気づく。「バラのつぼみ号」というその仏国船は自然死した二頭の鯨の死骸を抱えていた。ただしスタッブは、そのうち一頭は以前自分が捕鯨用の銛を打ち込んだ鯨ではないかと考えている。二頭のうち一方は腐敗しかけて悪臭を放つ《しおれ鯨》だ。もう一方は死んで乾ききっていたようで、臭いはさらにひどい。こちらはひょっとすると《甚大な消化不良か胃弱の類》のために命を落としたのか、死骸にはめぼしい脂肪層は残っていない。[*1]

　スタッブはバラのつぼみ号にボートをこぎ寄せる。滑稽で卑猥な場面が始まると、スタッブは仏人船長を巧みに騙して二頭の腐りかけた鯨を放棄させる。バラのつぼみ号が去ると、スタッブはより臭い、乾いた方の鯨の腹を切り裂く。肋骨の下へと切り込み、さらに深く掘り進んで、ついに手に六摑みほどのべたついたチーズのような竜涎香を回収する。イシュメールはそれが《どんな薬屋にとっても一オンス当たり金貨一ギニーの値打ちがある》ものだと説明する。[*2]

『白鯨』第91章「ピークォッド号、バラのつぼみ号にあう」は、メルヴィルが丹念に組み立てた例の二章組の一つ、竜涎香についての組の前半部だ。竜涎香というのはダイオウイカ並みに神秘的な海の産物で、まさにそのダイオウイカと密接に結びついている。当時、竜涎香の知識を得られるのは偶然による稀な場合だけで、それは普通、最果ての海まで進む船乗りだけの特権だった。二章組の後半「竜涎香」〔第92章〕で、イシュメールは自然史学者としての顔を見せながらこの物質についてさらに説明し、竜涎香とは一体何なのかとの基本的な問いに答えようとする。彼の話はナンタケット生まれの鯨捕り、コフィン船長が、一七九一年に竜涎香の真の出どころについて英庶民院（下院）に解き伝えた実話から始まる。実際、ナンタケットの鯨捕り（一七一二年頃にマッコウクジラの商業捕鯨を初めて行ったのは彼らだろう）は竜涎香の出どころの証拠を固めることができたわけだが、竜涎香は鯨に由来するものではないかとの推測自体は実に一五七四年からなされていた。フランスのある植物学者が、竜涎香に内包されたイカの顎板から、その出どころは鯨だろうと推論していたのだ。[*3]

「ピークォッド号、バラのつぼみ号にあう」と「竜涎香」の二章でのイシュメールの説明は現代の解釈と一致するものが大部分だが、全てではない。イシュメール曰く、竜涎香は《病んだ鯨の恥ずべきはらわた》から見つかることがある。かすかに香水の匂いがする。《油っぽくも食欲をそそる風味》である。《黄色と灰白色の間の色調である。》また、スタッブが竜涎香の中に見つけた《硬く、丸く、骨のような板》は《形を留めたイカの小骨のかけら》であると判明する。イシュメールが竜涎香に関して語るこれら五つの話のうち、正しいのは四つだ。[*4]

マッコウクジラ属の腸結石

一九四七年、捕鯨船サザン・ハーヴェスター号の船上で、英国人生物学者ロバート・クラークは乗組員が体長五二フィート〔約一六メートル〕のマッコウクジラを仕留めるのを見物した。男たちは鯨を船尾傾斜路《スターン・ランプ》からウィンチで釣り上げて甲板に載せ、肉、脂身、歯、その他、一九世紀中盤にはまだ需要のあったあらゆる産物を取り出した。その最後、男たちがはらわたを船外に押し出そうとする間際になって、クラークは叫んだ。私は彼が「アヴァスト《やめ》!」と呼ばわったと想像したい。彼は鯨の腸にある膨らみを目に留めたのだ。うねる巨大な内臓をぐちゃぐちゃとかき回し、直腸を切り開く。クラークは実に三四二ポンド〔約一五五キログラム〕の竜涎香を取り出した。巨岩、いや、車を破壊する隕石の塊のように見える代物だ。内側の層へと竜涎香を掘り進めるにつれ、より軟らかく黄色みを帯びることにクラークは気づいた。[*5]
クラークは後に竜涎香の世界的専門家となる。彼もスタッブのようにフランスに手厳しい仕草を見せ、竜涎香を指す「ambergris」の語をフランス風の「アンブルグリー」ではなく、英国式に「アンバーグリーズ」と発音することを好んだ。この語が「琥珀」と「灰色」を指すフランス語から来ているにもかかわらずだ。クラークは竜涎香がマッコウクジラ（もしかするとコマッコウも）の直腸内でのみ形成されると説明し、マッコウクジラの性別を問わずおよそ一〇〇頭あたり一頭に竜涎香が見つかると推定した。この割合は実のところ、一七二四年にボストンのザブディール・ボイルストン医師が提唱した値と同じだ。ボイルストンはナンタケットで鯨捕りをしていた友人たちとの議論を経てこの値を挙げていた。[*6]
マッコウクジラは一日に一トンのイカを食べることがある。普通、顎板などの消化できない硬い部分は口から吐き出すが（フクロウや鵜も同じことをする）、時にそうした物体が何室にも分かれたマッコウクジラの胃を全て通過してしまうこともある。腸内での炎症を抑えようとして、マッコウクジラの体が難消化性の顎板の周りにコレステロールを多く含む保護物質を何層にも重ねて玉状の凝固物を形成することを、クラークは説得力のある形で立証した。その玉が長い年月をかけて厚みを増し、形を変えていくのだ。もっとも、これは全くの新情報というわけではなかった。一七八三年にはドイツの医師フランツ・シュヴェーディアーヴァーが論文でほぼ同じ説明を提唱している。王立協会で発表されたその論文の選者はジョセフ・バンクスその人だった。鯨の腸を塞ぐ竜涎香の塊は、時に肛門から平穏に排出されることもある。イシュメールや鯨捕り、そしてメルヴィルの時代の関連文献での総論とは異なり、クラークや現在の生物学者は竜涎香が必ずしも病気の症状だとは考えていない。ただ、腸の下部が完全に詰まってしまえば、最終的に鯨の死につながることもありうる。[*7]

イシュメールが説明するように（また、メルヴィルが『マーディ』でも既に書いていたように）、竜涎香の具体的な性質については何世紀にもわたる大混乱があった。動物に由来するものなのか、それとも植物、あるいは鉱物に由来するのか。今日でも、新聞や雑誌で竜涎香が鯨の糞や吐瀉物と称されるのを見れば混乱が続いていることは明らかだ。

ロンドン自然史博物館の地下のタンク室を訪れた際、ジョン・アブレットは私に竜涎香入りの容器を見せてくれた。その竜涎香は黒く、蠟のような塊で、プラムほどの大きさだった。私の嗅覚はろくなものではないが、その暗く汚れた塊は汚泥の臭いがした。アブレットはコーヒーのような匂いを感じると言った。新鮮な竜涎香は（スタッブがいっぱいに摑んだ塊のように）まるで、その……鯨の尻の穴から出てきたような臭いが実際にするらしい。これが、イシュメールが意図的に歪めたと思しき竜涎香の一側面だ。とれたての竜涎香は《微かな香気を漂わせ》はしない。メルヴィルはそれを知っていたが、新鮮な塊が快い香りをさせるという方が自作には合った。彼は蔵書にあった外科医ビールの著作『マッコウクジラの自然史』の、竜涎香の《非常に強く不快な臭い》の説明に小さなチェックマークをつけている。真実を知っていたのだ。別の例として、『アメリカン・ジャーナル・オブ・ファーマシー』誌に一八四四年に掲載された論文の著者は、新鮮な竜涎香が《指の間で押し挟むと油っぽい。どこか古い牛糞に似た臭いがする》と書いた。また、マッコウクジラから取り出したばかりの新鮮な竜涎香、つまりスタッブが摑んだあのベタベタが最も高価な代物だという話も事実ではない。最高級の竜涎香は、実は海面を何年も漂う中で塩漬けされて硬くなった後のものだ。竜涎香の何よりの特徴は、甘い、木《ウッディ》のような、麝香のような海藻の芳香を帯びることにある。特に、海面や浜辺で一〇年かそれ以上も風雨に晒された後では。竜涎香を調香師が使い、世界の食通が温かい飲み物に入れ、媚薬だと断言する熱狂者たちがいるのもそれが理由だ。竜涎香の最も注目すべき特性は、他のものから出るにおいを保持し、固定することなのだ。そのため、アブレットは自然史博物館で私に見せてくれたあの竜涎香（私が土に埋もれたトリュフのごとく嗅ぎ続けたかけら）がかつてコーヒー豆の缶にしまわれていたと考えていた。[*8]

とはいえ、イシュメールとスタッフは新鮮な竜涎香の価値を決して過大に見積もってはいない。一八五八年、捕鯨用のスクーナー船〔帆船の一種〕ウォッチマン号は、ナンタケットに当時の価値で一万ドル相当となる四樽の竜涎香を持ち帰った。これは同じ船に満載された鯨油全体の価格をも上回った。一九一三年、チャールズ・W・モーガン号の引退数年前の航海中、二頭のマッコウクジラを捕獲した翌日に一等航海士はこう書き記した。

《我々は竜涎香のことをよく思っていたので一頭の鯨を切って検分した　小さな塊が流れてくるのをクリスチャン氏が見た　引き上げてみるとそれが我々の探していたものとわかった　［二番めの?］鯨を切ると何もなかった　朝食後最初の死骸を見てみることとし　チャーチ船長とクリスチャン氏が上甲板ボートを下ろし死骸の横につけてそれを［さらに?］切り開いた　一三と四分の三ポンド〔約六キログラム〕の竜涎香を見つけた[*9]》

竜涎香は今も使われている。その需要にもかかわらず、現代化学は今なおその香りとにおいの保持特性とを専門家を満足させるほどの完成度で再現するには至っていない。例えば、ニュージーランドの人里離れた海岸で見つかった本物のマッコウクジラの竜涎香は二〇一八年時点で一グラムあたり約三五米ドル（一ポンドあたり一万五〇〇八ドル超〔一キログラムあたり三万五〇〇〇ドル〕）で売れている。これは品質と注文量に大きく依存しての値段だ。[*10] 二〇一六年、「タイムズ・オブ・オマーン」紙はハリド・アル・シナニという漁師と二人の仲間たちが海に浮かんでいた約一七五ポンド〔約七九キログラム〕の竜涎香の塊を投げ縄で引き上げ、約二六〇米ドル相当の価格でオークションに出すことを見込んでいた。[*11]

『白鯨』では、スタッブがちょっとした富を得るべく悪巧みをした後（痛ましいことに、彼がその金を得ることは決してできなくなるわけだが）、イシュメールは宣言する。《さて、最も芳しい竜涎香の不朽ぶりがこのような腐敗の最中に見出されるということは、これは大したものではないのだろうか？。》捕鯨という産業そのもののように、醜く汚い大海原の深みが人間の偽善の数々と自然の宝の両方をあらわにする。メルヴィルはその様を示す好機を存分に味わった。[*12]

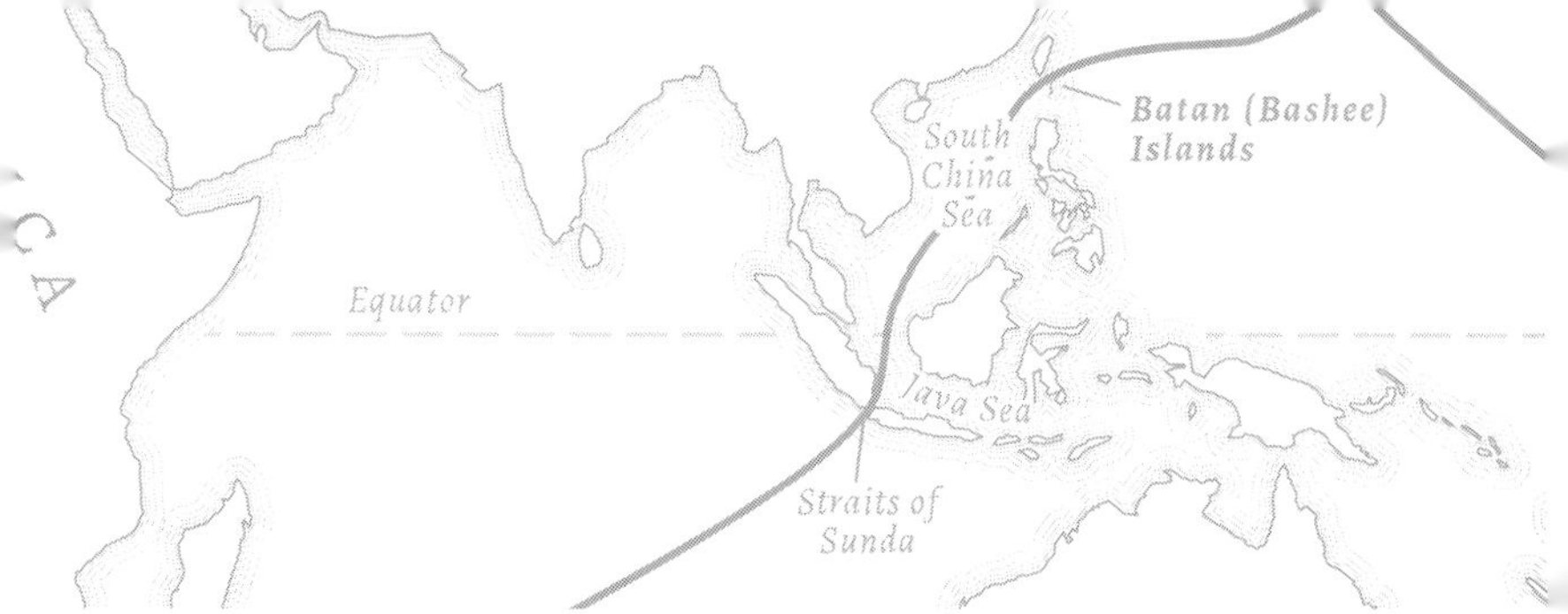

第19章　サンゴ虫
――生命のドームとしての珊瑚礁

それらの間をサンゴの島々の天の川が流れ、海抜の低い、果てしない未知の諸島が浮かぶのだ。

イシュメール（第111章「太平洋」）

ウィリアム・シェイクスピアは『テンペスト』（一六一一年）で、英語で書かれた海洋文学の中でも特に有名なこの一節にサンゴのことを書いた。

汝の父は五つ尋《ひろ》の
　水底深く横たわる
骨は珊瑚、眼には真珠宿りぬ
　その身はさらに朽ちもせず

されど天変海異〔sea change〕受け
　なべて貴く奇しきものへ
海の妖精、時ごとに弔鐘を打ち鳴らす
（折り返し歌）ディン・ドン
聴け！　ああ、あの音が――
ディン・ドン・ベル

〔『夏の夜の夢・あらし』福田恆存訳を基に改変〕[*1]

精霊エアリアルは作中でこう歌い、王子に父は船の難破と思しき出来事で溺れたと思い込ませる。エアリアルは、死んだ父王の骨は不思議な魔法の変容によりサンゴに変わったと歌いかける。死んだ人間の姿が今や生きた大海原の底の一部となっている。[*2] メルヴィルは『白鯨』執筆開始の前年、シェイクスピアの劇作品全てを義家族の家のソファにもたれながら初めて読破した。そして、後に自分も死、深さ、魔法を想起させるために作中でサンゴを使った。[*3]

スタッブが手の平いっぱいの竜涎香を騙し取ってからわずか数日後となる「見捨てられしもの」〔『白鯨』第93章〕で、イシュメールはエアリアルの歌を元に、自分の語るピップ（あの幼いアフリカ系米国人の給仕係《キャビンボーイ》だ）の悲劇で新たな物語を作る。ピップが鯨の追跡中に捕鯨ボートから飛び出した後、スタッブはピップを海中に置き去りにする（メルヴィルはアクシュネット号で一人の船員がほぼ同じ目に遭うのを目撃したことがあった）。《人間は金を生む動物だ》と、イシュメールは航海士スタッブの残酷さを説明する。スタッブは後続の他のボートがピップを助けるだろうと見込むが、彼らは結局他の鯨を追って散り散りの方向へ漕ぎ進む。こうして、ピークォッド号で最も非力な人物はたった一人きりで海を漂い、イシュメールの運命の予兆となる[*4]。

私は南シナ海でのピップの水没を、彼自身の孤独の深みへ、そして最も遠く離れた海の荒野の中で彼が経てきた思慮の奥底へと沈んでいく仮想の動きとして読む。ピップは普通ならマッコウクジラのためだけに取り置かれている最果ての深みを目にする。これはエイハブ船長が見たいと思っている光景だ。ピップは突如、上から、下から、あらゆる方向から、人間の手が届きも及びもしない海に囲まれる。イシュメールはこう語る。

《海は、彼の有限の大きさしかない体を嘲るかのように上へと戻したが、彼の無限の魂の方は沈めてしまった。ただ、すっかり沈めたわけではない。生きたまま驚くべき深さへと運んだのだ。そこでは、歪みのない原始世界に属する奇妙なもののたちの姿が、どこを見つめるでもない彼の目に映りこんでは去った。強欲な男人魚、賢人《ウィズダム》が、自らの秘宝の山をそっと見せた。そして喜ばしく、非情で、永久の若さを持つ永遠の存在に囲まれ、ピップは無数の、神の遍在であるサンゴ虫を見た。それらは深海の天空たる水から湧き出て、星々のごとき壮大な球体を成してたゆたった。彼はオールの柄の足載せに神の御御足を見て、そのことを口にした。故に、同船の仲間は彼を狂人と呼んだのだった[*5]。》

ピップは生き延びる。偶然、ピークォッド号の見張りたちによって救出される。ただ、彼はトラウマから正気を失っている。彼はまさにエアリアルの歌通り、死の鐘を「ディン、ドン。ディン！」と鳴らし始める。今やピップは賢愚を併せ持つシェイクスピア的な道化を演じ、やがて沈み海底の岩を打つ船の運命を予想する。待ち受けるその宿命は、フリースの言うように《珊瑚の上でさっさとおねんねじゃ。》[*6]

置き去りにされ、深みへと沈んでいく中で想像を巡らせるピップが見る幻覚は、魚や鯨やサメなどではなく、「サンゴ虫」と、それらが神の監督の下、まるで蜘蛛のように紡ぐ壮大な球体の数々だ。このメルヴィルの言葉と比喩の選び方は『テンペスト』とのつながりを超えた。小動物のようなポリプが骨格を吐き出して様々な形（扇型、ラッパ型、球型）を作り、それが海底から隆起して岩の上で発達し、珊瑚礁を作り上げることは、一七五〇年代には既に科学界で、続いて一般の人々にも理解されていた。また、博物学者はメルヴィルの時代に、鮮やかな色合いのサンゴと特に巨大な珊瑚礁が見られるのは温かく比較的浅い熱帯の海にほぼ限られることも知っていた。サンゴ虫が本当の昆虫ではなく、殻を作り群生するイソギンチャクのような生き物だとは既に知られていたが、「coral-worms」あるいは「coral insects」という一般名はよく使われており、ドクターＩ・ベネットとモーリー大尉も使っていた。[*7]

チャールズ・ダーウィンも『ビーグル号航海記』で「coral insects」の一般名を使った。一八三六年、世界一周の旅を終えて間もないダーウィンは、異なる種類の珊瑚礁が形成されることについての論文を書き、その学説が普及する。珊瑚礁についてのダーウィンの考えの大部分はその後正しかったと立証される。ダーウィンは、環状珊瑚礁やその他の構造が火山の山頂やカルデラの陥没によって形成されると説明した。何百万年もかけてゆっくりと沈んでいく陸地の縁にサンゴが育ち始めるのだという。この話題を人々が議論していることに気づき、関心を持ったメルヴィルは、『白鯨』以前の作で珊瑚礁形成についての諸論に触れている。それは風刺でもあったが、《サンゴ虫（…）この見事な小さな生き物》と、広大な地質構造の中でのその役割に心から魅力されたからでもあったようだ。サンゴ虫の作る構造物は珊瑚礁を形成するだけでなく、地球上の大陸を形成し、そして現在「地質学的時間（deep time）」と呼ばれる概念〔地層の形成を基準に、数百年から数億年単位で地球の歴史を捉える〕への影響も与えた。*8

『白鯨』で、メルヴィルはピップに合わせて神の深淵渦巻く海底の珊瑚礁の眺めを作り上げた。『テンペスト』から二世紀後、メルヴィルと同時代に出版された数作は、一九世紀中盤の信仰観、自然神学観がいかにサンゴと結びついたかを大いに示してくれる。ここでは、そのうち特に三作について伝えたい。

一作目は、文学者のマルティーナ・ファイラーが近年発見した「溺れた銛打ち（The Drowned Harpooner）」。一八二七年、「ナンタケット・インクワイアラー」紙に登場した後『グラハムズ・マガジン』にも転載された物語だ。この話では、南太平洋にいる鯨捕りがマッコウクジラに刺さった銛の縄に絡め取られて水中へ引きずり込まれ、その後、水面下を進む鯨の軌跡から生じた水流に掃除機のごとく吸い込まれてしまう。作者はこの鯨捕りをジョナ・コフィンと呼ぶ〔旧約聖書で鯨に飲まれたとされるヨナ（Jonah）の名と、ナンタケットに多いコフィン（Coffin：棺）の姓〕。ジョナは息ができ、水面下の《底なしの深遠性》を覗き込むことができる。そこには《筆舌に尽くしがたい形で宿るサンゴの広大な森》もある。ジョナは最後には意識を失うが、死を迎えようとするマッコウクジラが水面に戻った後、ジョナは生きて救出される。[9]

二作目、「サンゴ虫の作り上げるもの（Works of the Coral Insect）」という雑誌記事は、一作目とほぼ同時期に、米国の学校向けに出版・配布された『ザ・ファースト・クラス・リーダー』の単元として使われた。匿名の著者は、サンゴを作る小さな生き物の数の膨大さと、太平洋の一部の島々や豪州のグレートバリアリーフ（大堡礁）が作り上げられるまでに必要だった時間の長さに仰天している。この著者は、エマーソンがボストンでの講演「自然史の用途」でかつて語った通り、水面直下の珊瑚礁は上へと発達し、その後の世紀にわたって人類が暮らす土地を増やすのだと考えていた。《これらも神の大いなる御手の驚異だ》とこの著者は書いている。《こうしたものも、神がその慈悲を先へと進めるために用いる手段のうちである。だが人は、自惚れた人は、一見ひとしく取るに足らない無数の存在を見下すふりをする。それらのものたちが自然の大いなる秩序の中で受け持つ責務を、果たす務めを、彼はいまだ見出していないからである。[10]》

三作目は、一八四七年に当時の科学者たちの文章をまとめてニューヨークで出版された、図入りの魅力的な小冊子『過去の世界の残骸からの遺物（*Relics from the Wreck of a Former World*）』だ。この冊子はルイ・アガシーとモーリー大尉と同じ流れで話を進め、何万年、何億年という時を経てきた地球と、キリスト教信仰での聖書の教えとを苦もない様子で結びつける。長々と続く副題さえもが《奇想天外な形》と《この上なく優美な色》をした、多種多様な絶滅動物の存在を想定していた。この冊子では、天文学徒であり一般向け科学書の著者だったトーマス・ミルナー牧師の文章が長文で引用された。ミルナーは、珊瑚礁の形態が《一見弱々しく不充分な代行者を通じ、莫大な構想の数々をもたらす自然の力》の完璧な例だと綴った。《サンゴ虫》についてミルナーが論じたのと同じページには、冊子の編集者による考察が載っている。砂の一粒にも独自の生態系があるのではないか、また、宇宙と光の広がりは想像もつかないほど大きいのではないかと編集者は考え込む。《そして、我々がもし、自分たちがあの離れた球［星］に到達することは可能だと考えるようなことがあれば、私たちは限界、つまり万物創造の無情な壁ではなく、神の創造、力、知恵の新たな領野のみに目を向けるべきだ。我らが地上とそこに生息するあらゆるものは宇宙中の小さな一つの染み、広大な森羅万象の中の一原子にすぎないのだと私たちは感じる。》[*11]

メルヴィルがこれら三作のうち一つでも読んだのか、研究家たちにはわからない。だが、たとえ直接の着想源ではなかったとしても、これらの作品は、水中写真やスキューバ潜水の登場までまだ一世紀もある時代にサンゴへ向けられていた一般認識の一側面を示している。ピップが海の深みへと落ちていく哲学的な場面に思いを巡らせる際、イシュメールが神や不死とサンゴとを結びつける理由の一部が先述の三作と『テンペスト』に表れている。また、これらの作品群はエイハブ船長が白鯨モービィ・ディックの無情な壁に対して示す実存的憤怒を読み解く参考にもなる。一九世紀中盤のメルヴィルや同時代人にとって、珊瑚礁は氷山と等しく荘厳なものだった。人を圧倒し、不可知で、恐ろしいほど美しくも、船乗りには命の危険をもたらす。そしてひょっとすると、サンゴが神の創造の力と冴え渡る素晴らしさの象徴だったことに何より大きな意味があったかもしれない。

メルヴィル自身が珊瑚礁に精神的な感動を覚える上で、これらの本や記事はいずれも不要だった。南太平洋にいた際、彼はこうした驚異をたたえた透き通る熱帯の海の上を、手漕ぎの捕鯨ボートで、そして船で進んだ。仏領ポリネシアでは、あのパペーテ港〔メルヴィルが船員たちと反乱事件を起こした〕でも『オムー』に書いたように《これら、空気と同じくらい透明な海の水の奥底》を見つめ、《思いつく限りのあらゆる色相と形をした珊瑚樹》を見た。メルヴィルは南太平洋で泳ぎ、裾礁《きょしょう》〔陸地の縁に接して発達する珊瑚礁〕を見に行ったことがある。彼はその裾礁の周りで松明の光を使ってスピアフィッシングをしたことを書き記している。また、自分の目で巨大なハマサンゴ属（*Porites*）の標本を見たことさえあるかもしれない。メルヴィルがボートや船で航行した南太平洋諸島沖にあるハマサンゴ属のコロニーは、まさに《壮大な球体》となることがある。科学者はハマサンゴ属が地球上で最も寿命の長い生物の一つかもしれないと考えている。例えば、米領サモアの海にある「ビッグ・ママ」、別名「ファレ・ボミー（Fale Bommie）」というコロニーがそうだ。★このコロニーは幅四二フィート〔約一三メートル〕の球状で、推定五〇〇歳。そのドームの頂部は水面下三〇フィート〔約九メートル〕の深さにある。これがぴたり、〔先に『テンペスト』から引用した歌にある〕《五つ尋《ひろ》》だ[*12]（上巻カラー図版11参照）。

二〇一七年、科学誌『ネイチャー』誌上で科学者が次のような発表を行った。地球温暖化の影響により、グレートバリアリーフ（大堡礁）〔堡礁：陸地からやや離れた位置に、陸地に沿う形で発達した珊瑚礁〕全域のサンゴがこれまでにない速度で死滅してしまった。全体の六〇％以上、とりわけ北部に分布するサンゴが直近の高温により激しい白化を受けた。生命を失い、私の生きている間にはおそらく回復することがないであろう白化サンゴが六〇〇マイル〔約九七〇キロメートル〕以上にわたって広がっているという。[*13] 神よ、なんということだろう。

メルヴィルやその同時代人は、侵略種の動植物がポリネシア諸島を変容させつつあること、そして欧米人が南太平洋の《高潔な野蛮人》の固有文化を汚染・破壊していることに注目し、気づいていた。当時それほど知られていなかったのは、太平洋島嶼部の住民自身もまた、比較的直近の年代に行った移住において森を伐採し、侵略種を広め、狩猟によってニュージーランドの飛べない巨鳥、モア（オオモア属：*Dinornis*）などの種を絶滅に至らせ、島々を大きく変容させていたことだ。とはいえ、私はこれら一九世紀の文化（現地固有のもの、植民地支配によるものを問わず）の中で、人間が珊瑚礁の発達に影響を与えうるなどと見抜けたものは皆無だったのではないかと思う。メルヴィルは『オムー』で、年配のタヒチ人から聞いた歌の一部を訳して語り直す。

A harree ta fow,
A toro ta farraro,
A mow ta tararta.

★発見者ファレ・トゥイランギ氏にちなんだ名前。「ボミー」はサンゴによってできる隆起部を指す通称。日本語では「根」。

(ヤシの木は育つもの、
サンゴは広がるもの、
だが、人は死ぬものだ。[*14])

今日の目で読むと、ピップが漂う水の下のサンゴは全く違った形での「白化による死」を象徴している。ピップはアフリカ系米国人だが、米先住民、太平洋島嶼部の住民、社会的正義と環境的正義が不可知であることを思い出させるどんな個人の象徴にもなりうるだろう。船上の最弱者、見捨てられた者であるピップは、石油資本主義が投じる銛に最も打たれやすい人々の姿を象徴する。人為起源の気候変動、枯渇した水源、人類を破滅へと導く傲慢の波が広がる中で放置される沿岸の汚染。もちろん、私たちは最悪の種類の海洋変動の最中にいる。その酷さは、あなたの正気を奪うのに足るものだ。

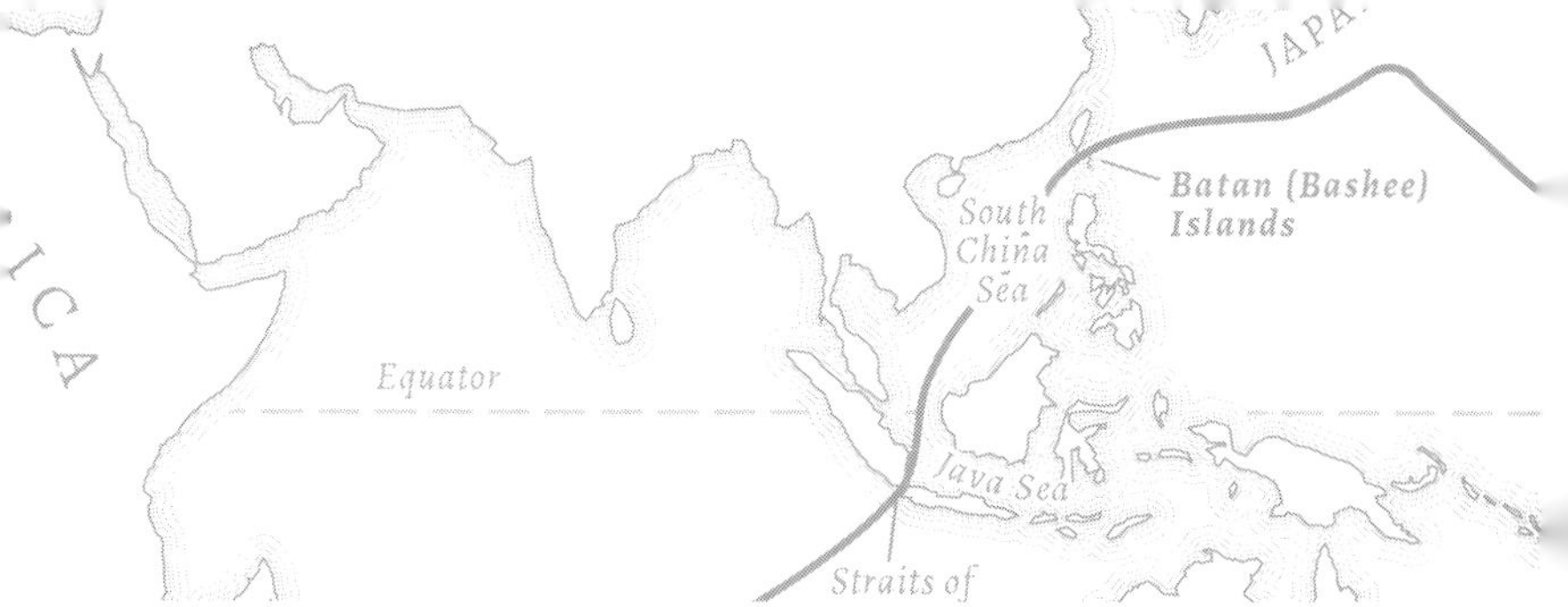

第20章　大摩羅《グランディシマス》

だが、棚の上にあるこれは一体何だ？　私は手に取り、光に近づけ、手触りを確かめ、においを確かめ、ありとあらゆる方法を試し、これについて満足のいく何らかの結論に至ろうとした。

イシュメール（第3章「潮吹き亭《スパウター・イン》」）

ピークォッド号の乗組員たちは、『白鯨』第95章「法衣《カソック》」でピップを置き去りにした時にスタッブが仕留めたマッコウクジラの解体を終えつつ、南シナ海を引き続きゆっくりと進んでいた。《あの水夫を見よ》とイシュメールは語る。《二人の仲間に付き添われ、今こちらへとやって来る、細断師《ミンサー》と呼ばれるこの水夫を。船乗りが呼ぶところの大摩羅《グランディシマス》をずしりと背負い、さしずめ英国の近衛歩兵が死んだ戦友の遺体を戦地から担いでくるかのように、その重みに両肩を落とす。[*1]》

イシュメールの言う細断師はその塊の《暗い包皮》を切り落とし、裏返して《差し渡し二倍近くまで》引き伸ばして広げると、索具《リギン》に掛けて乾燥させる。後に、細断師はその陰茎の包皮に自分の頭と腕を通す穴を開け、外套《コート》を作る。この衣服の描写はクイークェグの《ポンチョ》と一致する。小説の序盤、ベッドフォードの宿屋の部屋で、彼と同室に泊まるイシュメールが着てみたものだ。イシュメールはその服が重いと述べている。《毛羽立っていて分厚く、少し湿っていると思った。[2]》

ニューベッドフォード捕鯨博物館に現在展示されている大摩羅は、イシュメールの説明する大きさや描写にほぼぴたりと一致する。ただ、私が中に収まるには細すぎるが。きっとこの皮は引き伸ばされていないのだ。もし中に入れる可能性がかろうじてありそうだと思えば、私はこの博物館で働く私の研究仲間、マイケル・ダイヤーに特別な計らいを頼もうとしただろう。

「その曖昧な展示ラベルは、子供たちにはこれが何だかわからないようにそうなってるんだ」とダイヤーは教えてくれる。「ボランティアのスタッフ用のラベルだよ。スタッフはそもそもここにこんな代物を置いてほしくなかったんだけれど、この博物館の館長が『悪いけれど、これは置くことにしますよ』と言ってね。ただし館長はスタッフに「大摩羅（grandissimus）」というラベルをつけさせてくれた。これはマッコウクジラのペニスです、と直接的に書くのじゃなく、鯨捕りの用語で書いたラベルをね[3]」。

というわけで、一七〇〇年代後半のこの四・五フィート〔約一・四メートル〕の大摩羅は、大廊下にある垂直のガラスケースの中にそびえ立つ。黒いが、革張りの古いソファのようにぽつぽつと小麦色や茶色のまだらを帯びている。妖精のとんがり帽子のように、先端に向かって細りゆく形だ。きっと毎年何千人もの見学客がこのペニスの横を素通りしているはずだ。これが何であるかも気づかずに。またもしかすると、何万人もの『白鯨』の読者が第3章「潮吹き亭」に出てくるクイークェグの《ドア・マット》〔のような外套〕の話に目を通した後、自らの抱いた印象を第95章「法衣《カソック》」でのイシュメールの説明を熟読した際に疑っているかもしれない。

メルヴィルがマッコウクジラのペニスを自ら見たのは間違いない。ただ、海洋生物学、海洋学、捕鯨の慣習については知識の及ぶ限り正確に描写した彼がこの陰茎のポンチョの光景をでっち上げたのは、純粋に倒錯的な洒落っ気からのことかもしれない。実際に鯨のペニスの皮を剝いで伸ばし、成人男性が作業用スモックとして着られるようにした米国の鯨捕りの例をダイヤーは知らない。また、メルヴィルの鯨文書として知られる文献にも、このような衣服に言及したものは一つもない。ただ、ダイヤーの考えではそれも納得がいくという。鯨捕りはペニスからとった革を船上で様々な用途に使っていたからだ。捕鯨ボートのオール受けを覆って耳障りな音を抑えたのはその一例で、もしかするとナイフの鞘にも使っていたかもしれない。

その後しばらく経って、私はアイスランド男根博物館（収集物は全て動物の陰茎についてのものばかりだ）の設立者兼館長ヒョルトゥル・シグルズソンに鯨の陰茎のポンチョについての質問を投げかけた。「小説『白鯨』以外に、そうした用途に触れた文献は私たちのところにはありませんね」とシグルズソンは言う。「しかし、マッコウクジラのペニスの皮を法衣《カソック》として使えるというのは、かなりもっともらしい話だと思います。私たちが所有している全体標本は高さが一・七五メートル、重さが七五キログラムありまして、その標本の皮は、きちんとうまく切れば、細身の男性がぴたりと収まるでしよう。間違いありません」。[*4]

シグルズソンの男根博物館に展示されている標本は、保存液をたたえたガラスケースの中にそびえ立っている。二〇〇〇年夏にアイスランド北部の海岸に打ち上げられた、体長五二フィート〔約一六メートル〕のマッコウクジラから採取されたものだ。鯨の死因は腸閉塞のようだった（竜涎香が見つかったとの記録はない）。シグルズソンは、イシュメールの語るペニスの皮の剝ぎ方は、もし実際に行うとしたらまさにこの通りであろう方法だと確認したそうだ。鯨のペニスの皮はなめし革のように引き伸ばすことができるが、二倍の大きさとまではいかない。保存液に入れて展示されているこのどっしりとした大摩羅の他にも、この博物館では乾燥させてくり抜かれたマッコウクジラのペニスを二つ見ることができる。そのうち一つは、壁に掛けられて花入れになっている。

『白鯨』で、メルヴィルは「法衣《カソック》」の章を「手を握ろう」（第94章）の直後に置いて小さな二章組を作り、ピップの魂と正気の沈没の後に雰囲気の変化をつけている。「手を握ろう」の章で、イシュメールは鯨蠟に混じった塊を揉みしごき、煮詰める前の下ごしらえの仕事を担う。《しごけ！　しごけ！　しごけ！　午前中いっぱい、私はこの精液（sperm〔鯨蝋（spermaceti）のこと〕）を精いっぱいしごいた。自分もその中にあわや溶け落ちそうになるまでしごいた。奇妙な精神錯乱に襲われるまでしごいた。そしてふと、自分が無意識のうちにそこにまみれた仕事の相棒たちの手をしごいていたことに気づいた。彼らの手をやわらかい脂の塊と取り違えたのだ。[*5]》

マッコウクジラやその他のハクジラのペニスは、解剖学的には象や雄牛のペニスと似ており、尿生殖裂孔（urogenital slit）の中にある輪の中に引っ込んで格納される（図37参照）。一方、雌のマッコウク

図37　オランダの北海沿岸部に打ち上げられたマッコウクジラを巡る収穫、見物、学問の熱狂ぶりをとらえた版画。ヘンドリック・ホルツィウスの彫った版からヤーコプ・マタムが刷り上げたもの（1598年）。ペニスの測定を行う様子に注目。

ジラには互いに近接した三つの裂孔がある。二つは乳腺で、あと一つはヴァギナだ。性的二型〔体型などに雌雄差があること〕を示す種では、雌雄の体長に相対差があることを除けば、鯨の性別を見分ける手がかりは腹側にあるこの細い切れ込みだけだ。

　第87章「無敵艦隊」の後半で、イシュメールは水夫たちが捕鯨ボートの手すり越しに海を見やり、《若き海獣《レヴィヤタン》の情事》を目にする様子を語る。雄のマッコウクジラは水面下で雌の体を摑むことはできないため、伸縮性のあるペニスが相手に絡みつく役割を果たすのかもしれない。つまり、ペニスが雌のヴァギナに入り込み、短い交尾の間に互いの体を引き寄せておくのに役立つということだ。一九世紀に海での観察をもとに鯨のセックスの様子を書き記せた船乗りや博物学者がいたとしてもごくわずかだろうが、イシュメールは《この神秘の水たまりでは、海洋の最も秘された秘密のいくつかが我々の目に明かされた。》一八四〇年、ドクター・ベネットはその行為を記述した数少ない人々の一員であった。《他の鯨類のように、これらは more hominum [人間のごとく]つがう。私の認識に留まったある例では、当事者たちの姿勢は垂直であり、頭は海面より上に出ていた。》だからこそメルヴィルは、「鯨の情事」についての自らの記述をこう締めくくったのだ。《互いに敬愛の情に満ち溢れた時には、鯨たちは人間のごとく（*more hominum*）敬礼を交わす。*6》

二一世紀の生物学者は今でもマッコウクジラのセックスについてあまり多くを知らない。今日の理解の大部分は、飼育下における小型の鯨の種の観察から得られたものだ。ベネットが目にしたような野生のマッコウクジラのセックスの貴重な観察例では、雌雄のマッコウクジラが垂直、あるいは水平の姿勢でしばし浮かぶ中、互いの体の腹側を触れ合わせる様子が記録されてきた。生物学者はこれが交尾行為だと推測している。専門家は鯨の行動と群れの様子から、マッコウクジラは一度の繁殖期の間は〔相手を次々と変えるのではなく〕つがいを組んだ相手としか交配しないか、もしくは一頭の雄が数頭の異なる雌を妊娠させる可能性もあるかもしれないと考える。イシュメールは第88章「学校と学校の教師達」でハーレムの存在を主張するが、やはり何らハーレムに類するものの証拠はない。一方、例えばハラジロカマイルカ（*Lagenorhynchus obscurus*）など他の鯨類は精子間競争（sperm competition）を通じて生殖を行っていそうだ。つまり、一頭の雌が短期間のうちに複数の雄から精子を受け取るのだ。雄のセミクジラは長さ八フィート〔約二・四メートル〕を超えるペニスを使い、自らの遺伝子を受け渡す競争に勝つべく大量の精子を送り込む。雄のセミクジラの精巣はおそらく地球上のどの動物よりも大きい。一つの睾丸が長さ六・五フィート〔約二メートル〕あり、重さはそれぞれ一一〇〇ポンド〔約五〇〇キログラム〕を超える。一七二五年、米国人博物学者ポール・ダドリーは、セミクジラの《睾丸（stones）は樽半分を満たすだろう》と書いた。*7

何世代にもわたる文学者たちが、白鯨モービィ・ディックの名前から、イシュメールとクイークェグの関係性、そしてイッカクの角にまつわるイシュメールの皮肉に至るまで、『白鯨』における性器と同性愛に関するジョーク、言及、深意の数々を調査してきた（念のため記しておくと、「ディック（dick）」という俗語がペニスを指す場合にも使われるようになったのは、『白鯨』出版から数十年が経ってからのことである）。まるで、船の乗組員たちが海で長い時間を過ごせば過ごすほど、イシュメールが物語に性的な皮肉や当てこすりを織り交ぜてくるようだ。「無敵艦隊」で愛を交わす鯨を見た後、続く「学校と学校の教師達」、『「しとめ鯨」と「はなれ鯨」』、「頭か尾か」の各章の描写は、いずれも人間の性的関係にまつわる擬人化や直接的なジョークを含む。その多くはミソジニー的であり、最大限に寛容な言い方をすれば、ステレオタイプ的で時代遅れだ。*8

文学者はメルヴィルによる性器への言及をかなり深刻に捉えてきた。二〇世紀に『白鯨』に対する批判的認識が再興し始めた際、D・H・ローレンスは『白鯨』の法衣のシーンが《世界のあらゆる文学の中で最も奇妙な男根主義の一編》だと書き、白鯨それ自体が《一側面において紛れもなく男根の象徴である。つまり、深い性的情熱に当たるのが、水中という官能的深淵における情熱だ》としている。研究家はエイハブ船長の脚の欠損をフロイト的な去勢の象徴として解釈してきた。また、船長は出航前のナンタケットでの凋落後に本当に睾丸を失っているとの解釈もされてきた。この件に関して私が気に入っている「メルヴィルの男根ジョークの重大な機能（The Serious Functions of Melville's Phallic Jokes）」という論文は、一九六一年にロバート・シャルマンが真面目な学術誌『アメリカン・リテラチャー』誌に発表したものだ。シャルマンの評論は、あなたの目の前にある本書とまさに同様、彼の生きた世代の政治的・社会的な変動を明らかにする。シャルマンは『白鯨』の性的な言及箇所を一つ一つ注意深く検証し、単に皮肉を帯びたものではなく、敵意を帯びた、宗教的・政治的規範に対する社会的反抗として読み解く。一九六〇年代の自由主義的な大学教員として、シャルマンはメルヴィルの男根ジョークをこの書き手が人類に突き立てた反抗の中指と読む。シャルマンはエイハブ船長とモービィ・ディックの最後の対面を巡る議論を提示し、この場面が陰茎を暗示する描写であふれていることを示唆する。[*9]

また、イシュメールが男根に言及するのは主に船員室での冗談をシェイクスピア風に語るためだという可能性もある。その悲喜劇の軽率な調子を打ち砕くため、そして、よそよそしくも密接な海上共同体という、風、天候、船上の独裁に対して無力感を感じる場に、海に出た男たちはいかに対処したのかという現実を取り上げるためだ。もちろん、イシュメールの性的な当てこすりは皆、性の意識は非クリスチャン的であるという宗教的権威とヴィクトリア時代流の欺瞞に皮肉と疑問を突きつけ続けるための手段だった。メルヴィルは結局のところ、南太平洋でさらに開けっぴろげな性文化を実体験しており、二一世紀の海事史家は今なお、同性愛に対する船上の態度がどのようなものだったかを知りつつある途中だ。メルヴィルが海上で属した各共同体はもしかすると、歴史家がこれまで考えていたよりもずっと抑圧が少なく、ずっと異性愛性が低い場だったかもしれない。*10

「法衣《カソック》」の章でメルヴィルの描く、修道士のような装いの細断師《ミンサー》は、鯨の脂身を極限まで薄く切り、その様は米国出身の鯨捕りに《聖書のページ》と呼ばれる。メルヴィルはこの章を、歴史家のナサニエル・フィルブリックが《あらゆる文学の中で最も凝っているかもしれない、そして最も卑猥であることは言うまでもない駄洒落》と呼ぶもので締めくくる。イシュメールの言う細断師は、黒いマッコウクジラの大摩羅を胸からするりと覗かせ、今や《archbishoprick の候補》となっている。一八〇〇年代でさえ、「prick」の語はペニスや変人を指す粗野なスラングだった。そして、「archbishopric」はキリスト教会における大司教（archbishop）の高尚な地位のことだ。*11

さて、こうしてあれこれと論じてはきたが、米国の鯨捕りが本当にこうした衣服を作っていたという資料を発見するまでは、ペニスのポンチョという発想はメルヴィルによるまったくの創作と考えておくのが妥当だろう。そう、読者をかわかむりにする……のではなく、からかうための創作だと。

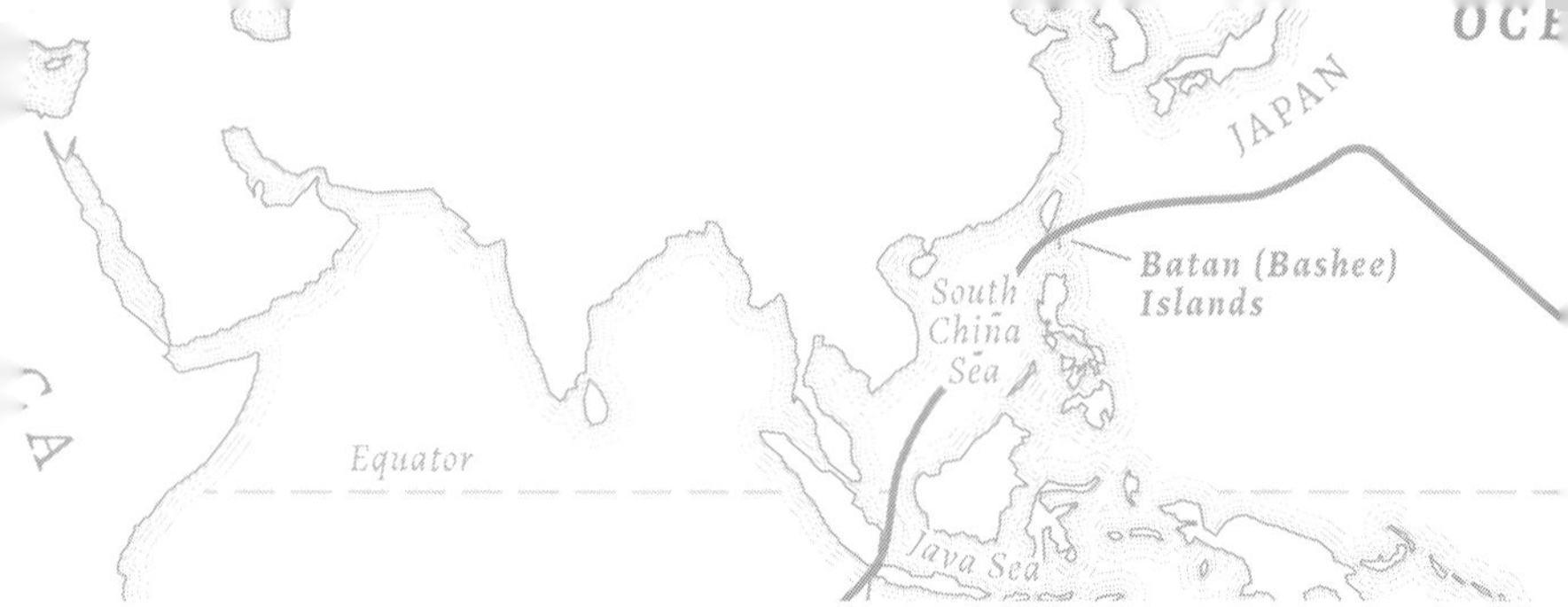

第21章　鯨の骨格と化石

だが、マッコウクジラを隅々までひっくるめて理解することを目指す以上、私はここで彼のまとっているものをさらに解くのが当然である。そのホース〔長ズボン〕の紐を解き、その靴下留《ガーター》めの留め具を外し、その最も内に秘められた骨の合わせ目のホックをゆるめ、最後通牒を突きつけられたその姿をあなたの前にさらす。それはつまり、彼のまるきり露わな骨格の姿である。

イシュメール（第１０２章「アルサシードのあずまや」）

彼の現在の生息状況と解剖学的特異点の大部分について既に解説し終えている今、残る仕事は彼を考古学的で、化石の出てくるような、ノアの大洪水以前の視点で拡大し讃えることだ。

イシュメール（第１０４章「化石鯨」）

白鯨モービィ・ディックへの執念にじりじりと浸りながら、「赤道シーズン」が来るまで機を待つエイハブ船長は、ピークォッド号の舵を北へと取り南シナ海を進む。一方イシュメールは、脂身の加工と味見を通してマッコウクジラの解体を続ける。この細かな腑分け仕事の最終段階にして最深部となるのが、この動物の骨格の構造を精査することであり、それが否応なくいくつかの大テーマにつながっていく。コンドルの羽根から作る大きなペンを使い、隕石のクレーターいっぱいのインクを尽くして書くに値するとイシュメールが考える、巨大、いや鯨大なるテーマの数々だ。ここからの三章、「アルサシードのあずまや」、「鯨の骸骨の計測」、「化石鯨」で、イシュメールは比較解剖学と天変地異説に、当時の自然神学に、そして『種の起源』以前の骨、化石、人間の立場についての理解に触れていく。一九世紀の自然哲学者が広く、長く、古来永久だと悟ってきた宇宙の中で、人間の立ち位置はどのようなものだったか。

鯨の骨格

ユアン・フォーダイスは鯨の骨と化石を五〇年近く研究してきた。彼はそのキャリアのうち少なからぬ部分を、地面に膝をついて土埃の中から化石のかけらを見つけ出したり、あるいはチェーンソーを手に採石場に赴き、石灰岩に隠れた財宝を鉱夫たちが破壊してしまう前に岩塊を切り出したりして過ごしてきた。ニュージーランドで教授職に就く彼は、主にここでの職を通じ、しかし世界中の古生物学者とも協力しながら、古代の鯨や巨大ペンギン、体長三〇フィート〔約九メートル〕のホホジロザメの先祖といった何十種もの絶滅種の化石を見つけてきた。フォーダイスの教授室、研究室、そして彼が管理する博物館地下の倉庫には、穀物粒大の有孔虫を収めたケースから、輸送パレットに並べられた長さ八フィート〔約二・四メートル〕の石や土の塊まで、大小様々の標本が積み上がっている。彼は比較のために現生種の鯨の骨も収集するが、そのいくつかはまるでクローゼットに立てかけた箒のごとく、無造作に収納棚へともたせかけられている。

瞬く間に過ぎた半世紀の研究生活では、ホモ・サピエンスという種が地質学的時間（deep time）のほんの一刻を体現する存在でしかないことを絶えず再認識させられてきたという。彼が元からずっとこのような考え方をしてきたのかどうか私にはわからないが、彼はこの視点のおかげで、催眠作用さえもたらさんばかりの心地よい沈着ぶりを磨いてきたようだ。実のところ、彼の語る内容は時折かなり痛烈で気が滅入るものでさえあるのに、語り口があまりに穏やかで平坦なので、私は後々になるまでその陰鬱さにほとんど気づかないほどだ。

話はごく気楽に始まる。フォーダイスは自らの蔵書である埃だらけの『白鯨』のページを繰る。『白鯨』の部分部分が実に的確で啓発的であったのを覚えています」と彼は話す。「ですが、骨格に関してメルヴィルを再読しますと、その仕事ぶりは決して立派なものではないと思います。例えば、私はローマのチャリオット〔戦闘用馬車〕のような形をしたマッコウクジラの頭蓋骨の話が出てくるものと期待していたのです。チャリオットの喩えはよく使われているものでして。しかし実際は、彼の話は要領を得ず、何のことやら五里霧中。我々読者は手探りで理解を試みるばかりです。ええ、彼は苦戦しているようですね。解剖学については、ですが[*1]」。

フォーダイスの指摘はもっともだ。イシュメールは第80章「あたま」で頭蓋骨と顎の説明をいくらか行ってはいるが、第102章「アルサシードのあずまや」と第103章「鯨の骸骨の計測」では、数量の厳密さにこだわっていることをほのめかしてはいるものの、その骸骨が実際にどんな外見なのかについては大したことを語っていない。この二章組での説明の冒頭で、イシュメールはかつて自らがアルサシード（ソロモン諸島）の中にあるトランケ島（チリ沖の小島。ソロモン諸島とは太平洋を挟んで真逆の位置になってしまう）を訪れたことがあると述べる。ここでイシュメールは、太平洋島嶼部の民が漂着したマッコウクジラの死骸から再び組み立て直した骨格を見物する。蔦に覆われたこのトランケ島の鯨の骸骨は、イシュメール曰く長さ七二フィート〔約二二メートル〕、うち二〇フィート〔約六メートル〕を頭部と顎が占める。マッコウクジラの骨格の長さは生きている個体の体長の約五分の四に相当する、というイシュメールの主張はフォーダイスも支持するものだ。ここから、イシュメールはこの鯨の生前の体長は九〇フィート〔約二七メートル〕あっただろうと考える。体重は九〇トン、人口一一〇〇名の村の住民の総体重に相当しただろうと彼は言う。この推定も筋は悪くないが、マッコウクジラの体長がそもそもそれほど大きければの話でしかない。[*2]

『白鯨』を書くに当たり、メルヴィルはロブ・ナヴォイチック〔本書第3章参照〕と共にハーヴァード大学自然史博物館の「大哺乳類館」のバルコニーに立ち、二種の鯨の骨格標本を正面から観察するような機会には恵まれなかった。また、ニュージーランドの博物館でユアン・フォーダイスのような人々と幅広い鯨類の化石を吟味することもできなかった。ルイ・アガシーの息子であるアレグザンダー・アガシーの指揮によってハーヴァード大学自然史博物館が鯨の骨格標本を初めて収蔵するに至っ

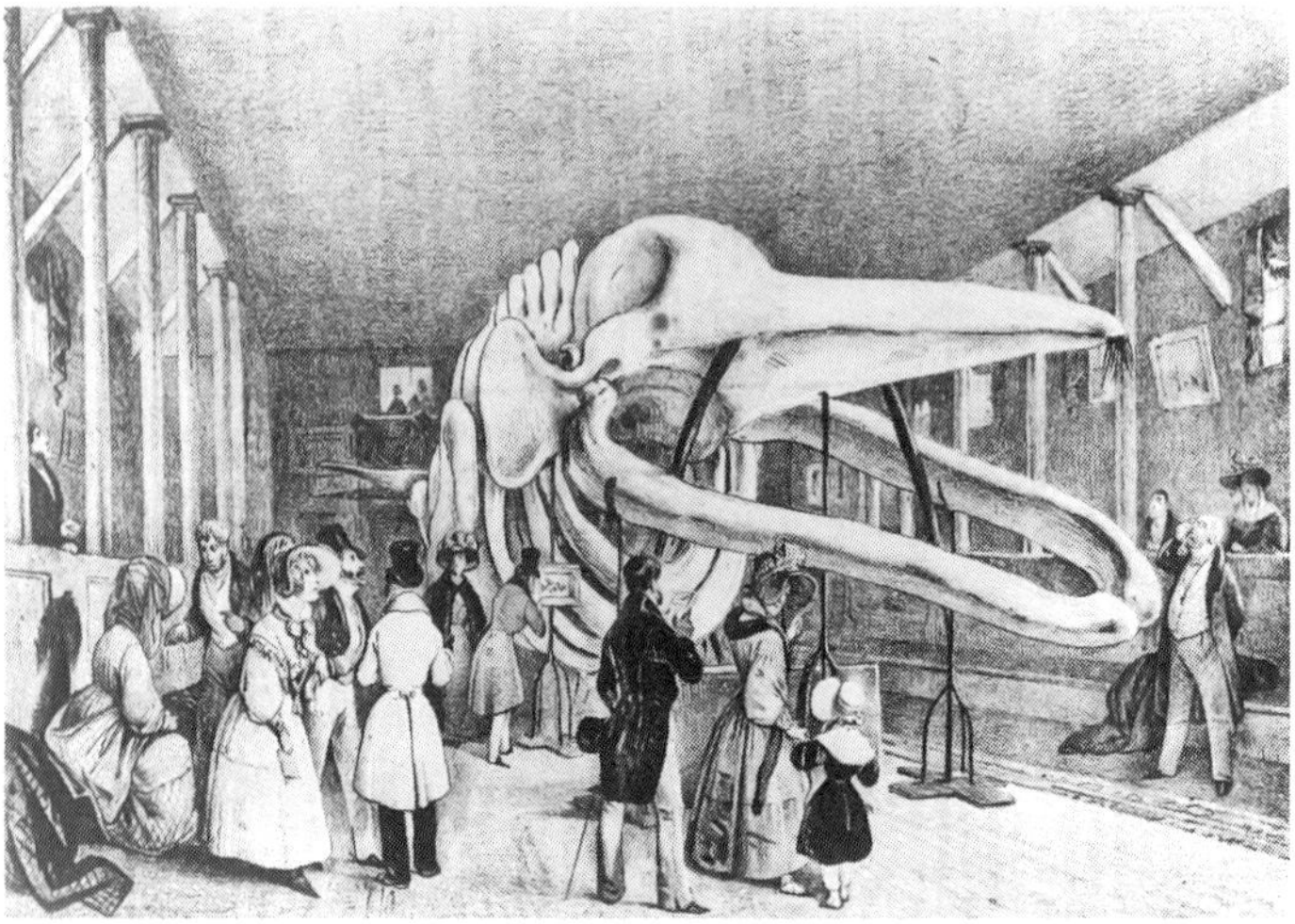

図38　パリの自然史博物館のヒゲクジラの骨格標本。ヴィクトール・ヴィンセント・アダム画（1830年頃）。

たのは一八六五年のことだ。それはケープコッドから送られてきたタイセイヨウセミクジラだった。ハーヴァードのマッコウクジラ全身骨格標本（アゾレス諸島で殺された個体から作成されたもの）の組み立てが完了して展示されたのは、メルヴィルの没年である一八九一年になってからだ。私は正直なところ、かなりの確信を持って次のように考えている。『白鯨』執筆前のメルヴィルは、どの動物種についても、どの旅においても実際の全身骨格標本というものを見たことがなかった。パリへの短期訪問ではキュヴィエの自然史博物館でヒゲクジラの骨格（エマーソンが一八三〇年代にボストンで行った自然史の講演で語ったもの）を見た可能性があるが、そこでも全身の骨格は見ていないだろう[*3]（図38参照）。

　イシュメールは「アルサシードのあずまや」の章で、自分の語る計測値は事実に即しているはずだ、なぜなら、自分は博物館にある鯨の骨格標本のことは知っており、何らかの誇張があれば学芸員に呼び出されてしまうだろうから、と説明している。イシュメールはハル〔英、キングストン・アポン・ハル〕にあるヒゲクジラの骨格標本群と、ヨークシャー沿岸のバートン・コンスタブルにあるマッコウクジラの骨格標本について触れている。これらは当時実際に存在したもので、かつ今も存在している。だが、メルヴィルが実際にこれらの地を訪れたことはない。イシュメールがニューハンプシャー州マンチェスターにあると言う《グリーンランド鯨、別名川鯨（River Whale）》の骨格標本の名は、メルヴィルがソローの『コンコード川とメリマック川の一週間（*A Week on the Concord and Merrimack Rivers*）』（一八四九年）から一字一句そのまま引っ張ってきたものだろう。私の考えでは、これはそもそも、ベルーガかイッカクの骨格に過ぎなかったのではないかと思うが。というわけで、メルヴィルが実地で対面したことのある大型鯨類の骨格はせいぜい頭蓋骨か下顎といったところのようだ。彼が蔵書の百科事典に印刷されたマッコウクジラの頭蓋骨の図を見たのは間違いないだろうし、学術誌も一、二冊見て図版を確かめたかもしれない（上巻の図7参照）。また、一、二の鯨文書に出ていたヒゲクジラの全身骨格の線画も見ていたが、**マッコウ**クジラの全身骨格の総図は見ていなかっただろう。一八五一年以前、そのような図はまだ誰も発表していなかったのだから。[*4]

外科医ビールは一八二五年にバートン・コンスタブル近郊に漂着したマッコウクジラの骨格のことを詳しく描写しており、メルヴィルは骨格の情報の大部分をそこから得たようだ。例えば、ビールが四四個の椎骨のことを記したのに対し、イシュメールも自分が見たという骸骨について《四〇余り》の椎骨があったと言っている。ビールは末端の椎骨が《丸型に近く、直径一インチ半ほど》と書いていた。一方イシュメールは、自分の見た末尾の椎骨は幅二インチ、《白いビリヤード玉のようなもの》だったと称し、それよりも小さい二個の椎骨は《僧侶の子である、人食いのちび餓鬼ども》がビー玉遊びをするために盗んだため、失われていたと語る。*5

一八一八年、キュヴィエ男爵はロンドンで大きな、しかし損傷したマッコウクジラの骨格標本を購入した。このことは外科医ビールにも知られていなかったようだ。ビールはマッコウクジラの全身骨格はバートン・コンスタブルのあの一体分だけだと考えていた。当地を治めるコンスタブル卿が鯨見物で金を稼ごうとしたとほのめかすイシュメールの話は、おそらく一八〇〇年代に米国で自然史関連の見世物を同時多発的に行ったP・T・バーナムらへの嫌味だったのだろう。彼らの展示は、より崇高なコレクション（例えば、ハーヴァード大学のアガシーや、フィラデルフィアの自然科学アカデミーが急速に収集を進めていたもの）とはしばしば切り分けて考えられた。フィラデルフィアの展示は米国初のもので、一八一二年に公開された。だが、帰還したウィルクスの遠征隊がもたらし、後年にはスミソニアン博物館の初期所蔵品の核となる何万点もの標本は、大部分が実に一八五一年になるまで放置されていた。それに、〔遠征隊に帯同した〕あの「サイエンティフィク」たちはもちろん、マッコウクジラの全身骨格標本を持ち帰ってはこなかったはずだ。*6

当時の問題の一部は、現代のフォーダイスにも今なお当てはまる。鯨の骨格は、発見し、輸送し、組み立て、そして維持するのが難しかった。骨から何年にもわたり滲み続け、悪臭とべたつきを生む油のせいだ。アガシーとバーナムはそれぞれの生涯を通じ、種を問わず大型鯨の骨格標本を追い求め続けた。しかし、彼らが念願の一体を得ることはなかった。一八四二年、ボストンに鉄道で運ばれてきたマッコウクジラの赤ん坊を解剖し、陸上でマッコウクジラの解剖を初めて完全な記録に収めたジャクソン医師は〔本書第16章参照〕、荷車いっぱいの臓器を馬でハーヴァードの医学部まで運ばなければならなかった。これは、解剖した鯨の体を縫い合わせた後のことだった。おそらく、誰か興行師が死骸を長く見世物にするためだったのだろう。*7

メルヴィルが『白鯨』を仕上げる際に目にしておきたかったであろう冊子が、豪州シドニーにあるオーストラリア博物館の学芸員兼画家、ウィリアム・S・ウォールによって出版されたのは一八五一年になってからのことだ。ウォールは史上初めて組み立てられたマッコウクジラの全身骨格と思われるものを描写し、自ら図解を行った（図39）。ウォールはそれ以前に、商用スクーナー船に曳かれてきた体長およそ三七フィート〔約一一メートル〕の鯨についての新聞記事を読んでいた。この船の船長を説得し、件の鯨の全身（船長が記念にとっておきたがった下顎も含め）が必要だと説き伏せたウォールは、死骸の内臓や汚れを落として湾内の島の浜辺まで引き揚げる手助けに、ポルトガル出身の元鯨捕り四人を探してきた。ここへきて、彼は死骸を保管し石灰混合物で覆うために特別な許可を得た。脂身と共に切り落とされて市場に出されていた尾も探し出した。二ヵ月後、骨格から肉が落ちてほぼ綺麗になった頃、ウォールは欠けていた右の鰭を湾の対岸の浜辺で見つけた。二人の少年から岩の上に《変な魚》がいると告げられたおかげだった。工程全体の臭い、そして骨格の下処理は《五感に最も不快》だったとウォールは述べた。*8

ウォールの骨格標本に唯一欠けていた部位が、鯨にとっての痕跡器官〔進化を経て機能を失った器官〕である骨盤周りの骨だった。「この骨盤は見つけにくいのです」とフォーダイスが教えてくれる。「ど

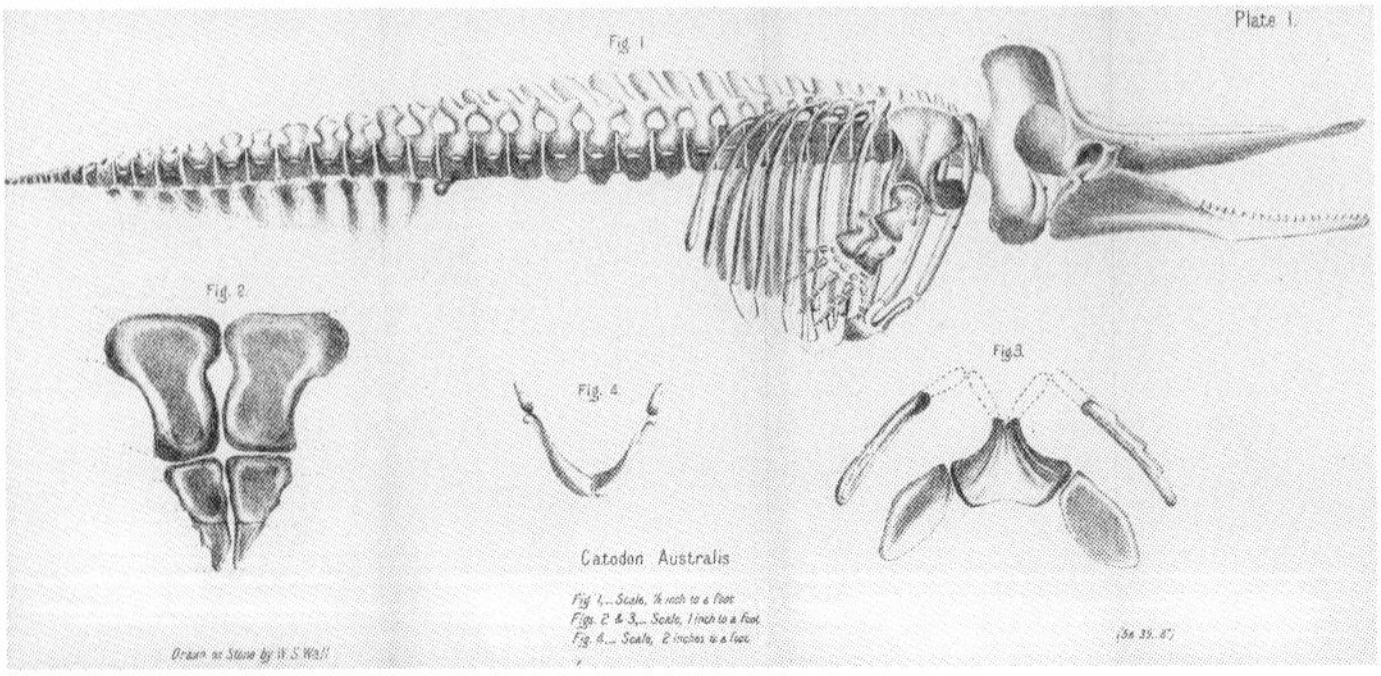

図39　シドニーのオーストラリア博物館の学芸員兼画家、ウィリアム・S・ウォールが収集・管理・図解した、長さ約37フィート〔約11メートル〕のマッコウクジラの骨格標本（1851年）。ウォールはこれを別種と考え、*Catodon Australis*と呼んだ。退化し痕跡器官となった後肢の骨（図中の下段中央、V字状）に注目。この部分はウォールが別のマッコウクジラ個体から切り取ったもの。

こを探すかわかっていなくてはなりません。長くて細くて、どこともつかない場所にあるのです。この程度の大きさで」。そう言うと、彼は棚から骨を見つけて手に取った。「骨盤周りの骨は、失われた環《ミッシング・リンク》〔進化の過程をひと連なりの鎖と考えた時に、祖先となった生物と現生生物の間のつながりを説明する存在〕なのです」。

ウォールは幸運にも、先の鯨を見つけて間もなく、**さらにもう一頭の**マッコウクジラを発見した。今度の一頭は漂着していたものだ。彼は《それ〔死骸〕の上に打ち寄せる激しい高波による危機》にもかかわらず、勇敢に骨盤周りの骨ひと揃いを掘り出した。当時のウォールは、発達した骨盤と《普通の哺乳類の後肢》に相当する痕跡骨を鯨類が持つことを理解していたが、それを冊子の中で何らの意味のあるミッシング・リンクとして論じはしなかった。外科医ビールも、進化的意義については何も言及せずに淡々とこの《未発達の骨盤》のことを記述した。アガシーは、痕跡器官は神の造形の一環であり、他の哺乳類との類似点のうち、神が鯨を作るときにこの部分を小さくしただけなのだと結論づけた。

イシュメールは鯨の骨盤痕跡骨について何も言わない。だが、一見無用な痕跡器官は、種の変容、種の流動性を示す証拠の一つだった。この数年後、ダーウィンは『種の起源』で自然選択〔自然淘汰とも呼ばれる〕による進化を《未発達の、萎縮した、あるいは発育不全の器官》のことも論じながら主張する。ダーウィンが例に挙げたのは、一部の昆虫の痕跡翅、《オスの哺乳類の乳房》、そして、ヒゲクジラの胎児の成長に伴い消える歯だ。[*9]

豪州シドニーに話を戻すと、ウォールは自身が骨を組み立てたマッコウクジラを全く別の種だと主張していた。彼はいくつもの表を作り、メルヴィルが喜んで叱ってくれそうなデータを引き出して、公表されていたキュヴィエの骨格とバートン・コンスタブルの鯨の各種計測値との比較を行った。ウォールは四四個の脊椎骨一つ一つの長さと周囲長を表にまとめた。末端にあるあの《球状》の骨の長さはたった四分の三インチ〔約一・九センチメートル〕だった。[*10]

『白鯨』でイシュメールの挙げる計測値は、細部にばかり目を向ける科学者への単なる皮肉を超えたところにこそ意味がある。イシュメールは、生きた鯨について骨格から明らかになるのはある程度のことのみだと何度か述べ、鯨が不可知の存在であることを強調する。より広く、海についてもそうだ。特に陸で暮らしを送る人々にとっては。〔「アルサシードのあずまや」で描かれる〕林の中にある鯨の骸骨の場面も聖書との深いつながりがある。その一例がヨブ記の一節だ。神はヨブに、鼻の穴から煙を吹き出す海獣のことを念頭に置いて語りかける。《汝は釣り針で海獣を釣り上げることができるか？　その舌を、自ら垂らした縄で引き出すことは？》〔ヨブ記四一：一、日本聖書協会訳を基に改変〕。ヨブの海獣は『白鯨』の作中では測り知れない存在だ。他方、このドタバタ劇《スラップスティック》の一幕に登場する僧侶の長たちは、互いを物差し《ヤードスティック》で打ち据え、地球全体に広がる愚かさをこき下ろす。その打撃は太平洋の島々の民だけではなく、欧米で事実の細部に目くじらを立てて言い争う科学者と聖職者にも向けられている。イシュメールは「化石鯨」の章を、地中海で鯨の骸骨を崇拝する米国の水夫たちの、敬虔とも愚かともいえない話で締めくくる。「アルサシードのあずまや」の一幕は、ウィルクス遠征隊が太平洋の島（彼らは著名な米国人航海士・数学者にちなみ、ボウウィッチ島と名づけた）を訪れた際の記述のパロディーでもあるかもしれない。遠征隊の航海士たちは老聖職者を説得して寺院の中に入れてもらい、偶像の高さを測ったり、信仰する神が鎮座する台の寸法を測ったりと、建物の内部や周囲で定量的人類学調査のようなことを行った。[*11]

イシュメールが骨格の寸法を語る場面は、話に伴う喜劇的、宗教的な要素も含め、メルヴィル研究者のジェニファー・ベイカーが強調するイシュメールの「嘘偽りのない驚嘆」の最好例だ。イシュメールは読者に鯨の大きさを印象づけようとする。粉飾なしに事実そのものの非凡さを伝えるには、定量化できる正確な測定値がしばしば必要だ。ベイカーは、エマーソンがボストンで行った講演の一つにおいて、『白鯨』でメルヴィルが描くほぼ全ての自然史に共通するアプローチの元となる考え方が説明されているのを発見した。《詩人は空想に我を失い、正確さを求めて我を失うのは寓話作家に過ぎない。その本能はそれ自体を解体する、退屈な言葉なのだ。一方、自らの手さばきの完璧さを探求することの終わりを見失いつつある大科学者は、薬屋、衒学者となる。私はどちらも心から信じてい

る。詩情も、解体による分析も。》[*12]
　別の言い方をすれば、イシュメールの壮大な法螺話にはこうした数字が必要なのだ。彼は博物館の学芸員に真偽の確認を受けることを望む。しかし、彼はこうした測定値が一つの側面に過ぎないと知ってもらうことも望んでいる。博識家であるイシュメールの本意は全て、人文学と科学が二分化する以前、あるいは左脳型、右脳型といった一切の枠組みが分岐する前の時代の分野横断的な学問の数々にある。イシュメールは実証主義に、かつロマン主義に傾倒していた。ロックであり、カントだった。彼が腕に刻んだ詩の刺青は、マッコウクジラの骨格の測定値を記した刺青の横にある。

マッコウクジラの化石の歴史

　既に絶滅した約二六〇〇万年前のヒゲクジラの骨の化石から型をとった、床から天井まで届く大模型を披露してくれた後、フォーダイス（おや、誰かが噂をしているようだ……）は私を、彼が発見した貴重な掘り出し物の一つの元へと案内してくれた。それはガラスの向こうにある、二四〇〇万年以上前の「サメの歯を持つイルカ」の頭蓋骨だ。現在のハクジラの円錐形に近い歯ではなく、ノコギリの歯のような三角の歯がついている。このサメの歯を持つイルカは反響定位をしていたかもしれないし、同時代にいた巨大ペンギンを餌にしていたかもしれない。

　この頭蓋骨は、私には巨大なクロコダイルの頭のようにも見えた。あるいは、イシュメールが「化石鯨」の章で語るバシロサウルス〔原始的な鯨類〕の頭蓋骨にも見える。フォーダイスは、イシュメールの話は実話だと言う。私たちの目の前にあるこの頭蓋骨が爬虫類のものではないといえる理由を説明するのにも、実はイシュメールの話が役立つそうだ。一八三九年、リチャード・ハーランという米国人外科医が、アラバマで見つかった化石標本の破片をいくつかロンドンに持ち込んだ。彼はその化石が巨大な爬虫類のものだと考えており、「バシロサウルス（basilosaurus）」と名前をつけていた。「爬虫類の王」という意味である。フォーダイスはこう話す。「ハーランは大したことをしていない、と一般には受け取られましたが、彼は当時得られた資料や手段を使って何とか奮闘していたのかもしれません」。ハーランは化石の歯を（ひょっとするとフランネル布にくるんで）梱包し、大西洋を渡ってロンドンへと持参すると、このバシロサウルスの標本の破片を王立外科医学院のリチャード・オーウェン（フォーダイス曰く「実に全く賢い人物だった」）に吟味してもらった。オーウェンはその歯が摩耗しているのに気づいた。爬虫類とサメの歯は〔摩耗せず〕抜け落ちるように進化してきたが、この化石の歯には哺乳類のような二本のしっかりした根があり、錨のように、顎の窪みに歯を固定する形をしていた。オーウェンは化石の名前を「ゼウグロドン（*Zeuglodon*）」（「くびきに挟まれた歯」の意）に変えることを提案したが、その名前は定着しなかった。現在の科学者は最初の命名でこの種を認識している。その名前がいかにふさわしくなかろうとだ。オーウェンがこれは実は初期の鯨だと同定した（後には、初めて完全な水中生活を送るようになった鯨類の一つだと判明する）数年後、アルベルト・コッホ（アルバート・コック）という化石収集家が、絶滅した「大海蛇」を自ら組み立てるのに充分な数のバシロサウルスの化石を（おそらくは別の骨や、石もいくつか加えて）集めた。その真偽についてリチャード・オーウェンやチャールズ・ライエル〔後述〕といった人々を巻き込んだ国際的な議論を呼びながら、コッホは自ら作り出した骨格標本を一八四五年にニューヨーク市へ、ついでボストンへ、国外へと運び、《ハイドラルコス(*Hydrarchos*)》の名で展示して、ノアの方舟以前の時代に生きたヨブ記の海獣のイメージを利用した*13(図40参照)。

メルヴィルの時代には、化石の存在や絶滅という現象への認識が西洋世界を大きく揺るがすことはなかった。キュヴィエは一八二〇年代にこうした学問の統率役を務めた。リチャード・オーウェンはロンドンで一八三〇年代から四〇年代にかけて同様の役割を務めた。ルイ・アガシーがその松明をアメリカに運んだ。一八四二年、オーウェンがかの有名な「dinosaur(恐竜)」という語を作り出した。こうした分野での発見が、万物創生と神による完全な世界の創造についての概念を広げた。フォーダイスは、パラダイムの移行を推し進めたのは地質学と古生物学だと説明する。これらは当時最も一般に広まっていた学問であり、オーウェンとアガシーを含め、自然神学者にとっては最も衝撃的なものだった。例えば、スコットランド人の地質学者チャールズ・ライエルの三部作『地質学の原理(*Principles of Geology*)』(一八三〇〜三三年)は、科学的に深遠であっただけでなく、幅広い読者に読まれた大ヒット作でもあった。ライエルの主な論点の一つは、地球はそれまでの認識よりもはるかに長い年月を重ねているというものだった。地球は現在観測されるのと同じように変化を続けており、絶えず昇り、沈んでいた。堆積があり、侵食を受け、こちらで小さな地震が起こり、あちらでちょっとした噴火が起き……と、ゆっくり、少しずつ、何百万年、何千万年、何億年にもわたって地球を変えていた。メルヴィルはライエルの数多い読者の一人だった。あるいは少なくとも、最新の地質学と古生物学をまとめた他の文章を読んではいた。メルヴィルは『白鯨』以前の小説で、科学者ではない一般

図40 アルベルト・コッホ（アルバート・コック）がニューヨーク市で行った、（誤った形で）組み立てたバシロサウルス属の骨の化石の展示を知らせる印刷物。

人としての解釈、そしてしばしばユーモアをもって、サンゴ礁と環礁の形成理論のみならず堆積物の地層と化石の発見の解釈をも扱った。例えば、バシロサウルスの話についていえば、メルヴィルはこの話題について書かれたオーウェンの科学論文（手持ちの百科事典に掲載されていたものを読んだ可能性が高い）から詩的な一節を丸ごと盗み取っている。万物を消し去ってゆく地球の移り変わりについて語る、イシュメールの豪快で快い原初ダーウィン主義的なまとめの一文も、オーウェンの論文の結語をほぼそのまま引き写したものだ[*14]。

イシュメールは洪水から五〇〇〇年後の地球という、聖書への言及によって『白鯨』を締めくくるが、作中の他の部分（第85章「泉」など）では、ノアが方舟を建造するまでに私たちの惑星が《数百万年》という単位の時代を重ねていたことを認識している。一八四〇年代にアガシーらは化石年代を第一紀、第二紀、第三紀に分けて整理した。ライエルはこれをさらに細分化した。イシュメールは「化石鯨」の章で、もしかするとアガシーを通じて得たのかもしれない話を伝えている。それは、絶滅した鯨、さらにはバシロサウルスもが、第三紀の化石層からしか見つからないという話だ。これは正しいと立証されている。一九世紀、博物学者は岩石の年代を相対的に推定し（これは、岩盤層とその内部に保存されている化石を見て行ったもの)、続いて、その年代を当時観察できた堆積速度と比較した。アガシーはその自然神学の説教壇に立ち、神の選んだ種である人間の優位性を保ちながら、地球の重ねてきた歴史の層を整理したのだった(図41参照)。

ダーウィンはビーグル号での航海中、地質学的変化の過程と化石についてのライエルの研究からとりわけ着想を得るようになった。彼はガラパゴスフィンチのことや生物発光の原因よりも、環礁がどのように形成されるのか、自分はなぜアンデスの山々で貝殻を見つけたのか、という点にはるかに深い関心を募らせるようになった。ダーウィンはビーグル号での移動中によく船酔いになった。そのため、できる限りの時間を陸に上がって《地質学をやりながら(geologizing)》過ごした。『白鯨』の「化石鯨」の章でも、イシュメールが地球と宇宙の広大さと古さについての新知識が持つ曠然たる意味に魅了されるがままになっている。とはいえ、彼はそれをなお檣頭《マスト・ヘッド》での己の自然神学へと巻き込んでいるのだが。

《こういう壮大なレヴィヤタンの骸骨、頭蓋骨、牙、あご、肋骨、椎骨のあいだに立っていると、そのいずれもが現存する海の怪獣のそれらと部分的には共通する特質を有しながら、同時に、彼らの遠い祖先である、すでに絶滅した、人間誕生以前のレヴィヤタンのそれらとも類似していることがわかり、わたしは時間がまだ始まっていないふしぎな世界に一挙に逆戻りされられるのであった。ちなみに、時間とは人間とともに始まるものではなかったか。このふしぎな世界では、クロノスの薄明の混沌がわが頭上にうずまき、小暗《おぐら》い永劫の極地を、わたしは戦慄とともにのぞき見る。くさび型をし

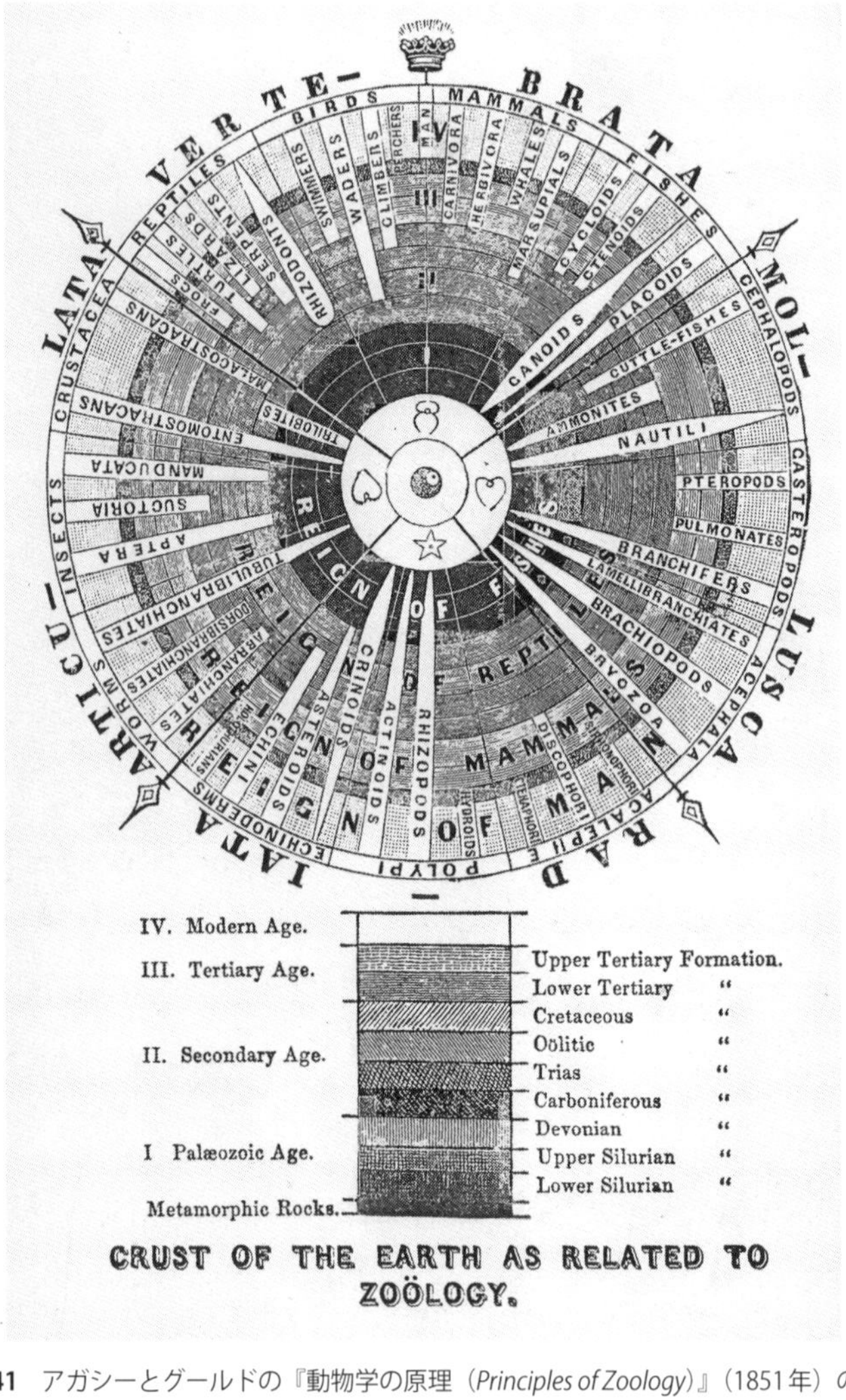

図41　アガシーとグールドの『動物学の原理（*Principles of Zoology*）』（1851年）の口絵〔上部の図では、同心円が地層を、円の中心付近から放射状に伸びる帯が動物の系統を表している。下部の層状の図は地層の年代を示す凡例〕。「Reign of Man〔人間の治世〕」と書かれた近代の頂点に「man〔人間〕」が冠を戴いて鎮座しているのに注目。

た氷の城壁が現在の赤道にせまり、二万五千マイルにわたるこの地球の終焉のどこにも人間のすむべきたなごころほどの土地も見あたらない。当時、全世界は鯨のものだったのだ。鯨は現在のヒマラヤやアンデスの山並みに沿って航跡をのこしていたのだ。レヴィヤタンのように古い家系図を定時することができる者はほかにいるだろうか？　エイハブの銛はエジプトのファラオたちよりも古い血を流させたのだ。[15]》Ⓨ

　イシュメールは氷河期の地理を誇張し、アガシー的な天変地異説をさらに語っていくが、それでもフォーダイスはこう言う。「私は、メルヴィルはこの部分をうまくやったと思いました。ヒマラヤ山脈は海洋の岩盤を隆起させましたし、始新世の岩や、過渡期の最初の鯨、例えばパキケトゥス〔水辺の陸地に生息していたと考えられている四足歩行の原始鯨類〕を含む岩盤も持ち上げました。ですから、メルヴィルはぴたりと的確だったのです。今や山脈がある場所、かつて鯨がいた場所だと。アンデス山脈には当てはまりませんが。アンデスの山々は火山岩です。溶岩が噴出されたものです。一方、ヒマラヤ山脈は堆積岩で、海から持ち上がってきています。それでも、私はこの部分、メルヴィルは実によくやったと思いましたよ。[16]」

　私は締めくくりに、現在の世《せい》（epoch）〔地質時代の区分。紀（period）より下位で、期（age）より上位〕を指すのにあちこちで使われている「人新世（Anthropocene）」という新たな名前についてどう思うか、フォーダイスに尋ねる。フォーダイスは口調にも平穏さにも変化の気配さえ見せずにこう言う。「衝撃的です。実に。私は古生物学者です。故に過去の生命の無力さを扱うわけですし、私の扱うものはほぼどれも絶滅しています。ですから、私にとって絶滅は自然な過程です。全ての種の運命なのです。大部分の種は後裔を残さず滅びていき、ごく一部は後裔を残すことになります。その系統だけが存続します。これは破滅の自然な循環です。ここで次の疑問が生じます。『人間はこれを加速させてゆくべきか？』。いえ、私は全くそう思いません。希望も全く感じません。実に絶望的だと思います。一八五八年のダーウィンとウォレスの論文を読みさえすれば、彼らが自然の苦闘、自然の均衡について語っているのだとわかります。余剰に生み出される幼獣、余剰の幼児は常に存在するのです。また、地球は飽和していますから、個体の総数は決して増えることはありません。そして、私たちの種は猛烈な勢いて地球を飽和させているのです。私は深く悲観に浸っています」。

『白鯨』で鯨の骨格と化石を描く三つの章は、イシュメールを無力な状態に陥らせてはいないようだが、その代わり、彼を人類という種族の小ささと無意味さへの驚異の只中へと突き落としていそうだ。イシュメールは獰猛で人間社会の手垢のついていそうにない海の上で生きる。それでも、彼は地質学的時間の新たな概念と、それらが神を唯一至高の設計者かつ創造主の座から追いやりかねない可能性に明らかな動揺を受けた。これらの不安と思案がイシュメールの瞑想とエイハブ船長の忿怒の中で終局を迎える。

『白鯨』から一世紀後の一九四五年、研究家のエリザベス・フォスターがこのことを別の言葉で表現している。当時はまだ、鯨が間違いなく陸生哺乳類から進化したとは確かめられておらず、プレートテクトニクス〔地球の表面を構成する岩盤の動きが大陸移動などを引き起こすことを説明する理論〕さえも認識されていなかった。フォスターは我らがメルヴィルの精神に地質学の発展が及ぼした影響についてこう書いた。《『タイピー』と『白鯨』の間のある時期に、メルヴィルの宇宙は変わった。父なる存在の慈悲深い手は、世界の舵柄から消えたのだ。[*17]》

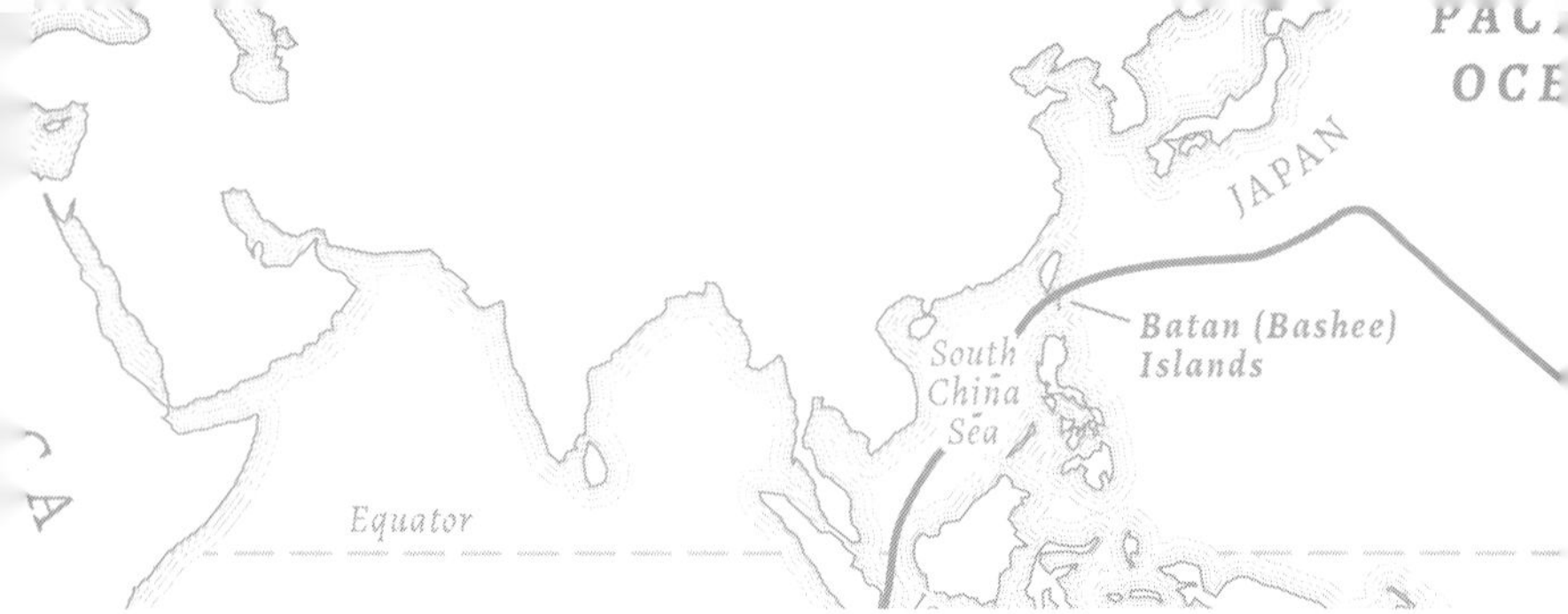

第22章　鯨は減っていくか？

議論の余地があるのは、海獣《レヴィヤタン》がこうも広範にわたる追跡、そしてこうも情け容赦ない大被害にこの先耐えうるかという点だ。そう、彼は他より先に海洋から根絶やしにされなければならないのか、そして最後の一頭となった鯨は、最後の一人となった人間のように、己の最後の一服を吹かした後、その末期のひと吹きのうちに蒸発する定めなのか。

イシュメール（第105章「鯨の大きさは縮小するか？
——鯨は絶滅するか？」）

白鯨を初めて垣間見る瞬間を絶えず窺ってきたピークォッド号は、北東の進路を変えずになおも太平洋の外洋部へと進んでゆく。そんな中、イシュメールは海洋生物の自然史についての最後の評論を繰り出す。『白鯨』第

105章「鯨は縮小するか？」は動物としての鯨の解体・解剖の終わりを示す句読点だ。この章が終わるまでに、イシュメールは鯨の加工とその意義についての事実に基づく全要素、そして、マッコウクジラと海に住むその仲間たちの自然史についての全情報を並べて、足場を固めておく。彼がこの劇の終幕へと移る前に背景として必要だと感じるものを全て揃えておくのだ。

この章の正式名称である「鯨は縮小するか？――鯨は滅びるか？」との問いで、イシュメールは鯨の個体数に人間が与える影響に向き合う。彼はこの二つの問いに、このような結論で答える。――否、鯨の体の大きさは数世紀にわたって縮小しておらず、むしろ実はイシュメールの時代に最大となっている。そして二つめの答えも否、鯨は絶滅しないだろう。ただし、捕鯨は鯨の個体数を減らし、行動に影響を与えてはきたが――。

鯨の体は縮小するか？

「鯨は縮小するか？」の章で、イシュメールはアラバマで発見されたゼウグロドン〔バシロサウルス〕の化石化した骨格の全長を七〇フィート未満と勘定する。彼はこれが当時の記録から見つかる鯨に似た既知の化石の中で最長だと考えている。これは正しかった。イシュメールはプリニウスやアルドロヴァンダス（アルドロヴァンディ）といったギリシャの《古代の博物学者》〔実際は、プリニウス（大プリニウス）は古代ローマ、アルドロヴァンディは中世イタリア〕の、鯨は体表数エーカー〔一エーカーは約〇・四ヘクタール〕もの広さ、体長八〇〇〔約二四〇メートル〕フィートにもなるとの主張が滑稽にも誤っていたことを説明する。イシュメールはさらに、同時代の真面目な博物学者の報告さえもが、誤情報と実地経験の欠如から大幅な誇張になっていると述べる。例えば、フランスの博物学者ベルナール・ジェルマン・ド・ラセペードはセミクジラ類を体長三二八フィート〔約一〇〇メートル〕と勘定しているのだ、とイシュメールは言う。*1

鯨の体長と胴回りを測定した過去の値は大部分がはるかに大きく見積もられたものだった、とのイシュメールの主張は正しかった。巨大なイカの逸話の扱いもそうだったが、イシュメールは過去のばかげたひどい誇張は一切黙認しない。とはいえ、彼自身は水夫の与太話の特徴を受け継ぐ多少の人げさな物言いは自分に許している。そこで、イシュメールは《鯨捕りたちの権威に基づき》マッコウクジラの頭から尾びれまでの長さが一〇〇フィート〔約三〇メートル〕に及ぶことがあると宣言する。彼は白鯨の実際の体長を自ら述べることはない。イシュメールはその《尋常ならぬ大きさ》について書くのみで、残りは読者の想像に任される。まあ、合理的な範囲内での想像に限られるが。メルヴィルの鯨文書の中に、一〇〇フィートのマッコウクジラを目撃したと主張するものはない。私もこれまでに同様の記録を見つけたことはない。唯一の例外は真偽の怪しい又聞きの記録で、一八五九年にスウェーデンの鯨捕りが体長一一〇フィートのモカ・ディックを捕らえたと主張するものだ。オーウェン・チェイスはエセックス号を沈めた鯨は体長八五フィートだと見積もった。外科医ビールは、おそらく沈みかけた鯨の死骸を横に並べた状態で船の甲板の長さを測ることで（あるいはひょっとすると、クイークェグのような銛打ちに巻き尺を持たせて下へと送り出したのかもしれないが）、体長八四フィートのマッコウクジラの記録をとった。ナンタケット捕鯨博物館は長さ一八フィートのマッコウクジラの顎

図42　大きなマッコウクジラの顎から「歯を抜く」様子。フランシス・アリン・オルムステッドによる図解（1841年）。

を所蔵している。専門家は、この顎は比率から考えて体長八〇フィートの鯨のものに相当するのではないかと考えている。一八七四年、鯨捕りであり作家のウィリアム・デイヴィスは、かつて自分が体長七九フィートのマッコウクジラを測定したことがあると主張した。デイヴィスは別の船長からニュージーランド沖で体長九〇フィートのマッコウクジラを捕らえたことがあると聞いており、その顎は一八フィートあったという。一八九五年、捕鯨船デズデモーナ号は、乗組員の測定によれば九〇フィート超の鯨を捕らえた。ニューベッドフォード捕鯨博物館はこの鯨の歯を二本所蔵しており、その長さは母港に持ち帰られたものとしては最大となる一・と四分の一インチ〔約三〇センチメートル〕だ。乗組員たちは甲板上で顎を縛ってこれらの歯を抜いたのだろう[*2]（図42参照）。

　今日、マッコウクジラの専門家は、外科医ビールの報告した八四フィートの鯨にさえも懐疑的だ（ドクター・ベネットも当時懐疑的だった）。海洋生物学者のランドール・リーヴズは雄のマッコウクジラの最大サイズを約六〇フィート〔約一八メートル〕と見積もる。これでもなお一二万ポンド〔約五四トン〕もの体重に相当する。マッコウクジラはどの鯨よりも性的二型がはっきりしている。雌のマッコウクジラの平均体長は三六フィート〔約一一メートル〕未満で、体重も雄の最大値の半分未満だ。[*3]

イシュメールが古い図や大昔の文献を使って現在の動物の体格を過去の生物群のものと比較する際の論理は疑わしい。私はここでのイシュメールはふざけているものと解釈する。彼は話の要点こそ信じていたが、自分自身で行ったこの擬似科学的比較を心底信じ込んでいたとは思えない。せいぜい骨相学の話を吹聴した時と同じようなことだろう。白鯨モービィ・ディックを最大のマッコウクジラに仕立て、故に史上最大の捕食者であるとすることが、彼の語る話に役立ち、彼の語る白い怪物の存在をさらに高める。

また、こうした滑稽な比較の中で、イシュメールはなおも科学的な議論をからかい、水夫の知識と経験を陸《おか》博物学者よりも上に持ち上げる。彼は鯨、家畜、ヒトを同じ次元に置き、その全てを環境因子に反応する動物種だと考える。文学研究家のエリザベス・シュルツは、この同等化は二一世紀の読者が感じるかもしれない印象よりもさらに革命的だったと論じた。メルヴィルはこの小説で時代の先を行く「鯨・ヒト類縁関係」を作り上げ、読者が鯨への共感を抱くよう仕向けた。[*4]

二一世紀の生物学者は、過去の世紀の鯨が一八五〇年代に比べて三倍も大きかった訳ではないとの点でイシュメールに同意するが、チューリッヒとタスマニアの大学に所属する研究者のチームは、鯨の体長を記録した過去のデータを調べた結果、ひょっとすると鯨の体の縮小についてのイシュメールの問いを頭からひっくり返すかもしれない、そして、一九世紀の鯨捕りが報告した巨大なマッコウクジラに対する私たちの懐疑心をも和らげるかもしれない、論争の余地のある傾向をいくつか見つけた。クリストファー・クレメンツ率いるこの研究チームは、国際捕鯨委員会（ＩＷＣ）が収集した一九〇〇年から一九八六年までに殺された鯨の報告データを調べた。一九八六年は大型鯨類の国際捕鯨モラトリアム〔商業捕鯨の一時停止〕が始まった年だ。この間、鯨の各集団には捕鯨の圧力にさらされた時に平均体長の減少が見られた。マッコウクジラの例が最も劇的で、平均体長は調査開始時点から減り続け、一九八〇年代に殺された鯨の値は一九〇五年と比べて平均一三・一フィート〔約四メートル〕も小さかった。平均体長が実に二〇％以上も減少したのだ！　もしかすると、これは単に捕鯨者が捕獲できる中で最大の鯨を選んで殺し、それから小さな鯨へと標的を移してきたためかもしれない。だが研究チームは、マッコウクジラの過去のデータを見返すと、過剰捕獲への転換点に接近していたことを示す警戒信号が見つかると主張する。その兆候は体長変化の四〇年も前、マッコウクジラの四世代前に相当する時期からあったという。*5

それでは、一八四〇年代に米国の無甲板船捕鯨が最盛期を迎える前に、メルヴィルとその同時代人の知らないところで、平均的なマッコウクジラの体の大きさが早くも減少しつつあったということはありうるだろうか？　無甲板船捕鯨は一七〇〇年代からマッコウクジラに影響を与え始めていた漁なのだ。

鯨は滅びるか？

イシュメールは、人間によって捕鯨の銛を向けられた鯨の絶滅の可能性についての話題が一八四〇年代にかなりの論争の的になっていたことを認識していた。とりわけ論点となっていたのが、地球の各地に目を光らせ《世界の最遠にある秘密の箪笥とロッカーへと》探索に向かった檣頭の見張りの数だ。[*6]

イシュメールは、鯨の運命をバッファローに迫りつつあった絶滅と比べることでこの議論を始める。彼は《［バッファローの］驚くべき根絶の原因は人間の槍であった》と認識しつつも、その状況を米国の捕鯨の非効率性と比較する。イシュメール曰く、四年で四万頭のバッファローを殺していた人々に比べ、四年間の航海に出る米国の捕鯨船が殺す鯨はせいぜい四〇頭ほどだ。イシュメールは数字を韻で選んでいるが、実際これらは正確だ。少なくとも捕鯨については。一八四〇年代の捕鯨航海では、約三〇頭から六〇頭の鯨を捕獲するのが典型的な成功例で、さらに数頭、死傷させたものの船に回収できない個体が出るものだった。一回の捕鯨航海で殺される鯨の総数は、各個体から何樽分の鯨油が採れるかに大きく依存した。一ヵ月に一、二頭を捕れば航海は上出来だと見なされた。

しかし、イシュメールは鯨を探すのが難しくなってきていたこと（捕鯨船はますます遠くまで航行しなければならなかった）、そして、捕鯨船による世界各地での漁が現実にマッコウクジラの行動を変えてきたと自分が考えていることを認める。[*7] 特にセミクジラ類は（イシュメールは正確に指摘している）、生息地として知られていた海域で以前ほどよく見つからなくなっていた。イシュメール自身はセミクジラ類の集団が危機にさらされているとは考えないのだが。彼はセミクジラ類とホッキョククジラ（彼はホッキョククジラも同じ「right whale」の名前で認識していた）についてこう語る。

《彼らは地嘴から岬へと追いやられただけであり、もしある海岸がもはや彼らの潮吹きで賑わないとしても、そうなれば間違いなく、他のより遠い渚がごく最近、突如その見慣れない壮観で騒がしくなっているのだ。

さらに――先ほど言及した海獣《レヴィヤタン》について言えば、彼らは二つの堅牢な要塞を有しており、それらは人間のあらゆる可能性をもってしても、永遠に不落のまま持ちこたえるであろう。そして、凍りつくほど冷淡なスイス人が、国土の谷を侵攻された際には自国の山へと退避してきたように、中間帯〔赤道付近〕の海洋というサバンナや湿地から駆り立てられたヒゲ鯨は、最終的に極地の砦へと逃げ延びることができる。そして、そこにあるガラスの最後の障壁と塀の下へと潜り、凍りついた大氷原へとたどり着く。そして、永遠に一二月が巡る魔法の円環の中、人間からのあらゆる追跡への不服従を宣言する。[*8]》

イシュメールは米国の鯨捕りがセミクジラ類をはるかに多く捕ってきたと言いつつ（マッコウクジラ一頭につきセミクジラ類五〇頭）、多数の個体の損失を乗り越えて存続できるという点で、セミクジラ類は象によく似ていると話す。特に、セミクジラ類には身を置ける広大な《牧草地》があることが理由だという。イシュメール曰く、鯨は象のように生涯が長いため、種の存続期間も長くなる。故に、彼は自信を持ってこう結論づける。《ノアの洪水の時に彼〔鯨〕はノアの方舟を嫌悪した。もし世界が再び洪水に見舞われることがあり、オランダのように、その地の鼠どもを根絶やしにすることになろうとも、永遠の鯨はなおも生き延びるであろう。そして、赤道付近の洪水の波の最頂部で頭をもたげながら、泡立つ反抗の狼煙を大空へと噴き上げることだろう。[*9]》

海事史の観点からは、鯨の個体群の維持可能性についてのイシュメールの態度は特段珍しいものではなく、合理的でさえある。一九世紀の鯨捕りは鯨を求めてニューイングランド地方から先へ先へと船を進めながら、自分たちが鯨を捕り尽くしつつある様子を目にしていた。鯨の枯渇はしばしば急速に起こった。例えば、鯨捕りは一八三〇年代から四〇年代の二〇年間にニュージーランド沖で何万頭ものセミクジラ類を獲物にしたため、この海域の個体数は推定九〇％も急減してしまった。そこで鯨捕りは北太平洋へと北上した。彼らは一八四〇年代の一〇年間（イシュメールはこの時期、地球の反対側には目を向けずに大西洋の豊富な個体数の例を詳述していた）だけですぐに数万頭のセミクジラ類を殺してしまったため、この海域もまた放棄され、男たちはホッキョククジラを探すためさらに北上することとなった。一八四五年にある鯨捕りが捕獲数の急減に気づき（メルヴィルは鯨文書で彼の意見を読んだ）、こう書いている。《哀れな鯨は全き絶滅へと向かう宿命にある。あるいは少なくとも、絶滅にあまりにも近づき、人間の貪欲をそそり続けるものはごくわずかになるだろう。》M・E・ボウルズ氏というこの鯨捕りは、一世紀以内に一切の種に対する世界の捕鯨産業が放棄されるだろうと予測した。セミクジラ類はステラーカイギュウのように沿岸部に生息して動きも遅く、無甲板のボートに乗った鯨捕りでも他の鯨に比べて捕獲しやすかった。実質的に、セミクジラ類は北大西洋から南米大陸周辺、南アフリカ周辺、そして太平洋へとたどれる明確なパターンで順々に抹殺されていった。メルヴィルとその同時代人はまだ、各地で長射程の爆発銛〔鯨の体内で爆発し、致命傷を与える〕が開発されて広まる過程や、極海にいる全種の鯨の捕鯨を可能にした一一世紀の技術の数々を目にしてはいなかった。二一世紀には巨大なディーゼルエンジンとワイヤーウィンチによって大きな成体の鯨を鋼鉄船の甲板に引き上げられるようになり、さらに鯨を殺すために次の現場へ向かう間に、わずか数名で死骸を解体処理できるようになったのだ。*10

　人間の捕鯨により世界のマッコウクジラの個体数は一九世紀に三〇％ほど減少した可能性があるが、世界全体でのマッコウクジラの健康状態への影響はセミクジラ類の場合ほど大きくはなかったようだ。これは単に、マッコウクジラの生息域の方がずっと広く、はるかに沖合に離れているために、人間との接触が抑えられたということなのかもしれない。マッコウクジラとセミクジラ類が捕鯨船と銛から泳いで逃げ、より大きな群に加わっていたというメルヴィルの考えは、当時の少なくとも一部の米国人鯨捕りの抱いていた認識とも同じだった。筋の通った話ではあった。鯨捕りは見かける鯨、捕まえられる鯨が減っていることを正当化するためにこの考えに頼った。だが、実際は単に男たちが鯨たちを怖がらせて遠くに追いやっているという話ではなかった。鯨捕りは各海域のマッコウクジラも段階的に獲り尽くしていた。*11

　イシュメールは科学的な理由づけを試みているものの、この絶滅の問題に対する彼の論理の大部分は、今の知識をもって見れば疑わしい。私が思うに、それは彼のユーモアよりも誤解による要素が大きい。今日、生物学者が種の存続可能性について語る際には、捕食だけに焦点を当てるのでなく、生殖適応度〔どれだけ多くの子孫を残せるかという尺度〕に関する要素全般を考慮する。生殖適応度についての概念群は『白鯨』の数年後にダーウィンが発展させたものだ。イシュメールも母となるマッコウクジラの妊娠期間は約九ヵ月（実際はたぶん一四ヵ月から一六ヵ月の間に近いが）だとの説明はしているが、今日の保全生物学者ならするであろう多産性の話はしないし、食料をどれだけ得られるかという話さえもしない。雌のマッコウクジラは実に八〇歳、あるいはそれ以上も生きる可能性を持つ一方、出産は四年から六年ほどの間隔で一度に一頭のみ、その頻度も年を重ねるにつれて減っていき、おそらく、もはや出産自体できなくなる段階に至る。メルヴィルとその同時代人はこのことを知らなかった。[*12]

「鯨は縮小するか？」の章で、イシュメールは鯨たちが《一世紀以上の歳》に達することもあるだろうと考える。これが詩的な調和を生み、シュルツの言う「鯨・ヒト類縁関係」（ロバート・ゾルナーの表現では「友愛的同属性」）を深める。鯨がこのように長寿だと考えることは、実は当時も今日でも突拍子もない話ではない。セミクジラ類は雌雄とも最低で六〇歳か七〇歳は生きる。これより前の「ピークォッド号、処女号にあう」の章では、イシュメールが皆と銛で仕留めた老マッコウクジラから見つけた珍品について語る。《彼の中から見つかった石槍の穂。埋もれていた鉄器からそう遠くない場所で。その周りをこの上なく強固に包んでいた肉。誰がその石槍を投擲したのだろう？　それはいつだったのか？　アメリカ発見のはるか以前に北東部インディアンが投げたものかもしれなかった。》ここ数十年の間、科学者とアラスカ亜北極圏の先住民であるイヌピアットは、捕獲したホッキョククジラの脂身に埋もれた石製・鉄製の古い銛の先端部を発見してきた。これらの銛の年代を推測した研究者は、ホッキョククジラの目のアミノ酸の調査も併用し、実に一〇〇歳を悠に超える年齢までホッキョククジラが生きると考える。さらには、あくまで推測の話ではあるが、二〇〇歳を超えるかもしれないという。動物（樹木さえも）の特性のうち、地球上にいる我らが仲間の生物への尊敬と敬意を生むものがあるとすれば、それは年齢である——そのことにメルヴィルはもちろん気づいていた。[*13]

さて、イシュメールが絶滅と抹殺の話題に関して避けている最も重要な点は、人類が生息地に侵入できるようになるまで、マッコウクジラは数百万年にわたって捕食の脅威をほとんど受けていなかったことだ。このことは今日ではよりよく理解されている。マッコウクジラは長寿命、社会的集団、一個体の子に対する長期間の育児、大きな脳、大型の体、深海への潜水能を進化させ、海洋のごく限定的なニッチの中で繁栄してきた。シャチは群れを成すことで稀に大型のクジラを捕らえることもあるが、生物学者はそれがマッコウクジラの地球規模での個体数に何らかの影響を与えるとは考えていない。だがもし、人間による捕鯨を消し去り、エイハブが最初の航海で太平洋に出た時代（一七九〇年代後半、ジェイムズ・コルネットの航海〔第14章参照〕や「老水夫行」出版の時代）へと逆戻りしたならば、太平洋のマッコウクジラの個体数に制約を与える要素は食料源の変動と種内の競争にほぼ（完全にとは言わないにせよ）限られたことだろう。

イシュメールと米国の「環境罪悪感《エコ・ギルト》」

ある動物または植物が絶滅することがある、との考え方はメルヴィルの時代の主流ではあった。だが、ルイ・アガシーのような博物学者により、「種の絶滅」は「神はアダムとイブの創造に向けた進捗の一環として、数々の洪水と氷河期によって地上から特定の動物を一掃することを選んだ」と教える用語の一つへと矮小化された。絶滅は神の構想の一部だったのだ。この認識は潜在的に人間の責任を免除するものでもあった。なぜなら、一八五〇年代までは大部分の一般民衆さえも、人間による狩猟などの行動、野生の生息地の破壊、人間による居住全般が各地の動植物の命を脅かしてきたことを理解していたからだ。[*14]

一八三三年には既に、『アメリカン・ジャーナル・オブ・サイエンス・アンド・アーツ』に世界での毛皮取引についての評論を寄せた著者が原稿をこう締めくくっていた。

《地理科学の発達した現状は、今後探検されるべき新たな国がないことを示している。北米では動物が、狩人の忍耐強い努力と見境のない殺戮から、そして、彼らの森林と河川の人間の使用への横領により、徐々に減っている。文明化の潮流の前に、彼らは土着民と共に消えゆくが、わずかとなった蓄えは山々に、そしてこの国と他国の未開墾地に残るだろう。狩人の熱意が適切な限度内に抑えられたならば。[*15]》

この一節は米国議会の上下院で読まれただけでなく、複数の出版物への転載・書き換えが行われた。一八五六年、ソローはマサチューセッツ州コンコードで食用目的と家畜保護のための猟による大型哺乳類（熊、鹿、狼、オオヤマネコ）の減少を嘆いた。『白鯨』〔第33章〕の「船長室の食卓」では、エイハブ船長が《人々が定住したミズーリに生きる最後のハイイログマのごとく、この世界に生きていた。[*16]》

後の「鯨は縮小するか？」の章でイシュメールがバッファローの群れの危うい過疎化をあえて引き合いに出したのは、米国の同時代人の頭にその話題があったからだ。パークマンは著書『カリフォルニアとオレゴンの草分け道』でバッファローの群れが西に移ったことに気づいたと書いている。バッファローが驚くほど豊富にいるのを目撃したものの、パークマンはオレゴンとカリフォルニアを目指す新興米国人人口の拡大がバッファローを根絶やしにし、バッファローを糧にしていた現地の非定住民をも一掃するであろうと知っていた。一八四九年のこの著書で、パークマンは「もし」という仮定の言葉は使わず、《バッファローが絶滅する時には》と書いている。[*17]

メルヴィルはこうして地上の動物の個体群のはかなさを理解していたが、海の動物は別だと考えていた。彼は外科医ビールなど、この時点で信用したいと感じていた専門家の見解をイシュメールに代弁させた。ビールは一八三〇年代に海に出て、新たに行われて多くの利益をあげた日本の沖合でのマッコウクジラ漁に参加した。ビールが信じていた捕鯨の持続可能性は、イシュメールにほぼそのままの内容で復唱されている。《〔鯨油が〕存在するのは海の限りない空間全体であるため》とビールは書いている。《鯨の数が減少して見えることは滅多にない。だが、数年前に比べると彼らはより近寄り難い。ボートと船から彼らが受けてきた頻繁な襲撃が理由である。》ビールは、マッコウクジラは人を避ける《本能的な狡猾さ》があり、前より用心深くなっているだけなのだと思い込んでいた。*18

商人のチャールズ・W・モーガンが一八三〇年にニューベッドフォード文化協会（New Bedford Lyceum）に向けた演説で語ったように、他の観察者たちはマッコウクジラが危機に陥るだろうとの見解を説き、《この破壊は彼らの絶滅という結果に終わるはずだ》と考えうることを説明した。とりわけ、マッコウクジラが一頭ずつしか仔を産まず、人間以前に天敵がいなかったことが理由とされた。ただ、モーガンはこれに矛盾したことも述べ、実は《過剰供給》こそがさらに大きな危険なのだと主張した。だが、わずか七年後には先の演説を訂正し、捕鯨航海に以前より長い期間がかかっていること、《〔捕鯨の成果が〕満載の船も、今や同じく一般原則の例外である》ことを認めた。

一八四一年、周航から戻ったチャールズ・ウィルクスは鯨の個体数について少々の懸念を報告した。ウィルクスは自著『合衆国探検遠征隊の物語』の「海流と捕鯨」の章（これをメルヴィルは「海図」の章に周到に取り入れた）で、太平洋には《巨大な一船隊にも充分すぎるほどの余地》があり、さらに捕鯨船が来られる余地があるが、《鯨の数が減少しているとの意見が数年足らずのうちに確かに定着した。だがこの推測は、私が多数の調査から見知ってきた限りでは、充分な根拠に基づいてはいないようである。》イシュメールはこの見解が《深遠なるナンタケット人たち》によって提唱されてきたと述べ、小説に合った粛然たる印象を持たせているが、彼の話は美辞麗句に飾られたウィルクスの議論の道筋にあくまで沿っている。[*19]

このように、鯨が一八五〇年代の米国人による捕鯨の圧力を乗り越えて存続するというイシュメールの確信は、当時の主流であった認識を反映していた。作中のこの時点でエイハブ船長の戦いに向けて話を進めるメルヴィルが、鯨の脆弱性や潜在的な絶滅の可能性を示すことなど、あるいは、彼の描く鯨捕りの英雄たちを自らの将来の収穫に無頓着な様子に見せることなどできなかったのだろう。イシュメールの主張は、特に現在の私たちの観点から見ると、《悲壮とはいわないまでも、希望的な考え方》(エリザベス・シュルツの言葉による)だ。バッファローの死が差し迫っていることを認識し、『白鯨』をあのような形で終わらせ、人間というものへの信頼が揺らいでいるメルヴィルによる、鯨さえも潜在的な脆弱を抱えているとの描写は、工業化に突き進む人類の活動の維持可能性に対する彼自身の懸念を露呈させる。[*20]

考えてみていただきたい。イシュメールは小説の冒頭の「まぼろし」で、何を自滅的だと感じる必要があったのだろう？　自らの頭にピストルと弾丸を向けたいと感じながら南マンハッタンの通りや波止場を鬱屈と歩いていたのはなぜだろうか？　海にまつわる一体何がイシュメールにとっての救済だったのだろう？　彼は《あの緑の草原は消えたのか？》と問う。のちの「無敵艦隊」の章では、インドネシアの島々でさえも《全てを掴み取ろうとする西洋世界》の危険にさらされていると述べる。太平洋の最果ての島々においてさえも、メルヴィルと彼の描く主人公たちは、生息域の破壊への人間の深刻な関与と過剰な捕鯨に気づいていた。イシュメールは都市で患った病を癒すため、ニューヨーク市から西にはいかないことを選んだ。彼が行くのは海だ。[*21]

メルヴィルとその同時代人は海での完全な絶滅事例をあまり多くは知らなかった。例外は、はるか北のアリューシャン列島でのステラーカイギュウとメガネウの事例や、カナダの沿海州でのオオウミガラスの消失などだ。だが、米国の船乗りは一八五一年の自国沿岸の様子が一六五一年のものとは違っていたことを間違いなく知っていた。それが過剰な漁と狩猟の結果だと知っていた。カリブモンクアザラシは一八五一年までに滅多に目撃されなくなった。そして、二〇世紀中盤までに絶滅することとなる。タイセイヨウサケ（アトランティックサーモン）は川のダム化（せき止め）と過剰なやや漁によって急速に減少しており、局所的に根絶やしとなる水域も各地にあった。鯨捕りは一七〇〇年代中盤までにニューイングランド地方の海域からタイセイヨウセミクジラを一掃した。陸上に拠点を置いての鯨狩りと、メイン湾での捕鯨の長い歴史（一五〇〇年代から既に始まっていた可能性がある）が要因だった。北大西洋のコククジラの個体群は、ヨーロッパ人がまだ誰もいなかったと思われる時期、さらには米先住民やヨーロッパ人による鯨狩りがそもそも行われていなかったと思しき時期に早くも謎めいた絶滅（もしくはその間際）を迎えていた。一八三九年、一般大衆誌『ザ・ナチュラリスツ・ライブラリー』のある記事は、サウスシェトランド諸島のオットセイの個体群の三二万頭超がわずか二年間で全滅させられたという、身勝手で無駄な破壊を嘆いた。[*22]

二〇一五年、ダグラス・マッコーリー率いる研究チームは地球全体の生物の絶滅例を海と陸とで比較した。彼らは、海洋環境中で私たちが生物種に与える影響は陸上環境中よりも数千年分ゆっくりと進んできたことを見出した。海洋での絶滅速度は（少なくとも、私たちが感知できる範囲では）遥かに小さいが、私たち人類は過去二〇〇年以上にわたり影響を与え続けてきた。そして、危機への転換点がこの先に待ち受けているかもしれない。マッコーリーらの研究チームは、ヒトが大型の鯨類とより小型の海洋動物群を《重度に》減少させてきたことを発見した（上巻カラー図版8参照）。今後数十年の気候変動、誤った管理、生息地喪失の脅威を考慮し、マッコーリーらはこう結論づけた。《ヒトの海洋利用の範囲が広がる中、海洋における今日の絶滅速度の低さは、産業革命中に陸上で観察されたものに似た、絶滅の大きなパルス〔短期間での急増〕の前兆かもしれない。》彼らは地球温暖化、増加した船舶航行、拡大した酸欠海域（デッド・ゾーン）、拡大しつつある海洋底採掘といった因子に着目した。海の動物には〔陸上の動物に比べ〕動き回ることのできる未開の空間がより広く残されているのは間違いなく、また、地球温暖化と海洋酸性化に対してもより自然に対応できる可能性がある。だが、彼らもまた事態に負けうるのだ。イシュメールは《極地の砦》が鯨たちの逃げ場になるだろうと信じているが、それらは今や解け出して、船舶の航行路や新たな漁場を広げながら、あらゆるものを次々と飲み込んでいる。[*23]

ひょっとすると、私たちは産業革命がその初期を生きていた人々に与えた心理的・社会学的効果を過小評価してしまったのかもしれない。私たちの多くと同じく、メルヴィル、ソロー、その同時代人も自然界に人間が与えた影響に社会的、個人的な罪悪感を覚えた。たとえその無力感が、神が自然の摂理において担う役割への認識を拡大し、米国人が「明白なる運命（manifest destiny）」と称し始めていたもの〔西部開拓・領土拡張は神が予定した運命であるとする主張〕を信じることでいくぶん緩和、あるいは正当化されたかもしれないとしても。『白鯨』第96章「製油かまど《トライ・ワーク》」の汚らしく、息の詰まるような煙だらけの場面、鯨捕りが《死体を焼いて》いるこの場面は、イシュメールの語る産業化時代の汚点を示す告発だろうか？　苦悩に苛まれたエイハブ船長は己の心と運命が鉄道のレールに載っていると思い描く〔『白鯨』第37章「落日」〕。メルヴィルは自らの立つ土壌、米先住民に対する組織的大量虐殺がなお行われていた状況をはっきりと意識しており、また、大部分の人々よりもそのことに共感的であるようだ。メルヴィルは南太平洋のポリネシア文化に対する西洋人の悪しき影響を間近で見た。同じことが米西部で起きているとの報告を読んだ。イシュメールは海へと逃げ戻れることを願ったのだろうか。こうした一切の光景から逃れ、人の手の届かない汚れなき海、真の《アダム以前の》野生に戻ることを望んだのだろうか？[*24]

もし、鯨たちが捕鯨によって危機にさらされているとイシュメールが気づき始めるとしたら、この果てなき珊瑚礁がもはや手つかずではないとしたら、この行動はあまりにも一切が麻痺した、あまりにピップ的な狂おしさに満ちたものではないだろうか。

現在の鯨の個体数

昔の米先住民、インドネシア人、日本人、欧州人が陸地の沿岸を離れて海棲哺乳類を銛や網で捕らえることを始めた頃にどれほど多くの鯨を殺したのか見積もることはほぼ不可能だが、世界捕鯨史プロジェクトのティム・スミスら近年の研究者は、多様な原資料（モーリーの集めた日誌など）に当たり、また幅広いサンプリング手法と統計モデルを用いて、メルヴィルの時代以前にどれだけの鯨がいたのか把握しようとしてきた。

帆走して小さなボートから鯨を仕留める一九世紀の捕鯨と比較して、近代的な二〇世紀の産業捕鯨は遥かに鯨（特に大型のナガスクジラ類）への打撃が大きかった。無甲板船でのマッコウクジラ殺しは一八三〇年代に年間五万頭というピークを迎えた。一八五九年の石油発見、そして南北戦争〔一八六一〜六五年〕が世界各地で無甲板船による捕鯨船団を大幅に減少させたが、一九二〇年代中盤には再びマッコウクジラ殺しが増加し始めた。これはチャールズ・W・モーガン号の最後の航海〔一九二一年〕や、最後の現役米国籍捕鯨船だったワンダラー（Wanderer）号がニューベッドフォード沖で難破した一九二二年の事故とは（詩的なことは別として）無関係だった。大型で泳ぎの速いナガスクジラ類を捕獲することができた二〇世紀の鯨捕りは、鯨製品の新市場を見つけた。米国を含め、いくつかの大国が鯨を殺して家畜の飼料にしたり、マーガリン、石鹸、骨粉肥料、化粧品などの製品に使ったりした。ひげ板はほぼ使い道がなく、軽金属、後にはプラスチックに取って代わられていたが、鯨脳油は高級潤滑油として、またインク、溶剤、化粧品、油圧油などの製品に使われ引き続き市場があった。日本人とノルウェー人は人間の食用にも鯨を捕った。近代のマッコウクジラ漁は一九六〇年代中盤にピークに達し、全世界の国々を合わせて年間二万二〇〇〇頭近くのマッコウクジラが殺された。しかも、近代の産業捕鯨者の多くはシロナガスクジラ、イワシクジラ、ナガスクジラが見つかりにくくなってきたとわかって初めてマッコウクジラを狩り始めた[*25]（図43参照）。

ハル・ホワイトヘッドは過去に、商業捕鯨で殺されたマッコウクジラの個体数を、できる限り最良の推定とモデル化により見積もった世界各地の個体数に重ねて対比させている（図43参照）。彼は慎重な書きぶりながら、一七〇〇年代の始まりより前、ナンタケットの鯨捕りがニューイングランド沖で

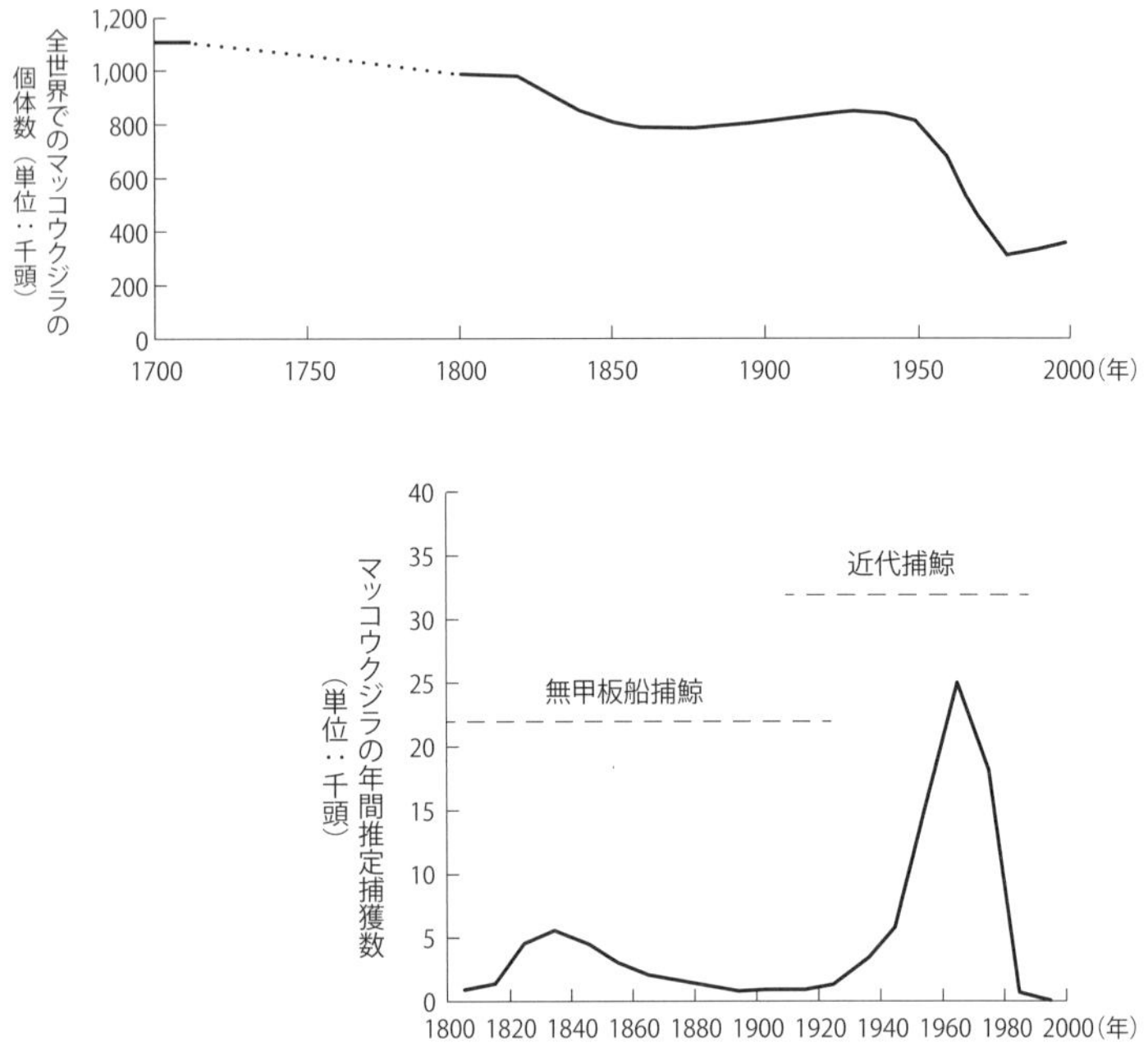

図43　世界のマッコウクジラ個体数の推定値（1700～1999年、上図）と、捕鯨によって捕獲され、殺されたマッコウクジラの数の推定値（1800～1999年、下図）（Whitehead, 2003）。下図には鯨捕りが殺傷したものの処理・加工のために船に持ち帰ることができなかった相当の個体数は考慮されていない。しかし、上図はこうした《刺したが見失った》個体数の推定値も含んでいる。

マッコウクジラ捕鯨を頻繁に行うようになる前には、世界の海を約一一〇万頭のマッコウクジラが泳いでいたと示唆した。『白鯨』の出版時までにはおそらく八〇万頭ほどのマッコウクジラが残っていたが、その後は全ての海域を合わせて約三〇万頭というどん底に達した。ホワイトヘッドは一九八〇年代の国際捕鯨モラトリアムが辛うじてマッコウクジラの全滅前に間に合ったと考える。それ以降、全世界のマッコウクジラの個体数を体系的で信頼できる形で計算した者は誰もいないが、二〇一八年時点でIUCNのレッドリストはマッコウクジラをひとまず「危急（Vulnerable）」としている。[*26]

イシュメールは「鯨は縮小するか？」の章でマッコウクジラが身を守るために合流して大軍を作ると示唆する。これは話の印象ほどばかげた話ではなかったかもしれない。現代の生物学者は、大西洋のマッコウクジラが女系家族集団である「ユニット（unit）」（一〇頭から一二頭の雌と子孫が群れで泳ぐ）同士を合流させることは稀である一方、太平洋のマッコウクジラはほぼ必ずユニット同士を合流させておよそ二、三〇頭からなる「クラン（clan）」を形成することを発見している。クック船長からベネット、そしてハル・ホワイトヘッドに至るまでの観察者は、何千頭もの鯨が共に移動する光景を目撃している。このようにクラン同士で連合を作ろうとすることは（特にユニット内の母個体らが殺された場合には）ありえない話ではないが、人間による帆船捕鯨がマッコウクジラの行動をこのように適応させた、と言えるほどの強力な証拠ではない。ホワイトヘッドと〔共同研究者であるルーク・〕レンデルは太平洋の大型クランは互いに助け合ってシャチから身を守るために集合することがあるかもしれないと考える。[*27]

セミクジラ類の場合、全世界の個体数と過去の捕鯨による圧力の推定には重なる要素もあるが、それぞれ別の複雑さもある。マッコウクジラと比べて、セミクジラ類にはヒトによる捕獲から生き延びる能力があまり備わっていないようだ。殺されたタイセイヨウセミクジラの個体数はおそらくマッコウクジラよりも一世紀早くピークに達しており、一七一〇年から二〇年の間の一〇年間で二〇〇〇頭超と推定される。一七〇〇年代中盤までに鯨捕りが北米沿岸部全域でセミクジラ類を発見して銛を打ち込むことはほとんどなくなっていた[*28]（図44参照）。

チャールズ・W・モーガン号は一八四一年から一九二一年まで、あらゆる捕鯨船の中で史上最長の稼働期間を経たが、その三七回にわたる捕鯨航海の中で乗組員が殺したタイセイヨウセミクジラはごくわずかだった。そもそも一頭でも殺していれば、の話である。この種は今や、大型鯨類の中で最も絶滅の危機にさらされている。

メルヴィルは『白鯨』でピークォッド号が南大西洋に到達するまでは乗組員に捕鯨ボートを下ろさせなかった。これは歴史的に見て正確だ。

一八四九年、マッケンジー船長は自身のキャリアを通じて《私が南緯三〇度に到達するまでの往路でセミクジラ類を発見したことは一切ない――発見するだろうと予期したこともない》とモーリーに書き送っている。チャールズ・W・モーガン号の初航海では、出航後四〇日めに赤道のほんのわずか北側（現在のリベリア沖）でゴンドウクジラに銛を打ち込もうとするまで乗組員は鯨を見かけなかった。その一ヵ月後、彼らはラ・プラタ川の河口沖合で二頭のミナミセミクジラを見つける。そして、ホーン岬を回った反対側〔太平洋側〕でついに小さな雌のマッコウクジラを捕まえた。

一八四五年夏にウッズホールから出航したコモドール・モリス号はそれよりもうまく成果を上げて

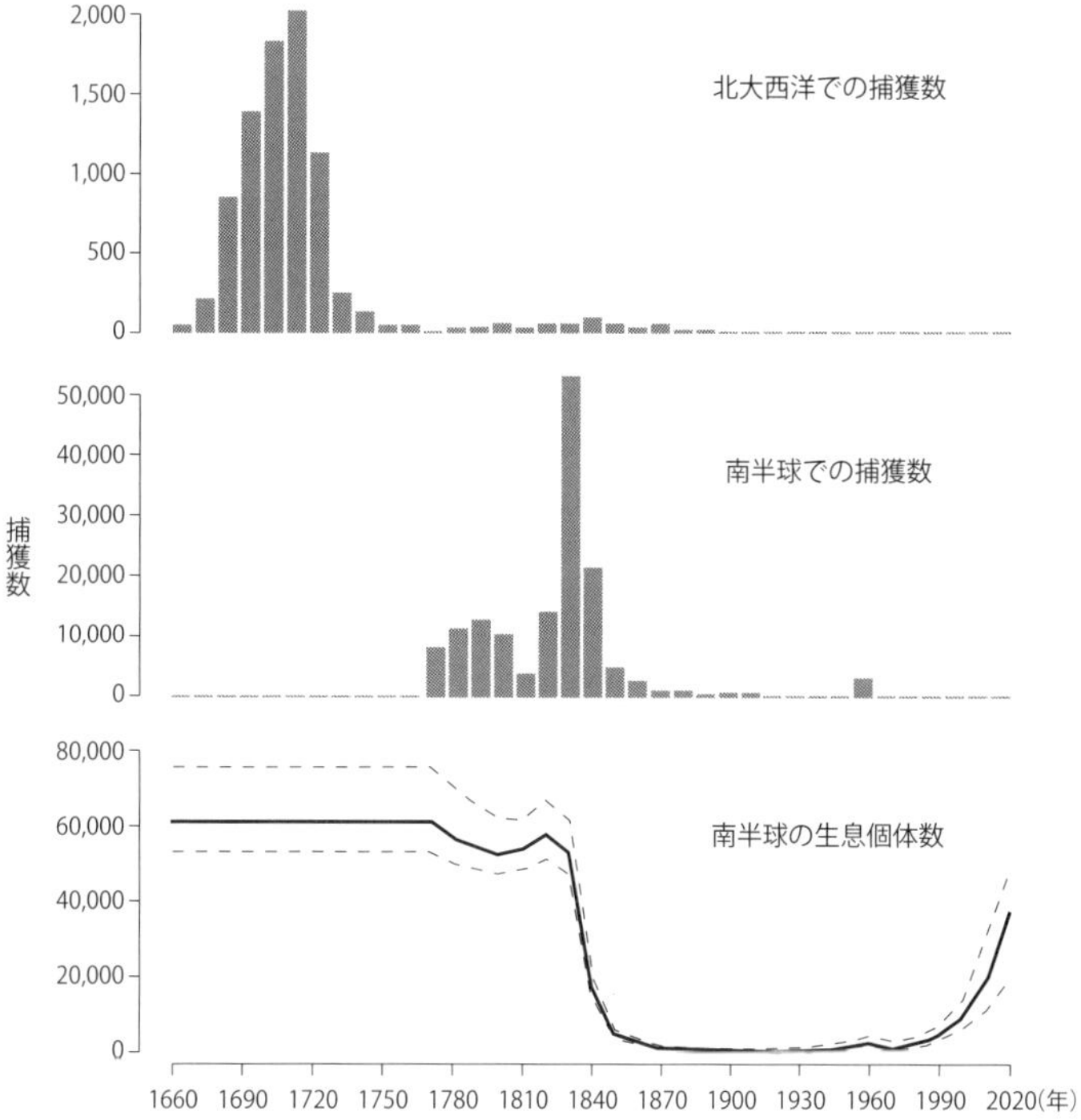

図44　過去の航海日誌とその他のデータを基にしたセミクジラ類捕獲数の推定値。タイセイヨウセミクジラ〔北大西洋に生息〕の捕獲数は1700年代初頭にピークに達した（上図）（Laist, 2017）。一方、ミナミセミクジラ〔南半球に生息〕の捕獲数ピークは1830年代（中図）（IWC, 2001）。南半球全体で殺されたミナミセミクジラが北大西洋のタイセイヨウセミクジラと比べてどれほど多かったか、縦軸の単位の違いに注目。ただし、両海域の捕獲数とも、記録の損失・散逸により大幅に過小評価されている。下図はミナミセミクジラの生息個体数の推移を、現在の鯨のミトコンドリアDNA〔原則として母系で受け継がれることなどから、交雑状況の推定に用いられる〕研究に基づき推定したもの（Jackson *et al.*, 2008）。研究者たちは北半球のセミクジラ類に対してはまだこの個体数モデル化を行えていないが、先述の2種はいずれも個体数が未だ回復に至っておらず、絶滅の危機が迫っている。

おり、航海開始から三週間未満のアゾレス諸島〔大西洋中央部〕付近でマッコウクジラの群れを二つ見つけ、大型の一頭を捕まえている。ホーン岬に着くまでに、彼らはマッコウクジラ、ゴンドウクジラ、ザトウクジラ、ナガスクジラを見かけているが、セミクジラ類はいずれの種も殺しておらず、目撃してもいなかった。いずれにしても、乗組員は遥かに勝算の高い太平洋に到達しようとする中で時間を無駄にしてはいなかった。*29

セミクジラ類の専門家であるデイヴィッド・レイストは、捕鯨開始以前のタイセイヨウセミクジラの個体数は一、二万頭ほどだったと考える。おそらく、過去には長期にわたって続いた捕鯨により、そして現在は主に船舶に衝突され、漁具が絡まり、海洋の騒音による負荷を受け、気候変動に伴いカイアシ類の生息数も変化したことで、タイセイヨウセミクジラは大型鯨類で唯一「深刻な危機(Critically Endangered)」に置かれた種となっている。二〇一五年に行われた新たな分析では、地球上に生存するタイセイヨウセミクジラはわずか四五八頭しかいないことがわかった。そして、近年死んだ個体の多さと出産数の不足から判断すると、それを覆す緩やかな回復傾向は一切なさそうだ。ミナミセミクジラについては、捕鯨開始以前の過去の生息個体数は五万五〇〇〇頭から一〇万頭超の範囲のどこかであっただろう。一七〇〇年代終盤に無甲板船捕鯨が盛んになり、鯨捕りが南大西洋へ、さらにはインド洋と太平洋へと船を進め始めた。南半球全体のミナミセミクジラの個体数は現在おそらく二万五〇〇〇頭超で、一九二〇年代にわずか三〇〇頭ほどにまで落ち込んで絶滅の危機に瀕したところから増加を続けている。セミクジラ(North Pacific right whale〔北太平洋のセミクジラ〕:メルヴィルは狩ったことがなかったが、《北西》のアラスカ湾で何千頭と殺されていることをイシュメールがほのめかすのがこの鯨だ）は今やタイセイヨウセミクジラ並みに危うい状況にさらされている。ただ、その本当の個体数に関して知られていることはごくわずかだ。[*30]

ソローの海――エイハブ、イシュメール、ノアと同じ海

一八四九年一〇月、ソローはその後数回にわたり出かけることとなるケープコッドを初めて訪れた。マサチューセッツとケープコッド湾を包み込み、メイン湾へと突き出す細長い土地だ。ケープコッドはタイセイヨウセミクジラの春の生息域であり、現在だけでなく、過去数千年にわたってそうであった可能性が高い。地球上に残る個体は五〇〇頭未満だが、私は四月にこの海岸沖で食事をするタイセイヨウセミクジラを見たことがある。カイアシ類を、つまり「ブリット」を食べる濾し取り型採餌だ。夏の間、タイセイヨウセミクジラはニューイングランド地方とカナダ沿海州の沿岸部で動物プランクトンの集団を食べて過ごす。そして冬には南に泳いでいき、ジョージア州とフロリダ州の沿岸で交配・出産する。彼らは三年から五年ごとに一頭の仔を育てる。先述の回遊周期に合わせて進化した妊娠期間は一二ヵ月だ。[*31]

ソローがタイセイヨウセミクジラを見たことがなかったのはほぼ確実だ。メルヴィルもたぶん見ていない。間近に迫っていると思われるタイセイヨウセミクジラの消滅（プロヴィンスタウン〔ケープコッド北端の町〕などを拠点にごく少数の生物学者・環境保護論者が中心となって行われた熱心な啓発的取り組みがなければ、おそらく数十年前には既に絶滅に至っていただろう）は、単なる多様性の損失という話ではな

く、それどころか人間の文化的価値への打撃に止まる話でもない。ニューイングランド沖の海域から鯨がいなくなることには広範囲に及ぶ生態学的影響がある。その実態はようやく理解され始めたばかりだ。捕鯨による大型鯨類の相対生息数の減少は海洋生態系全体に影響を与えてきた。遺伝学的データを使うことで、ジョー・ローマンとスティーヴ・パルンビはメイン湾のザトウクジラ、ナガスクジラ、ミンククジラの個体数が捕鯨開始前には現在より六倍から二〇倍多かったと推定した。別の言い方をすると、現在のザトウクジラの個体数が一万頭と見積もられているのに対し、ローマンとパルンビはかつて二十数万頭のザトウクジラがいたと考える。[*32]

この鯨の生息数減少の影響は、「今では前よりも海にたくさんのイカや魚がいるのだろう」といった単純な話でなない。鯨は海洋生態系を活気づけ、エネルギー源となる。彼らは《活気ある漁場》のあらゆる階層に不可欠の存在だ。個体数が縮小した今でも、ヒゲクジラ類は膨大な有機物（例えば、北米大陸北東部の大陸棚では総一次生産量の八〜一八％）を濾し取り飲み込む消費者・捕食者だ。[*33] ローマンと、別の共同研究者のジェイムズ・マッカーシーは、メイン湾の海棲哺乳類の排泄物を全て合わせたものが、同じ大西洋の東側に注ぎ込む全河川よりも多くの窒素（植物プランクトンに必須の栄養元素である）の供給を担っていると推定した。[*34] そして、大型の鯨が死に、沈み、腐敗する時には、分解に伴い個体とそこに集まる生物群全体の集団バイオマスが局所的な生態系を作り出す。こうして、捕食者・摂食者が陸上の健全な生態系に欠かせないのと同様、メイン湾を泳ぐ鯨が多い時ほど、あらゆる種類の海洋生物の数が豊富だった。メカジキも、ニシンも、カイアシ類も、一八四一年にニューイングランドから出航したメルヴィルが見たよりもはるかに多かっただろう。

メルヴィルが『白鯨』を執筆していた時、ソローはゴンドウクジラのサンドイッチを食べる地元民に非難の目を向けながらケープコッドの浜辺を歩いていた。ソローは遮るもののない海岸の広がりと冷淡な海に衝撃を受け、茫然としていた。彼は『ケープコッド』にこう書いた。

《かってはもっと多くの鯨がここに打ち上げられていたとはいえ、決して今以上に荒涼としてはいなかったと思う。我々は陸地に対してするように、古代についての考えを海と結びつけることはせず、一〇〇〇年前の海の姿はどのようであったかと思いを巡らすこともない。それは海が常に同じく荒涼として計り知れないものだったからだ。インディアンたちはその水面に何の痕跡も残していないが、文明化された人間にとっても野蛮人にとってもそれは同じだ。変わったのは陸の様相のみだ。海は地球一周に及ぶ荒野だ。ベンガルのジャングルよりも荒々しく、より怪物に満ち溢れ、我々の都市の波止場や海辺の住居の庭さえをも押し流す。大蛇、熊、ハイエナ、虎たちは、文明化が進むにつれ急速に姿を消すが、最も人口の多く文明化された都市も、その波止場からはるか離れた一頭のサメを脅かすことはできない。この点では、海は虎を抱えた地、シンガポール以上には発展していないのだ。ボストンの新聞各紙は私にアザラシが港にいるとは決して伝えなかった。私はアザラシを常にエスキモーその他の蛮地の民族と結びつけて考えていた。だが、この沿岸一帯に並ぶ応接間の窓からも、浅瀬で戯れるアザラシの家族が見えることがある。半魚人を見ればこう感じるかと思うほど、かれらは奇妙に感じられた。森の中に決して歩み入ることのないご婦人たちが、船で海を渡る。海へ行くために！　なぜか。それはノアの経験を得るため、大洪水を現実のものとするためだ。一つ一つの船舶が

方舟なのだ。[*35]》

ソローの海洋観は、海は冷たく、淡々として、荒涼とした異界だというものだった。『白鯨』のわずか数年後に上梓されたこの見方には、白鯨を追って死ぬことになるその日に檣頭に立ったエイハブ船長の最後の思いを、そして「ブリット」の章でイシュメールが語る無慈悲な海への呼びかけを強烈になぞるような類似点がある。メルヴィルもソローも米国人の陸に対する見方を海に対するそれと比べた。二人とも難破船と嵐に冷たい現実を見た。

その獰猛さと冷淡さと異質さ、すなわち、馴染んだ土地のものとはかけ離れた「outlandishness〔奇妙さ、野蛮さ〕」にもかかわらず、米国人にとっての一九世紀中盤の海はなお心を癒し力づける、人の手の及ばない荒涼とした眺めを保っていた。

第23章 海燕 ——予兆を告げる鳥

予兆？　予兆だと？　回りくどい奴め！　神々が人間に直接話しかけようと思われたら、立派に直接的な言い方をしてくださるだろうよ。かぶりを振ったり、老いぼれのかみさんのようにぼんやり仄めかしたりはしない。——去れ！

イシュメール（第133章「追跡——第一日」）

エイハブ船長がこれから白鯨と出会う海、太平洋に船が進み入る。それから間もないある晩、エイハブ船長は象牙の義足をコツコツと響かせ、鍛冶屋であるパースの元を訪れる。

《扱っていた鉄を火から引っ込めながら》とイシュメールは語る。《［パースは］その鉄を鉄床《かなとこ》の上で叩き始めた——その赤く焼けた塊が火花を散らし、太い閃光が宙にふわりと舞う。そのいくつかはエイハブのそばまで飛んでき

た。》

《これはおぬしの「マザー・ケアリーの鶏」か、パースよ？》火花のことをエイハブはこう尋ねる。《おぬしの通った跡にはいつもこやつらが飛び回っている。吉兆の鳥でもある。だが、誰にとっても、というわけではない。――見よ、奴らは燃えている。だがおぬしは――おぬしは奴らに囲まれて生きながら、焦げ跡一つついておらん。[*1]》

『白鯨』作中でこの鳥たちが名前で直接呼ばれるのは一度だけだが、ピークォッド号が大嵐の中へと進む前のひとときに思いを馳せる動物として見事で抗いがたい。ここでも、メルヴィルは海の生物種を描く上で水夫たちの経験を頼りとしつつ、彼らの言い伝えや、自身の農場屋敷の本棚にある膨大な数の鯨文書も利用した。

「マザー・ケアリーの鶏」というのはウミツバメの一種だ。現在の多くの鳥類学者は、ウミツバメ類が二二ほどの種に分かれており、それらがウミツバメ科（Hydrobatidae）とアシナガウミツバメ科（Oceanitidae）という二つの科に属しているとの考えに合意している。ほぼ全てのウミツバメ類は大部分の羽毛が焦茶色で、足は青黒く水かきがあり、黒い嘴の上には塩を排出するための短い鼻管がついている。小さなアホウドリのようだ〔アホウドリ類もウミツバメ類も同じミズナギドリ目に属する〕。一般的なウミツバメ類は、ご存知の平均的なツバメよりも体重と体長がほんの少し上回る程度で、海上を飛ぶ水鳥の中では最小だ。それにもかかわらず、冷たい外洋で数ヵ月、あるいはそれ以上生き延びることができるのは、一つには羽毛の下の熱い脂肪層のおかげだ。チャールズ・W・モーガン号に乗っていたジェイムズ・オズボーン〔第1章参照〕は、所有していたグッドの『自然という書物』でウミツバメ類についての歓喜に溢れた散文を読んだ。そこには、この鳥が油のみを食料として生き延びる（特に、死んだ鯨と魚の油）という誤った話もあった。ウミツバメ類の英語名「storm petrel」にある「petrel」の語は、「小さなペテロ」を意味するイタリア語の「Petrello」から来たものかもしれない。この鳥たちが水面のすぐ上をパタパタと飛び、空中に留まりながらプランクトンや魚卵を啮む行動が、波の上を歩く聖ペテロの話〔マタイによる福音書14章〕を一部の人々に思い起こさせてきたからだ。エイハブ船長が船尾に飛ぶ火花をこの鳥たちになぞらえたのも適切だ。ウミツバメ類は船を追うことが知られている。水面をただ飛び回っているのでなければ、ウミツバメ類の飛行は素早く鋭いからだ。ひょっとすると、船の航跡で跳ね上げられる食料〔プランクトンや魚卵〕の恩恵を得るためかもしれない。*2

エイハブ船長同様に、メルヴィルの時代の水夫はウミツバメ類を実際に「マザー・ケアリーの鶏」と呼んでいた。由来はラテン語の「*Mater Cara*」かもしれない。船乗りたちの守護者である「処女マリア」の意だ。この一般名があまりによく知られていたため、一八三〇年代にジョン・ジェイムズ・オーデュボンが二羽のアシナガウミツバメ（Wilson's storm petrels）を描いた自作の表題にその名を加えなくてはと感じたほどだ*3（図45参照）。

『白鯨』執筆前、メルヴィルは海でウミツバメが「マザー・ケアリーの鶏」と呼ばれているのを間違いなく聞いていた。メルヴィルのような水夫がこの一般名をどう使っていたかを示す一例として、一八四九年八月一九日の日記の書き込みを見てみよう。ロングアイランドの捕鯨船シェフィールド号の銛打ち、アイザック・ジェサップによるものだ。出航から二日、彼はこう書いた。《今日は海で過

図45　ジョン・ジェイムズ・オーデュボンの絵画「Wilson's Petrel—Mother Carrey's chicken（*Oceanites oceanicus*）」。オーデュボンの著書『アメリカの鳥たち（*Birds of America*）』（1827年〜1838年）に収録。

ごす最初の安息日。気持ちのいいものからは程遠いと認めざるをえない。船酔いが自分の強さを全て奪い取っていき、どんな類の労働にも適さない状態にされている。家の仕事も、教会の仕事も、これまでほとんど考えたこともないどんな仕事でさえも。我々の航路は東寄りに変わる。マザー・ケアリーの鶏が数多いる。》

水夫によるウミツバメの呼び名を示す例としてだけではなく、海上生活の制約と、数多くの米国人船乗り——海に出たスターバックたち——の中に絶えず存在していたキリスト教信仰のレンズを思い出させてくれることからも、私はこの書き込みが好きだ。*4

そして、メルヴィルは明らかにウミツバメに惚れていた。『白鯨』のわずか二年後に出版された『エンカンタダス——

魔の島々（*The Encantadas, or Enchanted Isles*）』（一八五四年）ではウミツバメ類のことをさらに詳細に書いている。《この謎めいた海のハチドリ、鮮やかな色相こそないが魅力を持った鳥は、ひらりと去るその活発さ故に海の蝶と呼ばれえたかもしれない。だが、船尾の下でのその囀りは船乗りには不吉に聞こえる。百姓の耳には暖炉の側柱の陰からコツコツと響く死番虫《しばんむし》〔穀物や木材を食べる害虫〕の音が不吉に聞こえるように。[*5]》

　コールリッジが「老水夫行」で水夫の迷信を元にアホウドリを使い、またメルヴィル自身も既に「潮吹きの霊」の章で《海の渡鴉》を使ったように、メルヴィルは『白鯨』第１１３章「ふいご」で詩的な効果を出すためにマザー・ケアリーの鶏を使った。メルヴィルは水夫たちがウミツバメ類からしばしば危険な悪天候を連想することを知っていた。先述の『エンカンタダス』の一節ではウミツバメのニワトリのような鳴き声が船乗りを恐れさせる。迷信深い航海者の中にはこの鳥が危険を伝えるため、男たちを援助するために神の手で送られてきたのだと信じる者もいたが、このウミツバメこそが嵐を**起こす**のだ、さらには魔女の変身した姿なのだと考える者もいた。狂気のエイハブ船長はマザー・ケアリーの鶏を**良い**予兆として歓迎する。これから訪れる台風の前兆だ。[*6]

　もちろん、ウミツバメ（storm petrel）が嵐（storm）を起こすことはないが、メルヴィルの鯨文書の説明にもあるように、悪天候の時にはウミツバメ類が人間の目に留まることが増えるかもしれない。それはこの小さな鳥たちが船の上や近くに避難するためかもしれないし、あるいは、より可能性の高い理由として、単に荒天時というのは船がこのたくましい海鳥と同じ天候の中にいられるタイミングだからかもしれない。私はカリブ海での強風の最中、乗っていたスクーナー船の小さなボートに一羽のウミツバメが降り立ち、そこから出られなくなってしまったのを手ですくい上げたことがある。その体は丸まった子供用靴下のように軽かった。ロングアイランド海峡のロブスター漁船で働いていた時には、私と仲間は荒れた天気の時にしかウミツバメを見なかった。推測するに、彼らは北大西洋から強風によって吹き寄せられたのか、あるいは単に、岸へ近づきたがるのが荒天の時なのか。そして、小舟でグランドバンクス〔カナダ南東部の大陸棚にある台地群（堆群）〕の上を静かに進んでいたある時、舟の航跡にウミツバメがついてくるのをこの目で見た。私が彼らの甲高い囀りを聞いたのはそれが初めてだった。ウミツバメには軽やかにクックックッと笑うような鳴き声があり、私はこの声も「鶏」という呼び名に寄与してきたのかもしれないと考える。彼らは私の舟の航跡を二日間にわたって追った。姿を見せるのは夕暮れから日没後すぐの頃だった。こちらを追う小さな黒い影には、どこか不気味でコウモリのようなところがあった。[*7]

「ふいご」の章で、エイハブ船長はウミツバメのように船尾を飛ぶパースの火花について陰鬱なことを言った後、この鍛冶屋に白鯨を殺せるほど強い銛を鍛造するよう求める。続いて、ここが作中で特に異端的な場面の一つなのだが、エイハブ船長は銛打ちたちに、こちらに来て彼らの血で鉄に焼き入れをするよう命じる。悪魔の名の下でこの武器に祝福を与えるのだ。煤けた灰色のマザー・ケアリーの鶏の像が火花となってこの場面の背景を仕上げ、雷に力を与え、この章の終わりとその後数日にわたって立ちはだかる現実の嵐、そして暗喩としての嵐の準備を整える。

第24章　台風とセント・エルモの火

ああ、哀れな田舎っぺ！　唸る強風を初めて受ける中で、そのズボン吊りの肩紐はどれほど散り散りにちぎれることだろう。汝が風に打たれる時には、吊り紐、ボタン、そして何もかも、大嵐の喉へと飲み込まれてゆくだろうに。

イシュメール（『第6章「通り」』）

『白鯨』第119章「ロウソク」で、日本近海の嵐が突如としてピークォッド号を襲う。捕食と戦闘のイメージを伴いながら、この《あらゆる嵐の中でも最も凄まじい、台風というもの》は《ベンガルの虎》のように船を待ち受け、《ぼんやりとまどろむ町の上で破裂した爆弾のように》彼らを叩き潰す。最初の暴風の後、イシュメールは前置きなしにすぐ話の本筋に入る。その語りは彼にしては比較的簡素だ。どの帆も張られていない状態で船が疾走する中、三人の仲間がこの混沌を何とかしようとする。船を操るのは舵柄さばきと、船体とむき出しのマストを押す風の力だけだ。スターバックは東から来る台風は悪しき予兆だと信じている。彼らが白鯨を目指して進むおよその方角だからだ。彼は、そして乗組員の大部分は、神がこの警告に続いて波をもたらし、エイハブ船長がいつも自分の捕鯨ボートの上で立つ場所に穴を開けたと考える。[*1]

スターバックは、自分たちが避雷針のアース代わりとなる鎖をまだ水中に投げ込んでいないことに気づく。彼が指令を出す中、エイハブは「やめ！」と叫ぶ。この船長は、乗組員たちに鎖を甲板上に残しておくよう命じるのだ。エイハブは避雷針に《正々堂々としたふるまいをさせ》たいのだと宣言する。それはピークォッド号が雷で木っ端微塵に砕ける可能性を高めることになる。

すると、船の三本のマスト全ての先端に、そしてそれぞれの桁端《ヤーダム》の上に光の筋が現れる。乗組員たちとイシュメールはそれらの光を「コーパサント（corpusants）」と呼ぶ。この名前はラテン語の「*corpus sanctum*（聖体）」から来たもので、「セント・エルモの火（St. Elmo's fire）」としても知られる。イシュメールはその発光を《神の燃える指が船の上に置かれた》と表現する。破滅の運命が差し迫ることを定める聖書的な表現だ。炎のような光の連なりの下で、乗組員はマストのてっぺんを言葉もなく不動で見つめる。スタッブはこの光景に前向きな解釈をつけようとする。スターバックはなおも新たな凶兆を見る。エイハブは叫ぶ。《あの白い炎は白鯨への道を照らすばかりだ！》[*2]

エイハブは続いて、跪くフェダラーの上に自らの片足を乗せ、避雷針に連なる鎖の末端の環を左手で摑むと、右腕を反逆的に突き上げる。彼は火と雷光を浴びながら冒涜的な独白を述べる。それは神の知識と力に疑問を突きつけるものだった。それに応じるようにコーパサントの炎が燃え上がると、エイハブは怒鳴る。《汝は光ではあるが、闇から飛び出してきたものだ。だがわしは光から飛び出さんとする闇だ、汝から飛び出すのだ!。[*3]》

スターバックと乗組員はエイハブ船長の異端ぶりに怯え、縮みあがる。その恐怖は〔船の舳先に突き出されていた〕エイハブの銛が今やその先端にコーパサントの火を灯したことで一層高まる。彼が白鯨モービィ・ディックを狩るために特別に作り上げた銛、悪魔の名により《異教》の血で洗礼を受けた銛だ。エイハブは銛を摑み、甲板に引き上げ、皆の前でその火をロウソクのように吹き消す。《わしは最後の恐れを吹き飛ばす!。[*4]》

恐怖に打たれ、全船員が退散する。エイハブはその場に留まる。誇り高く、《雷電のより一層の標的》となって立つ。

さて、作中で起きる悪天候をメルヴィルがどう作り上げたか、その手法に関しておそらく最も注目すべきは、気象学的な細部や、二一世紀の読者の多くが海の物語に期待するであろう、たっぷりまぶされた泡のような瑣末な描写の数々がほんのわずかしか書かれていないことだろう。ホーン岬沖での難破やハリケーンの中での船の傾きは、デイナの『帆船航海記』などの物語で有名になり、後にはジョセフ・コンラッドが『台風』(一九〇二年)で最高の水準へと引き上げた大海原の冒険譚の典型例だ。だが、メルヴィルはそうしたのっぺりと長大な場面を描かなかった。虎の襲撃。爆弾の爆発。イシュメールは不吉な凪やこの悪天候を予言するような一切の気象学的な徴候をほとんど語らない。イシュメールは具体的な波の高さや風の強さを決して述べない。気圧や気温の変化に触れない。舵取りの戦略や航行計画について論じない。イシュメールは作中で嵐〔ヨナについて説くマップル牧師の重層的な嵐の説教〔第9章「説教」〕や、第40章「深夜の前甲板」のスコールも含む）を経験する際、雲の特徴を語らない。嵐の音も滅多に描写せず、唸る雷鳴とひび割れる稲光に数語で触れる以上のことはない。

台風「カイル」を例として

私がバーケンティン船コンコーディア号に乗って初めての航海に出た時のこと〔本書「はじめに」参照〕。私たちは南シナ海で台風「カイル」〔一九九九年まで台風にはハリケーン同様に英語の人名がつけられていた〕の間際を航行した。一九九三年に気象学者は年間で一五個の台風を記録した（平均的な値だ）。私たちはその年の一一月に航行していたが、わずか数ヵ月前に一万二五二二トンの商船ライアン・ギャング号が香港付近で台風「カイル」に見舞われ、高さ五〇フィート〔約一五メートル〕の波と時速百マイル〔時速約一六〇キロメートル、秒速約四五メートルに相当〕の風の中で沈没したことを聞いていなかったのは幸運だった。ライアン・ギャング号の英国人船長と三人の乗組員が溺死した。残りの人々は救助された。

台風、ハリケーン、サイクロンの三つは違った地域で同じものを表す言葉で、六四ノット〔秒速約三三メートル〕以上の風を伴って低気圧の周りを旋回する巨大な気圧系のことを指す。台風は北太平洋、ハリケーンは北大西洋で、秋に生じることが多い。つまり、南シナ海で悪天候に遭遇するのは予想外のことではなかった。メルヴィルは自身の創作したピークォッド号を一二月の日本漁場での台風にうまくぶつけた。彼はまた、ビルダッド船長〔ピークォッド号の共同船主〕の言葉を通じて、ピークォッド号は以前の航海で同じ海域（《日本の海上》）の台風により全てのマストを失ったことがあるとも書いている。[5]

天気予報は、今ではどれほど遠海まで出ていようと電子メールで船に届けられ、その海域での大気の状態を表示・予測した気象図や高気圧系・低気圧系の予想進路を伝える。一九世紀中盤の船乗りは雲、気圧変化、風力・風向の変化、波のうねりについての自らの知識に頼って局所的な天気事象を予測した。メルヴィルの時代の捕鯨船は気圧計を載せていた。例えば、アクシュネット号に乗ったヴァレンタイン・ピーズ船長はモーリーに送った撮要日誌《アブログ》に気圧の変化を記録していた。『白鯨』のある場面ではスターバックがピークォッド号の階下に気圧を確認しに行く。観察眼の優れた船長や当直士官は空を注意深く観察した。エンジンのない時代で今より選択肢は少なかったとはいえ、彼らは短期間での変化に対応することができ、船の損傷は軽度に抑えられた。最良の海域と時期を（そして日ごとの展開も）考慮した長期的な計画を立てるため、鯨捕りは過去の経験、仲間の船乗りたち、出版された経験談を集めた自身の蔵書に基づいて気象計画を作った。また、彼らはモーリー大尉の監修した資料など、参考となる海図や本に書かれた助言を読むこともできた。モーリーは鯨の目撃例を集めたのと同じやりかたで風と嵐のパターンもまとめ上げていた。[6]

台風が太平洋北西部へと渦を巻いて進むルートの中で最も一般的なのは、フィリピン諸島の手前で北に転向し日本近海にぶつかっていくものだ。ピークォッド号を襲った台風とまさに同じである。しかし、一九九三年に私たちが出会った「カイル」は、フィリピン諸島を越えてなお西へじりじりと進み続けた。フィリピン諸島ではでは少なくとも八人が暴風雨で命を落としていた。私がつなぎ合わせることのできた情報の断片から推測するに、私たちの船が南シナ海横断の半ばに差し掛かった時、嵐はまだ続いていたものの、船は気圧系の北西側〔風が船尾寄りに流れる一番安全な区域〕にいた。私が操舵当番に入り、顔に雨粒を浴び、甲高い音を立てる風に怯えながら、船が航路から外れないよう必死に試みていた時〔恥ずかしながら、私はそれに失敗して機関士に操舵を交代させられたことがあった〕、実のところ私たちの船はより安全な海域へと向かっていた。〔まだ熱帯低気圧だった〕「カイル」は一層速度を増して本物の台風の分類に達し、さらに〔サファ＝シンプソン・ハリケーン・ウィンド・スケールの分類で〕カテゴリー2へと勢いを上げ、最大七五ノット〔秒速約三九メートル〕の大台に達してベトナム沿岸を直撃した。そこで少なくとも七一人の命を奪った後、ついに陸地の奥へと消えていった。熱帯低気圧を勢いづけて維持する熱と水とを失っていったのだ。*7

二日間の難局、そして苦難の一晩をコンコーディア号の船上で経た私たちは、熱機関の推進力を使って北へと進み続け、エンジンを切っても短くした帆で帆走できるところまで進んだ。イシュメールが『白鯨』で台風が和らぐ様子を語った通り、《船はじきに、再び相当の精度を持ち直して海域を通過した。》私はその朝、当直が終わって後方上部構造物（after superstructure〔船尾楼〕）の上に腰掛けたのを覚えている。その時もまだ、私はひどく汚れた防寒着の面ファスナーを鼻のところまで貼り合わせた中にくるまっていた。風上側の救命ボートに背中をもたせかけると、私はまさにイシュメールが「羅針」〔『白鯨』第124章〕で描写した通りのものを見た。《翌朝、長くゆっくりとした強力な大波、ピークォッド号のゴボゴボという航跡に襲いかかる波を走らせて未だ収まらぬ海が、巨人たちの広げた掌のように船を押した。》ずきずきと痛むあざだらけの体で、私はこの巨大なうねりが持ち上がり、船体の下へと滑り込むと同時に船が傾くのを見た。[*8]

私は自分の日記に、この暴風雨の山場で最大風速四五ノットを記録したことを書いた。私は近頃『帆船航海記』を初めて読んだのだが、思わず自分自身がディナのように小さな船に乗ってホーン岬を回ることを想像してしまった。あの風速四五ノットも決して馬鹿にできるものではなかったが、私は以後もそれ以上の強さの風を経験しているし、振り返ってみれば、当時の天気予報を知ることなしに船長はよく私たちを安全に守ってくれたものだと思う。ただその間、研修旅行の職員はきっとそれとは別の嵐をさばいていたはずだ。香港から生徒たちが家に電話をかけてきた際、「台風」の中を航行すると告げられて心配した親たちからの電話の嵐である。私は自分たちが危険な状況の中にいなかったと言うつもりはないが、自分の記憶を信用していない。経験と共に波の高さと風力に対する認識がどれほど変わるものか、わかり過ぎるほどよくわかっているからだ。

イシュメールの乱れる嵐の用語

一八四〇年代、ノア・ウェブスターは「gale」という語への憤激を露わにした。イシュメールが《方舟》と呼ぶ『アメリカ英語辞典（*An American Dictionary of the English Language*）』で、ウェブスターはこの語の定義をこう書く。

《**【GALE】**（名詞）風の流れ、強い風。この語の語義はたいへん不明瞭である。詩人はこれを適度なそよ風あるいは風の流れの意味で使う（用例：*a gentle gale*）。より強い風は「*a fresh gale*」と呼ばれる。**水夫たちの言語**では、「*gale*」の語は、形容詞句を伴わずとも、強烈な風、嵐、あるいは暴風雨を意味する[*9]。》

『白鯨』での悪天候の書き方についていえば、メルヴィルは船長役よりもむしろ詩人役を演じていた。イシュメールは記述への怒りや義憤に駆られる気配はみじんもなしに、「gale」、「squall」、「storm」、「tempest」、「typhoon」、「hurricane」の語を互いにほぼ入れ替え可能な形で使う。彼はユーロクリドン〔秋冬に地中海を吹く北東の風〕、レバンテ〔地中海からジブラルタル海峡を吹き抜ける東の風〕、「Simoom」〔地中海中部・南部の寒熱風であるシンムーン（別名サミエル）のことか〕といった局地風の名前の数々を挟み込む。「鯨の白さ」の章で、イシュメールは「white squall」を雪いっぱいの極小の嵐だと説明するが、それよりも前のピップの前檣帆《フォアスル》の場面〔第40章「深夜の前甲板」〕では、より正確に、「white squall」〔八木訳では「白疾風《しろはやて》」〕とはその速さによって白く泡立った疾風であると述べている。この場面では、イシュメールはむしろ人種的、宗教的な含みを持たせるために「white squall」の語を使っている。

これらの用語の流動性にメルヴィルは手を焼いていなかったようだが、何らかの標準化を望んでいたのはウェブスターだけではなかった。モーリーが水夫たちから風速と海流の観測結果を集め始めるより何十年も前の一八〇五年に、英国の測量技師であり、後に英国海軍少将となるサー・フランシス・ボーフォートが〇から一二までの風力尺度を考案し、それが微調整を受けつつも現在まで国際的に使用されている。メルヴィルの作中の登場人物はこのボーフォート・スケール〔日本では慣用的に「ビューフォート風力階級」と表記される〕には言及しないが、当時も一部の米国人船乗りには使われており、鯨捕りが使うことも、稀ではあったようだが皆無ではなかった。この尺度を使って風速を定期的に記録した初の公式例はロバート・フィッツロイだった。一八三〇年代、ダーウィンが同乗したビーグル号での航海の間のことだ、この頃、船上で正確に風速を定量する上で現実的な方法はまるで存在しなかったため、ボーフォートの数値尺度を使わなければ、風は日誌に「gale」、「fresh gale」、「furious gale」といった定性的な表現で記録された。これらの言葉が厳密には何を意味するのか、国際的な合意はないままに。例えば、アクシュネット号の撮要日誌では、メルヴィルの船長であったピーズが「light」、「fresh」、「heavy gale」といった記述語を使っており、注記には「rugged〔荒れた、厳しい〕」や「squally〔スコールの多い、嵐になりそうな〕」といった語句を含めていた[*10]（上巻の図16参照）。

メルヴィルの時代の米国の現役の船乗りにとって、最も権威ある参照情報源はナサニエル・ボウディッチ著『新アメリカ実用航海学（*The New American Practical Navigator*）』だった。簡潔に『ボウディッチ』として知られたこの教本は、米国の水夫たちのバイブルであり続け、一八世紀終盤まで改訂が重ねられた。ボウディッチという人物もボウディッチ教本も、新しいアメリカ合衆国の誇りの源だった。エセックス号の乗組員たちが鯨に衝突された後で船を放棄した際、航海士たちはこの本を二部摑んで小さなボートへと分乗した。イシュメールは作中で『ボウディッチ』に二度ほど言及する。操船術と航海術への実務的な関心と重ねてのことだ。一八五一年に出版された『ボウディッチ』第二〇版（一八三八年に彼が死亡した後も息子によって改訂が続けられていた）は、風速について船乗りに助言している。

モーリーのために情報を規格化する意図だったのだろう。ボウディッチはボーフォートの体系をなぞり、「平穏（calm）」（風力〇《ゼロ》）から「疾風（fresh breeze）」（風力五）、「ハリケーン（hurricane）」（風力一二）までの一覧を作った。ここでは主に、船がどれだけの帆を広げることができるかを基準に尺度が定められた。また、ボウディッチは撮要日誌用に一文字の略号集も挙げた。例えば、「l」は雷光（lightning）、「q」はスコールが多い（squally）、そして私が気に入っているのは「u」で、《Ugly〔醜悪な、不穏な〕、怪しげな空模様》を指す。ボウディッチは風についての短い章を書いており、そこには「typhoongs〔typhoons：台風〕」の脅威の話も含まれている。彼は、風速の定量化を試みる実験、特に《一つの雲、あるいは何らかの軽い物体が通り過ぎた空間》によって測定を行うものがいくつか実施されたと説明している。[*11]

『ボウディッチ』は今なお米国人船乗りにとって決定版の参考資料であり、現在は米国政府の国家地球空間情報局によって改訂と出版が続けられている。何時間も座って船長免許の試験を受ける米国人水夫は皆、表紙に巨大な「Bowditch」の語が金箔押しされた分厚い一冊を使うことが許されている。ボーフォート・スケールは今も「風力一二」が最大だ。海上の真のハリケーン、台風、あるいはサイクロンである。一八〇〇年代初頭に初めて「風力一二」を定義した時には、サー・フランシス・ボーフォートはこれを《どんな帆も耐えられないであろう》風と定義した。[*12]

一九七〇年代、気象学者はボーフォート・スケールとは別に、さらに高い精度を求めて「サファ＝シンプソン・ハリケーン・スケール」〔現在は「サファ＝シンプソン・ハリケーン・ウィンド・スケール」〕を開発した。これはハリケーンをカテゴリー一からカテゴリー五に分けて詳細に記述したものだった。

米国商船エル・ファロ号がプエルトリコの北で沈没した際に溺死した三三人の命を奪ったのは、時速一五五マイル〔時速約二五〇キロメートル、秒速約七〇メートルに相当〕を超える風を伴うカテゴリー四強のハリケーン「ホアキン」だった。

エイハブの稲光とコーパサント

もし台風「カイル」や何らかの嵐の中で雷に打たれていたら、コンコーディア号の鋼鉄のマストと船体はその電撃を逃がしていただろう。チャールズ・W・モーガン号やピークォッド号のような木造船とは違い、鋼鉄船は自ずと「アース」されており、電流を海まで容易に誘導することができる。雷は鋼鉄船に損傷を与えはするが、通常は電気系統を焦げつかせるという形でのみだ。

メルヴィルの生きた一九世紀中盤は、木製の大型帆船の歴史的絶頂期にあり、様々な交易のために途方も無い数の男たちが世界中で航海に出ていたことから、雷は最大の懸念事だった。モーリー以前には、ベンジャミン・フランクリンが唯一、若き米国において国際的にいくばくかでも敬意を受けていた真の実証科学者だった。そしてよく知られているように、雷はフランクリンにとって優先的な研究対象だった。凧と鍵を使った一七五三年の実験の後〔彼はこの実験を基に地上の建物用の避雷針を発明した〕、他の発明家が海上の船に避雷針とアース用の鎖を取り付け始めた。これが、台風の最中に船上にいたスターバックが水に入れなくてはと気づいた鎖だ。米国の捕鯨船には皆無とはいわないまでも滅多に取り付けられていなかったようだが、メルヴィルの乗ったユナイテッド・ステイツ号など、海軍の船舶では標準的な装備だった模様だ。[13] ヘンリー・イーソンという名の水兵は、合衆国艦艇マリオン号で赤道大西洋海域を航行する中、一八五八年のある朝のことを日記にこう書いた。

《大変激しい轟音が、大変唐突に聞こえた時、私は舵をとっていた。あまりに鋭く急な音だったため、多くの者、その時に船倉《した》にいた者たちが、これは水柱を立てるために銃を撃ったのだと思ったほどだ。音に先立つ雷光が我々の導雷具（lightning conductor〔避雷針の別名〕）を直撃した。これは主檣《メイン》最上段《ロイヤル》マストの檣冠から水中へと伸びる鉄である。電気流体（electric fluid〔電気の実体だと考えられていた仮想の流体〕）が二、三〇の飛沫に分かれて飛び散り、主檣の鎖が少し砕けた。もし導雷具がなければ我々はマストを失っていたことだろう。[14]》

「ロウソク」の章で、イシュメールは避雷針と鎖の問題点を正確に説明している。不便で扱いにくく、雷が落ちる前に配置しなければならないし（図46参照）、鎖そのものに雷撃の電気を全て受け止められるほどの容量がないかもしれない。ヘンリー・イーソンが綴ったように、いくつかの鎖が落雷後に割れたのもそれ故だ。『白鯨』第１２１章「深夜——船首の舷墻《ブルワーク》」でなおも台風への対応に苦闘するスタッブとフラスクは、錨の爪を固定しながら避雷針の効用を茶化し、それが運命と信仰についての滑稽な議論へと転じていく。錨の爪（palms of an anchor：錨の掌）をロープで固定する行為は、船の働き手たちをエイハブ船長の追跡劇に縛りつけることの暗喩だ。[15]

メルヴィルは太平洋北西部を航海することがなかったため、台風を実際に経験してはいない。だが、海での移動のどこかで嵐かハリケーンによる強風を経験した可能性は高い。『白鯨』執筆前に雷光と激しい雷雨を経験していたことは確かだ。ただし、海上で実際に落雷を受けたかは不明だが。『白鯨』執筆開始直前の大西洋横断航海ではセント・エルモの火を見ている。《懐かしい感情を思い出すために》マストの上へ行った翌日であり、コールリッジ的な自然神学のこと、かつ、自殺を遂げるために船外へ身投げした乗客のことを書いたのとまさに同日の一八四九年一〇月一三日、その男がなお水底へ沈んでいく中でありながら、メルヴィルはこう書いたのだった。

《夜までのうちに凄まじい疾風（gale）が吹き、我々は停止した。惨めな時間だ！　ほぼ全員が吐き、船は驚くべき具合に横揺れ、縦揺れしている。真夜中頃、私は起きて甲板に出た。恐ろしく風が吹いていた――真暗闇に雨。船長は船室にいて、私の注意を彼の呼んだところの「あの連中に」向けた――これはつまり、数個の「コーパサントの玉」が桁端《ヤーダム》と檣頭の上にいるのだった。私が見たのはこれがまるきり初めてで、大きな、おぼろげな空の星に似ていた。[16]》

セント・エルモの火の描写は目新しいものではなかった。少なくとも一六八〇年には早くも記録、さらには図示までされていたし、モーリーの一般向け著作の各版にも登場した（図47参照）。一八四〇年、ドクター・ベネットは檣頭の《奇妙な弱々しく常ならぬ光》、雷雨と大嵐の最中の《球状の物影》のことを書いた。ベネットはそれらが《テニスボールほどの大きさ》だったと述べ、彼は雨の降っている時にしかそれらを目撃しなかったことから、大気中の電気と蒸発作用に何か関わっているようだと述べている。ウィルクスは、発生中に航海士たちが《電撃を感じた》という《コルポ・サントス(Corpo Santos)》のことを書いている。人気のあった『ザ・ペニー・マガジン』誌の一八四五年のとある号では、まるごと一章がこの話題について割かれていた。『ビーグル号航海記』では、一八三二年に船がラ・プラタ川に入ったところでダーウィンがセント・エルモの火を観察している。ダーウィンの記述は、空の電光と海の生物発光が水夫たちにとってどれほど似た効果を持っていたか、さらにはそれにどれほどの理由があったかを示す。《我々は自然の花火の壮麗な光景を目撃した。檣頭、そして桁端の先がセント・エルモの光で輝き、「風見の」矢羽根の形をなぞれそうなほどだった。まるで矢羽根に燐光を塗りつけてあったかのように。海はあまりに光を放っていたため、ペンギンたちの泳いだ軌跡に燃え立つ波跡の印がつき、空の闇が最も鮮明な雷光で瞬間的に照らされた。[*17]》

図46 W・スノウ・ハリスの『雷雨の性質について、および建造物と船舶の保護手段について（*On the Nature of Thunderstorms; and on the Means of Protecting Buildings and Shipping*）』（1843年）の図。嵐の最中に導電線を設置しようとする男たちが抱える危険を示している。

図47　モーリーの『自然地理学（*Physical Geography*）』の改訂版（1891年）に収録されたセント・エルモの火の絵。

『ビーグル号の航海』の出版から間もなく、デイナも『帆船航海記』に自身が見た「コーパサント」のことを書いた。船員たちが皆、意味をはらんだものとしてその電光を見たのは、彼の船が北大西洋を本国へと向かう中でのことだった。水夫たちが《その光の玉》の進む垂直の方向は晴天か荒天を予言し、《コーパサントのその淡い光が誰かの顔に投げかけられる時には死の兆候を運んでいる》と信じていたことをデイナは書いた。光のお告げは正しかった。アラート号の船上にいたデイナと同乗者たちはすぐに雨粒が落ちてくるのを感じ、少々の雷鳴を感じ、そして派手な雷光の一撃を感じた。雨が降り注ぎ、雷は何時間も続いた。嵐の中、水夫たちは静かに押し黙り、錨やいくつかの縄の上を《電気流体》が流れるのをじっと見ていた。[*18]

全能の神の御業としての一九世紀の嵐

作家は、登場人物や鑑賞者を全く違った世界へ運ぶためによく嵐を使う。ドロシーがトルネードにさらわれてオズの国に入り込んだことを考えてみてほしい。また『テンペスト』の冒頭の嵐では、精霊エアリアルが荒天だけでなくコーパサントも運んできた。学者たちは「老水夫行」で踊る《死の火》の光景もセント・エルモの火だったと論じる。

『白鯨』では「風下の岸」の章の疾風が読者を分別ある陸地から引き離す。続いて、喜望峰の疾風は大西洋に別れを告げる。ここから男たちは鯨殺しを始め、物語が超自然的なものへと開かれる。そして、日本漁場での台風は赤道太平洋へ向かう最後の追跡劇の火蓋を切る。一八五〇年までの間に嵐は小説、劇、詩作の中での位置づけを確立し、精神と感情の混乱への引き金、関連、物質的な相関を示すものとして使われるようになっていた。『白鯨』の場合、メルヴィルは特に『リア王』(一六〇六年)と『オトラントの城』や『フランケンシュタイン』などのゴシック小説での嵐と雷光の使い方を取り入れた。いずれの作品もメルヴィルが『白鯨』執筆開始直前のロンドンへの旅で買い求めたものだ。[*19]

科学の面では、一八五一年までにボウディッチやモーリーなどの書き手が北大西洋でのハリケーンの全体的な動きについて正確に記述しており、世界の他の地域についてはそれより遅れていた。単一の嵐は米国東海岸に沿って北上して東に向かう傾向があることをベンジャミン・フランクリンが観察したおかげもあり、当時の科学者や船乗りは気象系がどのような経路で影響を残していくか理解していたし、旋回性の嵐については中心部の静穏域〔台風の目〕のことを知っていた。ただ、この天候を避ける戦略や、あるいはこうした旋回系の周りで比較的安全な区域へ船を進める方法についてはまだ習得中だった。船乗り、科学者は、なぜこれらの嵐が形成されるのかも、これら最強の嵐が集めることのできる風の本当の速度も知らなかった。その大部分は一九世紀末までに理解され、方策も実践されることとなる。少なくとも、危険な方向から事前に抜け出そうと試みるのに足りるほどには。[20]

荒天を運命と見なす受動的な諦観論からのこの移行は、まさに『白鯨』の出版前後の時期に起こりつつあった。一八四八年、英国人船乗りのヘンリー・ピディントンは《嵐の法則》についての本を、船乗り向けと明確に定めて出版した。この本は旋回性の嵐が渦を巻き、赤道に向かって前進する様子を正確に記述している。ピディントンは船長がどのように船を操るべきかを示す入念な図を載せた。海に出る船乗りたちにとって、嵐を回避するこうした戦略はしばしば自然神学的な観点――神の御業を説明する科学的説明と実用理論――からもたらされ、現在でも一部の船乗りにとってはそうなっている。ただしそこには、船長からの助けを得られないという無力感を着実に減らしてくれるという意義もなくはない。モーリーのような書き手とは対照的に、ピディントンはたった一つの説明においてさえも神のことに触れないが、標題紙においてのみ、慎重で帰納的な論法の重要性を讃えるフランシス・ベーコンの一節の真下にフォールコナーの『難船』〔長編詩〕からのスタンザを（まるで念のためにと言うかのように）載せている。《偉大なる主よ！　あなたと共にあれば、「何であれ、正しい」。》[21]

《ボウディッチの代わりにパイドン〔古代ギリシャの哲学者〕を》頭に置いていたイシュメールのよ

うな船乗りが、天気、宗教、詩的な至高物（すなわち、神の力と驚異）の間に描いた結びつきを示す魅力的な例が、画家であり鯨捕りだったロバート・ウィアーの日記の中にある。[*22] ウィアーは一八五六年、喜望峰沖で船が一四ノット〔時速約二六キロメートル〕もの異常な高速で唸りを上げた荒天の数日後にこう書いた。

《握った手を索具《リギン》からひととき離すことには命を投じる価値があった――疾風（the gale）は猛威を倍増させて私たちの元に再びやって来るのだった――海を雪のような姿にしながら――そして波頭から夥しい水飛沫を上げながら――それが私たちの上に豪雨のように降り注いだ――このような時には水夫の生活は陰気なものだと想像する向きもあるかもしれないし、一部にとっては実際にそうだ――だが、私にとってはそうではない。甲板に出て海と空を見るのが――そして嵐の中に全能の方の御声を聞くのが――好きだからだ――私たちが全能の偉大なる存在の中にいることを感じさせてくれる。神がまだそこにいてそれらを見守っていることを皆に思い出させてくれる――海は神のものであり、神がそれを作られた。私たちがそう考える度合いのいかに少ないことか――それでも私たちは神のごく小さなお考えさえもが自分たちを皆――世界全体をも――破壊へと向かわせうることを知っている――誰にも増して水夫たちこそキリスト教徒であるべきなのだろう――なぜなら、彼らは危険の極まる奥底に生きているようだからだ――そして、神は彼らを永遠に破壊から守ってゆかれる。[*23]》

このように、イシュメールの語る嵐と『白鯨』の登場人物の反応はまさに当時の米国文化を引き写し、反映している。水夫も海に不慣れな陸者《おか》も、嵐に神の意志を読み取った。メルヴィルの教義の流派は、神の意図を示す印を読み取り、解釈することを試みるよう説いたカルヴァン主義だった。

さらに多くのことを学ぶため、私はシェイクスピア専門家のダン・ブレイトンの下を訪れて教えを請う。ブレイトンは自分の船にやすりをかけながら、メルヴィルのカルヴァン主義はこう問うていたのだと説明してくれる。――お前は天国に行くのか、それとも地獄に行くのか？　彼［神］はもう決めている。さあ、お前はそれを解き明かさなければならない。

ブレイトンはこう続ける。「エイハブはその神に本気の不満を抱えています。リア王も颪に、自然の要素に、神に対して激怒します。シェイクスピアから、ルネッサンスから、そしてメルヴィルに至るまでずっと、人々はいつも悪天候について、それが私たちに向けられた神からの意志について何を意味しているのか、という観点から書いていました。私たちが今、気候変動について言っているのと同じようなことです。新たに轟く雷鳴の一つ一つが警告だというわけですね[*24]」。

今日、信仰が真の危機を迎える中で、ますます多くの米国人が、二一世紀の嵐は実のところ人間の手にかかっている部分が大きいと認識するようになっている。

二〇一八年、米国海洋大気庁（ＮＯＡＡ）の一部門である地理流体力学研究所が地球温暖化とハリケーンに関する報告書を改訂した。科学者は、近年の嵐の数あるいは強度の高まりに対し、人間の活動によって産出された二酸化炭素などの温室効果ガスの増加が《検出可能な影響》を与えているかどうか確信を持って示すにはまだ充分なデータがないと結論づけた。単に〔影響を比較できるほど〕充分昔まで遡ったデータを持っていないが故のことだ。彼らが自信を持って明言できるのは、人新世の温暖化が熱帯性サイクロンの周りでますますの降雨を引き起こしていること（サイクロン周辺で一〇〜一五％の増加）と、地球温暖化により《熱帯性サイクロンの強度が世界平均で増加していく可能性は高い。この変化に伴い、嵐のサイズが減少しないと仮定した場合の、嵐一つあたりがもたらす破壊力の増加パーセンテージがさらに高まる可能性がある》ことだ。信頼できる記録が再構築されてきた一八五一年以降にカリブ海と米国東海岸を襲ったハリケーン発生期のうち、特に活発だった上位一五件中、一〇件は一九九七年から二〇一七年の間に起こったものだった。[*25]

——エイハブ、義足を取り出し、フロアに向けてアクセルを思い切り踏み込む。義足は石油由来の白い硬質プラスチック製である。

第25章　航海術
——羅針盤と死の推測航法

科学よ！　汝に呪いを、空虚な玩具よ。

エイハブ（第118章「四分儀」）

ピークォッド号が日本漁場での台風を生き延びた後、エイハブ船長は赤道に向けて帆を調節する。GPS、レーダー、測深機が使われる一世紀前、エイハブは手持ちの海図を使った舵取りに、天測航法、そして推測航法を併用して、ピークォッド号を地球の反対側まで安全に操ってきた。

エイハブの時代、正午に太陽が最高点に達した時の太陽観測によって船の緯度を知るのは比較的容易で、航海暦か『ボウディッチ』が船上に一つある限りは、それを助けとして太陽赤緯による計算ができた。太陽赤緯というのは、地球の自転軸の傾きと公転経路によって、太陽が赤道からどれだけ南北に離れて見えるかを示すものだ〔赤緯：天体の位置を「天の赤道」（地球の赤道を空に投影した線）からの緯度で示したもの」。
一八〇〇年代中盤に船の経度を知るには更なる技巧、計画、数学が必要だった。捕鯨船の航海士たち（彼らは月の観測やその他の先進的な三角天測航法に充てる時間や関心を滅多に持ち合わせていなかった）は、主に次の方法で経度を計算した。（一）船のクロノメーター（高価な計時器ではあったが、一八四〇年代の鯨捕りたちが入手することはできた）を使う。（二）船をどちらに進ませたか、羅針盤の示す方角の記録を定期的につける。そして、（三）船が海上を航行した平均速度の記録を定期的につける。速度は経験から推定する場合もあれば、木のブロック（測程儀（chip log））に印のついたロープを取りつけたものを海に落とし、船の後方にどれだけ速く引き離されていくかで測定することもあった（図48参照）。船の方角と速度の記録を続けて経度を計算するこの方法（英国のグリニッジを通る経度〇《ゼロ》度の本初子午線からの距離を測っている）は、推測航法（「deduced reckoning〔推定による計算〕」という名前より、「*dead* reckoning〔死の計算、デッドレコニング〕」の呼び名がよく使われた）の一部として知られていた。この計算法は、海流、舵手の技量のばらつき、そして偏流（航行中の船が横に押し流されること）によって誤りが生じる危険が満載だった。[*1]
『白鯨』第１１８章「四分儀」、第１２４章「羅針」、第１２５章「紐つき測程器」、そしてスタッブの第99章「ダブロン金貨」での沈思で、イシュメールはいちいちの細部（例えば、経度の測定手段）には踏み込まないが、メルヴィルは明らかに会場での航海法を理解しており、私たちを太平洋で赤道に導くに足る正確さであらゆる描写を行った。
台風の直前の「四分儀」の章で、エイハブ船長は太陽の角度をきちんと正午に測っている。彼は太陽が最高点、つまりその《子午線ちょうど》に南中するのを捉え、太陽を崇拝するフェダラーもそれを見上げる。コロンブス以前の時代から、船乗りたちは太陽、星々、惑星の高さを測定するため、カマル（kamal）やクロス・スタッフ（cross-staff：十字架の杖）に始まり、分度器に似た多様な機器を使ってきた。これらは八分儀、四分儀、六分儀へと改良された。どれも同じ道具の変形版であり、どれも一八四〇年代には入手可能だった。チャールズ・W・モーガン号の初航海では船長が八分儀を使った。沈みゆく捕鯨船エセックス号の航海士たちはそれぞれの『ボウディッチ』と共に二つの四分儀を摑んだ[*2]（図48参照）。

鉛筆一本を使い、エイハブ船長はその象牙色の脚に取り付けられた特別の板に角度を書きつける。《エイハブはすぐ、まさにその瞬間の彼の緯度はいくつと定まるかを計算した。[*3]》イシュメールは太陽赤緯の話は飛ばしているが、毎正午の太陽観測を毎日続けていれば、表を見なくても太陽赤緯がどの程度かはよく把握でき、超正確な計時器さえも必須ではない。続いてエイハブは四分儀に視線を戻し、その《数多くの秘儀がかった仕掛け》を指でいじりながら、装置に怒りをぶつけ始める。

《世界は汝のことを誇る、汝の巧妙さと力をな。だが、とどのつまり、お粗末な、哀れな点を告げる以外に汝には何ができるというのだ。この広い惑星の上で、汝自身がたまたま居合わせた場所を告げる他に。汝と、汝を支える手の居場所を告げる以上のことが。否！　ほんのわずかも！　汝は一滴の水、一粒の砂が明日の正午にどこにあるかを告げることはできぬ。それでもなお、汝はその無能さをもって太陽を侮辱する！　科学よ！　汝に呪いを、空虚な玩具よ。そして、人間の目をあの天へと

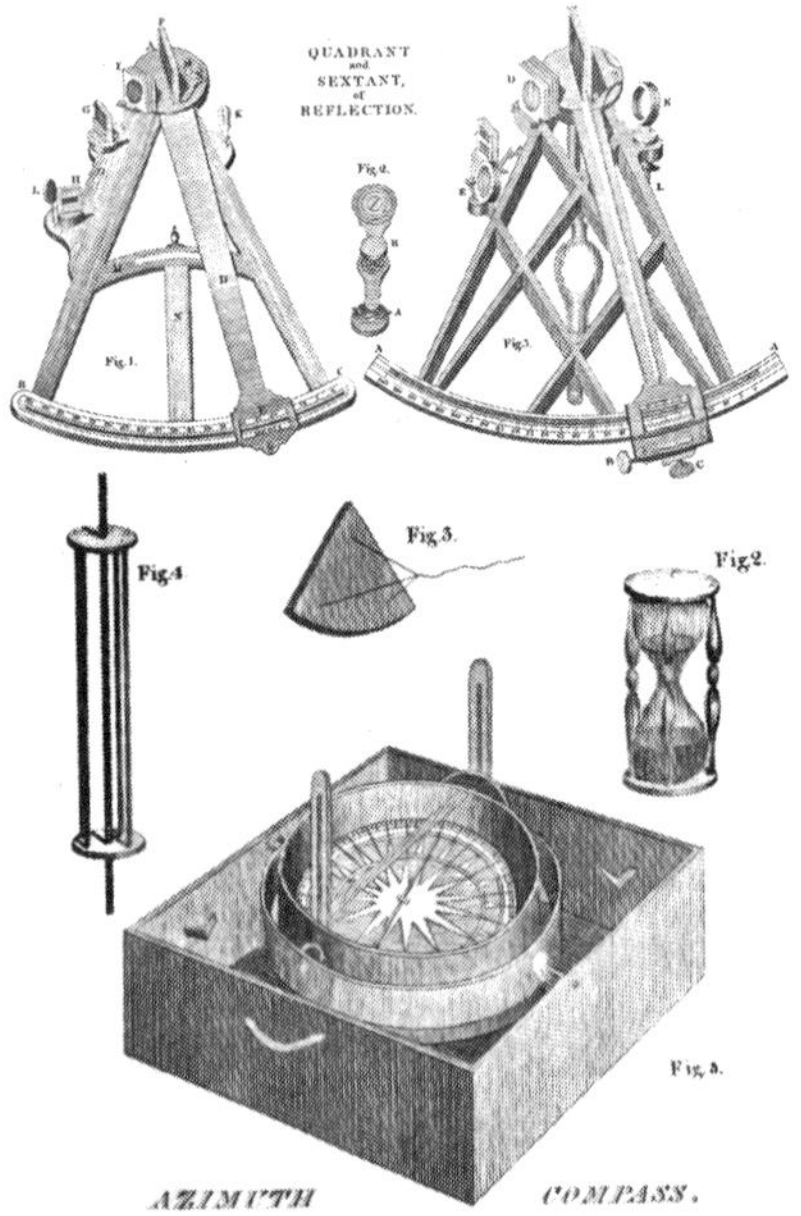

図48　ナサニエル・ボウディッチの『新アメリカ実用航海学（*The New American Practical Navigator*）』〔通称『ボウディッチ』〕（1851年）に描かれた、19世紀の船舶航行の基本用具。上段：四分儀（左）と六分儀（右）。中段：海上での速度を計算するための器具。砂時計（右）、測程儀（中）、リール（左、測程儀の紐が巻かれていない状態）。下段：羅針盤。

向けさせる全てのものに呪いあれ。天の燃え上がる活気は人間を焦げつかせるばかり、その老いた目は今もなお汝の光で焼かれているぞ、おお太陽よ！　人間の目の視線は生来、この地球の水平線へと向けられるようにできておる。視線はつむりから投げかけられるものではない、まるで神が人間に頭上の天界を見つめさせるつもりだったような具合にはなっておらんのだ。汝に呪いを、四分儀よ！[*4]》

　エイハブは四分儀を生身の片足と死んだ義足の両方で踏みつける。水夫たちは怯え上がって遠巻きに見ている。エイハブは船を赤道へ向かわせるよう命じる。《これ以上、この世を歩む我が道を汝に手引きさせはせん》と、エイハブは煮えたぎる怒りを四分儀にぶつける。《相も変わらぬ船の羅針盤、相も変わらぬ推測航法《デッドレコニング》、木切れと紐とで。これらがわしを導き、海の上でのわしの居場所を示すであろう。》ここには、すぐ次の場面で台風が船を吹き飛ばすことの暗示もなくはない。[*5]

　悪魔《ルシファー》のごときエイハブは、自らの知りうる範囲を超えられない己の無力を痛烈に批判する。ここでのエイハブの怒りの一部は、自分がアガシーの言う「存在の大いなる連鎖」を凌駕して神に近い存在になることはできないという点にあるのかもしれない。航海の始まりではバルキントン★が、そして「後甲板」の章ではエイハブが、自らはむしろ神に近いものになると宣言していたが、エイハブはそうなれない。エイハブは空を見上げなければならない立場を望まない。この天文科学を拒絶すること

★陰りのある表情をした長身の船乗り。長い捕鯨航海を終えた直後、陸上での暮らしを拒むかのようにピークォッド号に乗り込む。

で、エイハブはより動物的になる。より基本的な手法でより直感的に航行することを選び、人間は星々を見上げることにはなっていないと信じながら。エイハブの四分儀を、GPS、スマートフォン、さらにはインターネット一般と置き換えても話は非常によく通るだろう。実にどのテクノロジー機器や進歩も、ひいては抽象的な科学理論さえも当てはまる。実のところ、これらは私たちに情報をもたらす以上に何をしてくれるのだろうか？　これらはエイハブの知りたいことには何の役にも立たない。エイハブは未来を知りたい、神が彼を統制しようとしているのか、だとすればどのようにか、そして人間の命の意味とは何か、なぜ彼は個人的に絶えず白鯨に対してこれほど激怒しているのか、一人の私たち人間が明らかにすることのできない全ての不可知のことを知りたい。太陽も星々も月も、天体の動きのしくみが、そして人類がこれまでに身につけた全てのことが、エイハブには愚かなものとなる。[*6]

このような形で、エイハブは西洋文化の各所で巨大な心理的分断を生みつつあった（そして今でも生んでいる）ものを予見し、代表しているのだろうか？　科学への依存と傾倒が高まり、創造や奇跡など宗教的に信じられていたものへの懐疑心が増していたことを考えると、エイハブの演説は、ユダヤ・キリスト教的な聖書の教えにあの人間的・本質的な欲求を認める度量が悲痛にもますます不足していたことへのメルヴィルの懸念を示している可能性がある。信仰心にも似たその欲求とは、略奪を求めるものではないだろうか？[*7]

台風のエネルギーが羅針盤の針を狂わせる中（メルヴィルの鯨文書にも記載されていた現象だ）、狂気のエイハブは四〇年間の海上経験から得た知識を使って自らの熟練ぶりをひけらかす。今や理性的な科学は彼の味方だ。水夫たちにとっては、エイハブによる羅針盤の修理は太陽を使った緯度の計算に並ぶ黒魔術ぶりだが、異質ぶりははるかに上だ。男たちの命はエイハブの航海術にかかっており、彼らは自分たちを安全に守ってくれるとわかっているより高次の知識に対し、船長が冒涜的な拒絶を示すのを見守る。彼らははるかに深い、迷信に包まれた闇の中へと落ちていく運命だ。*8

エイハブは今、推測航法《デッドレコニング》だけで船を進めることを誓う。「死の計算」というその言葉の暗澹たる含みはイシュメールにも通じる。スターバックもその言葉を認識しているが、それは信頼性の劣る航行法としてである。その後、「紐つき測程儀」の章内の場面でも彼らの航海に関する凶兆がもたらされる。航海士はそれまで船の速度を視覚的に推測していただけで、紐のついた木片をわざわざ使ってはこなかった。測程儀のロープは朽ちていた。エイハブがそれを解こうとすると、老いたマン島の男がロープはちぎれるだろうと警告するが、エイハブは耳を貸さない。こうして、彼らの航路をつなぐ一縷の望みは断たれる。

第26章　噎《むせ》び泣くアザラシ

総体としての鯨捕りが、全ての水夫の受け継ぐ無知と迷信深さから逃れられはしないという側面はあるものの、とはいえ鯨捕りたちは、あらゆる水夫の中で群を抜いて、ぞっとするほど驚愕するような海のあらゆる存在に間近で接することになる。

イシュメール（第41章「モービィ・ディック」）

一七九四年六月下旬、ジェイムズ・コルネット船長のラトラー号はチリ沖を南に進み、本国を目指していた。彼らは鯨をあまり多く捕れなかったが、少なくとも誰も壊血病で死んではいなかった。夜八時頃、見張りをしていた男たちが舷越しに何かを見た。コルネットはその光景を後にこう説明している。《一頭の動物が船の脇に現れ、人間の女性の声から生じる響きにあまりに似た、甲高い悲嘆の声を発した。初めて耳にした者の間で少なからぬ胸騒

ぎを引き起こすような最も深い心痛を表す時の響きだった。》[*1]

コルネットは、その動物の叫びは彼がそれまで聞いたあらゆるものの中で《人間種の発声器官》のものに最も近かったと説明した。その噎《むせ》び音は三時間続き、船が遠ざかるほどに大きくなるようだった。コルネットはそれが《仔（cub）》を失った雌のアザラシ類（seal〔アザラシ科、アシカ科（トド、オットセイ、アシカなど）の海棲哺乳類の総称〕）だったと考えた。あるいは子が母を失ったのかもしれない。だが、彼の部下たちにとっては、この動物の叫び声が《彼らの迷信的な懸念を呼び覚ました。》

叫ぶ動物の声を聞いた直後には何も恐ろしいことは起きなかったが、ホーン岬を回った後に巨大な波が船の後方に打ちつけ、後甲板を水浸しにし、船尾の一部にもなだれ込み、コルネット船長の海図を破壊した。南太平洋のセントヘレナ島に近づく頃までに、ラトラー号は《ほとんど残骸》になりかけていただけでなく、二、三名の乗組員が壊血病で体調を崩し、あの海の生き物の噎び音のトラウマになお苦しんでいるようだった。《我々には、太平洋でのあのアザラシの出現と叫びにより、文字通りパニックに襲われた男が一人確かにいた》とコルネットは書いた。ヘレナ島に近づく中、コルネットは海であと一日過ごしていたらその男は死んでいただろうと述べている。[*2]

メルヴィルは、コルネットの書いたこの叫ぶアザラシの場面を『白鯨』のために拾い上げていたようだ。彼は話に少し暗めのゴシック風味を絡めた上で「救命ブイ」の章のど真ん中へと放り込んだ。イシュメールの説明では、岩だらけの小島の群を通り過ぎ、白鯨を仕留めるべく赤道太平洋へと近づいている際に、男たちが《猛烈で不気味な（…）泣きじゃくる（…）半ば言葉を発するような噎び声》を聞く。ピークォッド号の乗組員の中には、その鳴き声が人魚の発したものではないかと考える者もいる。最長老の水夫はその噎び声は溺死した男たちの魂だと断言する。エイハブは義足をつけて甲板にコツコツと上がってくると、コルネットのように、その音はアザラシたちの立てるものでしかないと乗組員たちに説明する。[*3]

続いて、イシュメールは今日では驚かれる見解を持ち出す。《大部分の船乗りはアザラシ類にまつわる非常に迷信的な感覚を胸に抱いている》とイシュメールは言う。その感覚は、《苦痛の中にある時の彼らの奇妙な声色だけでなく、船の脇の水から出てきて顔を覗かせる際に見られる、丸みを帯びた頭と半ば知性的な顔の人間的な様子にも起因する》ものだという。『白鯨』の水兵たちは、この鳴き声に関する迷信じみた恐怖が裏づけられたことに気づく。あれは悪しき予兆だったのだ。――なぜなら、そのわずか数時間後に仲間の一人が檣頭から落ちて溺れたからだ。そして翌日、レイチェル号の乗組員たちが消えたことをピークォッド号の面々が知ると、あの老いたマン島の男はアザラシの叫びが同じ死者たちの魂のものだったと考える。[*4]

海洋生物学の観点から見ると、メルヴィルは地理の知識を出すのをぐっと控えることで虚構の作り話を助けている。白鯨との最後の対面が太平洋のはるか東の端、ガラパゴス付近で起きたと想像するのでない限り、暗示されているピークォッド号の航路の近くでは海棲哺乳類が岩の多い島で普段から群れを作ったり陸地に上がってきたりする様子はどこにも見られない。チリ沿岸の冷水域沿いにいたコルネットと乗組員たちは、もしかしたらミナミアメリカオットセイ（South American fur seal、学名：*Arctocephalus australis*）の鳴き声を聞いたのかもしれないが、同じアシカ科で、もっと大型でありふれた種のオタリア（South American sea lion、学名：*Otaria flavescens*）の声を聞いた可能性の方が高そうだ。

どちらの種も見られるのは先述の海域で、魚とイカを食料とし、島や海岸に上がって交尾・出産する。オタリアの発する声についての近年の研究に参加した生物学者のクラウディオ・カンパーニャは、コルネットの報告文を読んでくれた上でこう説明する。「アシカ類（sea lion〔アシカ、トド、オットセイなど〕）の雌だったかもしれません。アシカ類の雌は、悲嘆にくれる人間の女性とまさに言い表してもいいような音で我が子を呼びますから[*5]」。

環境の研究の観点から目を向けると、アザラシ類に対して大部分の水夫が迷信じみた同情を抱いているというイシュメールの見解は、たとえコルネットの語ったことを念頭に置いたとしても、当時としては驚くべきものだ。油と毛皮のためにアザラシ、アシカ、セイウチ、ゾウアザラシを殴り殺したり狩ったりすることは一大ビジネスで、捕鯨に次いで生まれた兄弟産業のようなものだった。一八〇〇年代、何百もの船舶がこうした狩猟と捕鯨の両方を行っていた。メルヴィルが航海中のどこかの時点（特に、ガラパゴス諸島付近）で船の脇にいるアザラシ類の姿と声を見聞きしたのは確実だ。当時までの間に、南極海と南太平洋では人の手の届くところにいた鰭脚類〔アザラシ上科に属する海棲哺乳類〕の群れを根こそぎにする大規模狩猟が数十年にわたり行い尽くされていたのだが。鯨捕りたちは捕獲した鰭脚類の肉をよく食べた。一九世紀の船乗りの記述は、イシュメールが描写したように、鰭脚類の大きな目やヒゲに人間との何らかの一体感、あるいは人間的知性のかけらを見るというのではなく（それどころか、イシュメールが船長室のテーブルに鎮座するエイハブを誇り高き雄のトドに喩えた場面のようなことさえもなく）、むしろ鰭脚類への不快感と恐れがあるように見受けられる。例えば、作家のジョージ・W・ペックが一八四五年に同じペルー沿岸を航海して書いたのは、彼がオタリアは《不気味なほどぞっとする》ものであり、《何らかの邪悪な呪文か不可避の宿命を招く使者たち》だと信じたことだった。ペックはオタリアがよく船舶のところまで泳いできたことを綴った。《彼らの呼吸はいつもすすり泣きのようだ、彼らの鳴き声は噎び声だ。》特に北極地方では、鯨捕りたちはしばしばこれらの海棲哺乳類を殺して油の貯蔵量や食料を補うことを強いられた。イシュメールがほのめかすように、確かにこれら鰭脚類に同情する者もごく一部にはいた。例えば、捕鯨船タイガー号に乗船していたメアリー・ブリュースターは、ある水夫が船のそばにいたセイウチが《あまりに無邪気に見えた》ために殺すのを間際になってやめたことを説明している。だが、鯨捕りたちは当時もしきりに銛や棍棒で鰭脚類を死に至らしめていた。ニューベッドフォードの捕鯨船フリートウィング号の船長の娘、アデライン・ヘッピングストーンは、ある時、甲板の手摺り越しに見たアザラシ類のことをこう書いた。《ひとりの小さな愛しい坊やが私たちのそばにやって来て私の顔を見上げた。》だが、ヘッピングストーンは《その皮は彼ら〔人間のことか〕の温かい服になる》ため、アザラシ殺しは気にならなかったようだ。『白鯨』では、銛打ちのクイークェグ、タシュテーゴ、ダグーは鰭脚類のことをほとんど全く気にかけない。叫ぶように鳴くアザラシ類に《異教の銛打ちたちは平然としていた。》エイハブのように海での経験が豊富な彼らは、巨大なイカに動じなかったのと同様、これらの動物たちの音にも何らの擬人的な連想を結ばない。[*6]

そのようなわけで、イシュメールの語る、ニューイングランド近辺の船乗りたちがアザラシ類に関して（その人間のような顔が理由で）抱いた迷信の話はこのようなことを示唆する。二〇世紀中盤までは誰もが全ての海棲哺乳類を嫌っていたという、米国人が考え、理論としてもよく示される小型の海棲哺乳類についての文化的大転換は、実際にはなかったのではないか。ひょっとすると、イシュメールがバンザイイルカのことを語る通り、外見や行動が人間に似た動物に対して私たちが抱く愛着の一部には、実際に何か本能的な回路に組み込まれたものがあるのだろうか。あるいは、アザラシ類と、セルキー〔アザラシの皮を脱ぐと人間になる神話上の生物〕の物語に登場してきた彼らの長い歴史には何か特別な点があるのかもしれない。これはつまり、私たちがアザラシやアシカを生活の糧として使う必要がなかったり、彼らを食べるよう教わったことがなかったりしたならばの話だ。海洋と沿岸へのアドボカシーと関心を活性化させるため、一九五〇年代の環境活動家たちはアザラシの赤ちゃんやペンギンやイルカといった、人間のような行動や表情が見てとれる動物を選んだ。セントローレンス湾の氷の上にいるふわふわで白いタテゴトアザラシの赤ちゃんを棍棒で打つ様子を捉えた一九六四年の映像は国際的なニュースとなり、瞬く間に深い衝撃をもたらした。環境運動と動物の権利擁護運動の活動家たちは、この赤ちゃんアザラシに理想的な象徴を見出した。その間にも、映画『フリッパー』（一九六三年）とそれに続く同名のテレビ番組が、名犬ラッシーの賢いイルカ版の姿を描いていた。[*7]

冷徹な心の持ち主でもなければイルカの芸を嫌うことなどできない——そのことにイシュメールは一世紀半も前から気づいている。『白鯨』が一八五一年に先取りし（ただし、その方向性はしばしば異なっていたが）、やがて必然的に訪れた認識の飛躍というのが、明白に人間的な造作や行動のない大型鯨類もが共感と関心に値する存在となったことだった。アザラシとイルカが大衆化したのに続いて、米国大衆文化の中で大型鯨類への共鳴が高まったのは、年齢の高さや知覚力ではなく、皮肉にも発声がきっかけだった。それはアシカ類の人間のような呻きではなく、ロジャー・ペイン〔生物学者、環境学者」(『白鯨』の大ファンだ）が水中でのザトウクジラの「歌」を初めて、極めて変わった形でまとめ上げて複製したものだ。その「歌」を収めた小さなレコードを、ペインは一九七九年の『ナショナル・ジオグラフィック』誌のある号の一冊ずつに綴じ込んで配布したのだった。[*8]

第27章　「女性的」な空

あなたが『白鯨』に何らかの満足を感じるはずだというお話に私は実に仰天しました。何人かの男性がそれを気に入ったと言ったのは事実ですが、あなたは唯一の女性です――一般的なこととして、女性は海に対する好みがあまりないものですから。

メルヴィル（一八五二年にソフィア・ピーボディ・ホーソーンに当てた手紙で）[*1]

凶兆の連続にもかかわらず、ピークォッド号は後退して台風から抜け出し、噎び声を上げるアザラシ類の元を去り、そして溺れた船員を残して赤道へと邁進する。『白鯨』第１３２章「交響楽」の幕開けである、最後の追跡を前にした素晴らしい凪の一日は、米国人作家がジェンダーを海とそこに生息する生き物に絡めてどう描いていたかを検証する上での一九世紀版の基準の一つとなる。塩水したたる「人間対自然」の構図だ。

「交響楽」の章はこう始まる。

《澄んだ鋼青色の空の日だった。天空と海はあの隅々まで行き渡る淡青に染まって分かち難かった。ただ、物哀しさに浸った空気は透明に澄んで柔らかく、女性の面持ちを浮かべ、他方、壮健たる男性のような海は、眠りの中にある怪力の士師サムソンの胸のごとく、長く、強く、まとわりつく波を湛えて上下した。

其方此方へ、上空で、小さな染み一つない鳥たちの雪白の翼が滑空した。これが女性的な空の思い浮かべた穏やかな思いだった。だが、前へ後ろへ、深い水の奥では、はるか下方の底なしの青の中、強大な海獣《レヴィヤタン》、カジキ、サメたちが突進した。これらが男性的な海の強い、荒れた、殺人的な考えだった。*2》

ここでイシュメールは風と空気を女性化している。空の上で、この女性的な空気は澄み、麗しく、表層的で、雪のように白く、柔らかい。しかし同時に、嵐の姿で襲いかかることのできる聖書のデリラ〔サムソンを裏切った女〕のように、二心があり、何かを孕み、意地悪でもある。《帝国のツァーリと王のようにマストの頂にある》ここ赤道での太陽は男性神だ。新婚の女性である空気と、その相手の男で、深く考えに耽る暴力的な夫、海との《波打ち昴る》性の交わりを取り仕切る。

終盤のこの場面では海を男性だと称しているものの、作品全体を通じてイシュメールが海のジェンダーをどのような形であれ定めることは稀だ。例外は「ブリット」の章で海が雌の虎のようだと言い表す時だ。第１１６章「死にゆく鯨」の終わりでは、エイハブが波を《海に乳を吸わされて育てられ》てきた自分の兄弟だと弁じ立てる。

より広く捉えると、イシュメールの「自然（Nature)」は女性だ。「鯨の白さ」の章で、〔唯一神の「God」のように〕大文字から始まる「Nature」は《呪文》を投げかけ、《彼女の軍隊》を募る。「学校と学校の教師達」の章では、イシュメールは「自然」を海と同一視し、それ故に、神と自然の使者としての白鯨の印象を高める。年を重ねた雄が単独で暮らすことを正確に描写しながら、イシュメールはこう語る。《彼はそのそばに自然以外の何物も置かないだろう。そして、彼は彼女を海の荒々しさの中で妻に娶る。彼女は最良の妻だ。陰気な秘密をあまりにも多く抱えてはいるが。[*3]》

ピークォッド号の水夫が檣頭から潮吹きを見つけて叫ぶ時の言葉は、必ず《それ、**彼女が**（she）吹いたぞ！》で、これは当時の米国人鯨捕りたちの使っていた言葉通りのようだ。ただ、ピークォッド号の男たちが作中で殺した少なくとも一一頭の鯨は全て雄か性別不明だ。

『白鯨』には目立った女性の登場人物が出てこない。陸《おか》の女性たちは宿屋の切り盛りを手伝い、船の荷を積み込む。ピークォッド号が海の先へと進むにつれ、妻たち、母親たち、恋人たちが歌と軽口の中で引き合いに出される。大抵は性への言及の中で、後にはイシュメール、スターバック、スタッブ、エイハブによって故郷の安全を思い起こさせるものとして触れられる。アーシュラ・K・ル＝グウィンは、著書『海岸道路（*Searoad*)』（一九九一年）〔短編集〕に彼女が若い男性の善人を登場させていないとの批評に対して自著を弁護する中でこう説明した。「そうですね、『白鯨』には「若い女性の善人」は誰も登場しませんが、それでもいい本ですよ」。（ところで、『海岸道路』は傑作でありながら軽んじられている。特に、海、ジェンダー、そして私たちの見方を巧みに作り上げてきた文学的迷信への力強い考察に優れた一冊だ〔収録作の一部は『現想と幻実――ル＝グウィン短篇選集』大久保ゆう・小磯洋光・中村仁美訳、青土社、二〇二〇年などに邦訳あり〕）[*4]。

二一世紀の読者には（不快とは言わないまでも）失望するような話だが、作中のイシュメールの引用や駄洒落の一部（例えば、イッカクの牙についての冗談や、『「しとめ鯨」と「はなれ鯨」』の章でのごてごてと凝った暗喩など）は女性を鯨および商品と同一視する。〔「『しとめ鯨』と『はなれ鯨』」の章より〕《するとそのご婦人は次に現れた紳士の資産となった》と、イシュメールは片目を瞑って冗談を言う。《どんな銛が彼女の中に突き刺さっているのが見つかろうと、その銛共々所有されたのだ。》[*5]

しかし、メルヴィルが『白鯨』でジェンダーと海を最も顕著に想起させるのは、あの「交響楽」の幕開けの記述だ。海は擬人化された男性で、捕食的、共食い的な暴力を表面下に隠しているという、古めかしいヴィクトリア時代流のイメージである。男性である海は時折、女性である空気、女性である自然によって一時的に落ち着きを得る。この図式はイシュメールが「怪異なる鯨の絵について」で鯨学的不正確さを戒める絵の一つに例示されているが、騎士ペルセウスが海の怪物から色白のアンドロメダを救うこの図のジェンダーステレオタイプは明白である（図49）。

しかし、沖合で使える市販のエンジンと鋼鉄が登場する前の時代に、四〇年以上も海へ出て帆の下に一人で立ち、こうした動物たちの横を小さなボートを漕いで移動することもしばしばあったエイハブが、後の時代の創作の主人公たちと同じように海を女性に見立て始めなかったのはなぜだろうか？

図49　グイド・レーニ（1575～1642年）作「ペルセウスとアンドロメダ（Perseo e Andromeda）」。イシュメールが「怪異なる鯨の絵について」で直接言及する絵画。

例えば、ヘミングウェイの『老人と海』（一九五二年）の、皺だらけの老練の漁師サンチャゴのように。研究家のリタ・ボードは、『白鯨』には細部に散りばめられた男根の連想と同等に母性的イメージが行き渡っていることを示している。では、エイハブが《海に乳を吸わされて育てられ》、その生態学にもそれほど詳しいとすれば、なぜ海とその生き物を女性族長、あるいは恋人として捉えようとしないのだろうか。あるいは少なくとも、マッコウクジラと海は自らの戦闘相手ではないと解釈しないのはなぜだろうか？

一つには、エイハブがそのような感覚よりも、「自然」に属するあの白鯨が自分の脚を持ち去ったことについてのはるかに大きな忿怒と鬱積した狂気をひたすらに抱えているからかもしれない。エイハブは怒りと復讐により強く突き動かされているということだ。もちろん、自然の倫理に対抗する一九世紀の男として、イシュメールには超男性性（hypermasculinity）を推奨するという、歴史上存在した（おそらくはステレオタイプ化された）一般的なゲシュタルトの片鱗もある。またおそらく、メルヴィルには当時のジェンダーのスティグマの先を見通す力はないだろう。もっとも、エイハブが海とのより双方向的な関係に、また、家庭と妻についての内省（《わしは結婚した時に、あの気の毒な娘を未亡人にしてしまった》）に最も近づいたひとときが、この「交響楽」の章にあることは伝わってくる。エイハブは女性的な空気が殺人的な海を落ち着かせるのを束の間に見る。彼の流す塩水の涙が塩水の海と混じり合う。このエイハブは、海とのより家族的、生態学的、全体論的な関係に最接近しているところなのだろうか？　エイハブは自らの追求を放棄しかける。彼は不意に海の生き物へ賛美に等しい思いを向けるのだろうか？　こうなればもちろん、私たちはこの瞬間にコールリッジ的な海蛇が船底からずるりと現れるだろうと予期する。[6]

だが、そうはならない。エイハブは翻る。エイハブには神の計画が鉄路にあまりにしっかりと載っているのが見える。鯨の捕食者としての既に定められた生き方が、優しさや平等や共感の場ではなく、冷淡な普遍的共食いの場である海が見える。彼はその海を男性性と結びつける。《天によって、ああ（man）、我々はこの世界でぐるぐると、あそこの巻上げ機のようにひっくり返されている。そして運命は梃子棒だ。そしていつも、それ見よ！　あの微笑む空を、そしてこの無音の海を！　見るのだ！　あそこのビンナガを！　あれにあの飛び魚を追いかけさせ、歯牙にかけさしめるのは誰だ！　人殺したちはどこに行くのだ、ああ！[7]》

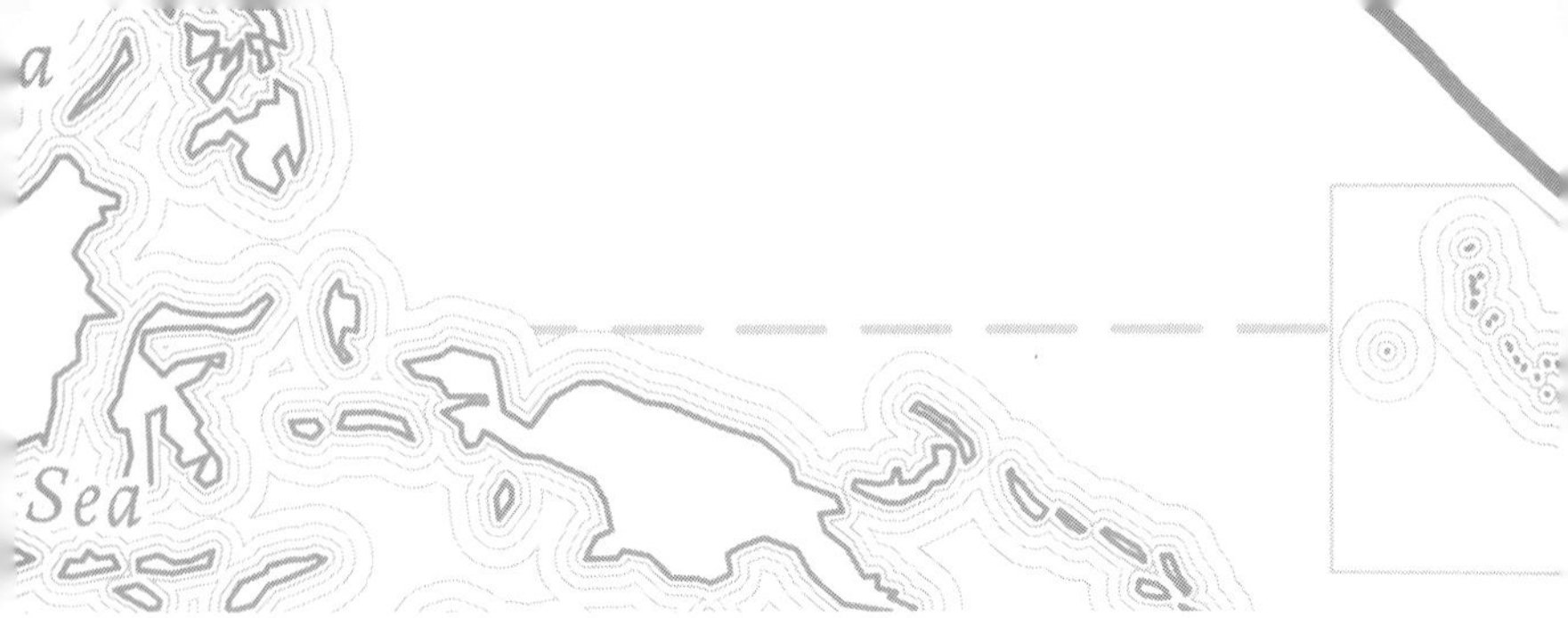

第28章　静かなタコブネ

だが、月の眩い跡はなおもあらわになっていた。銀色の小道だ。その経路にある波頭の先を一つ一つ染め上げ、それぞれが真珠色の、渦巻きをもたげたオウムガイのように見えるほどになり、妖精のような乗組員たちを乗せて浮上するかのようだった。

メルヴィル（『マーディ』より）[*1]

ついに！　荒れ狂うエイハブは白鯨を見つけた！　イシュメール、乗組員たち、そして読者は、「追跡——第一日」の章であの有名なマッコウクジラに直接、赤道上で、初めて対面する。

イシュメールは、モービィ・ディックは来るべき戦いがあるとは《怪しんでいない様子》だという。この白鯨は《羊毛のように柔らかく、緑がかった泡》の中を滑るように泳ぐ。白い泡が平らかな赤道の海の上で踊り、彼の眩しく艶めく白い瘤と額を包む。白鯨の周りの上空を乱れ飛ぶ何百羽もの海鳥は雲のような大群を成し、パシャパシャと足で水面に触れる。そうした鳥たちの一羽が、白鯨の背中に刺さったままの銛の柄の端に立つ。これはネッタイチョウ属（*Phaethon*）の鳥として思い描いても良さそうだ。メルヴィルが過去の小説で触れている眩しい白の海鳥で、この『白鯨』では《この竿の上に静かに止まって体を揺らし、その長い尾羽根は三角旗のように風に流れていた。[*2]》

白鯨モービィ・ディックが初めて見せた姿を綴るメルヴィルの描写は、純粋に散文の詩情を味わいたいがために何度も繰り返し朗読してしまうような類の段落となっている。このうち、自然史学者にとってとりわけ魅力的な箇所が、この段落の始まりの一節だ。ピークォッド号の男たちがそれぞれの小さな軽い捕鯨ボートに乗り込み、帆を張り、かの鯨に向かって櫂を漕いでいく。《音を立てないオウムガイの殻のように、彼らの軽い舳先は海を素早く進んだ。だが、彼らが敵に近づいた時にはごくゆっくりと行くのみだった。[*3]》

『白鯨』執筆中、メルヴィルは外科医ビール著『マッコウクジラの自然史』の、アオイガイ科（Argonautidae）〔カイダコ科、タコブネ科とも。英語では「argonaut」または「paper nautilus」〕についての長い一節を挙げたページに印をつけた。余白に、メルヴィルはこの小さな海のタコたちとの詩的なつながりについて二つの着想を走り書きした。大部分は判読できないが、英語版『千夜一夜物語（*The Arabian Nights*）』（一七〇六年）に出てくるシンドバッドの海錨〔パラシュートアンカーとも。荒天時に航行できなくなった船が海に投げ、船の位置や向きを保つ〕に何らかの関係があった。ビールの一節はピーター・マーク・ロジェの『創造に現れる神の力、知恵、徳についてのブリッジウォーター論文集——動植物生理学を考慮に入れて（*The Bridgewater Treatises on the Power, Wisdom, and Goodness of God, as Manifested in the Creation: Animal and Vegetable Physiology Considered*）』（一八三四年）からの引用だった。これはブリッジウォーター伯爵がその死に際して自然神学の発展のために委託した九巻組の一般向け科学書の一つである。ロジェは、この頭足類はごく小さな帆船のごとく、紙のように薄い《ほとんど透き通った》殻を持ち、そこから伸びる二本の特別な《触腕》には風を捉える膜がついていると説明した。他の腕は水をかくのと舵取りに使い、風が強くなりすぎた時には、潜水して殻を水面下に引っ込めるのだとロジェは述べた。[*4]

水面をボートのように帆走するかのようなアオイガイの姿は、アリストテレス以来ずっと博物学者や作家の着想源となっていた。一七〇〇年代初頭にはリンネもその着想に導かれ、船に乗った英雄たち（アルゴナウタイ。イアーソーン率いるアルゴー船に乗り込んで旅をした）のギリシャ神話にちなんだ名〔属名：*Argonauta*〕をつけるに至った。一八〇七年、ウィリアム・ウッドは自然史についての三巻組の自著の中で、《古代人》はまさに帆船航海技術の着想そのものをこの動物から得たのだとの考えが一部の人々にあると書いた（図50参照）。ウッドはロジェのように、このタコとその「帆」を、神が究極の設計者であり創造者であることを証明し、いかなる種の変容も形態進化も不可能であろうと示す証拠として使ったようだ。[*5]

その後まもなく登場したのが、一八三〇年代に初めてアオイガイを研究した仏人博物学者のジャネット・ヴィルプル＝パウェールだ。多くの人々が彼女を水族館の発明者と見なすのは、アオイガイの調査のため、当初は木製の籠に縄をつけて海に降ろし、その後、海水をホースで水槽に汲み上げて、

図50 ウィリアム・ウッドの『動物図、あるいは表出された自然の美（*Zoography, or, The Beauties of Nature Displayed*）』（1807年）に収録された、ウィリアム・ダニエルによるアオイガイのアクアチント〔銅版画の一種〕。

シチリア島沿岸に構えた小さな研究室へと持ち込んだからだ。研究の基盤を築いたヴィルプル＝パウェールの実験（メルヴィルも『ザ・ペニー・サイクロペディア』で詳細な図入りの関連項目を読んでいたかもしれない）からは、その後二〇世紀の海洋生物学者によって確かめられることとなる進展が生まれた。それは、このアオイガイが雌のみであり（雄は殻を持たないちっぽけな下っ端に過ぎない）、雌の卵を収めた殻〔育房〕は二本の触腕の先にある帆のような膜から生涯に渡って分泌・修復され続けるという発見だ。ヴィルプル＝パウェールは《帆走》行動を軽視することはなかったが、自分では目撃することがなかった。触腕の膜には風を受けて体を推進させる働きは全くないと判明する。その様子を示す図（ウッドの自然史の本にあるものなど）は完全な創作だったようだ。*6

小説の決定的な場面の幕を開ける短い言及部にアオイガイを押し込めたメルヴィルにとっては、

この伝説の動物は何千もの珍しい海の驚異の一つでしかなかった。陸者《おかもの》には知られておらず、目撃者は静かに水面を行く漁師と鯨捕りにほぼ限られていた存在の一つだ。貝殻集めを除けば、潮下帯〔常に海水に浸かっているが海岸から遠くない領域〕の無脊椎動物に対して一般の関心が向けられ始めたのは一八五〇年代に入ってからだった。最初の一般向け水族館は一八五三年にロンドンでリージェンツ・パーク動物園の一施設として開館したもので、その後、米国のP・T・バーナムのコレクションがそれに続いた（バーナムはニューヨーク市に開いた「アメリカ博物館」に水槽を設置した）[*7]。

物語の転換点となるこの息を呑むような段落の終わりで、イシュメールはちっぽけなアオイガイのごとき静かな捕鯨ボートに乗った男たちという比喩を、ここへきてあの白鯨へと結びつける。今や、白鯨は熱帯の鳥の尾を旗竿にはためかせた輝かしきギリシャ船――《ペンキを塗ったアルゴー船の船体》――となった姿を初めて見せている。[*8]

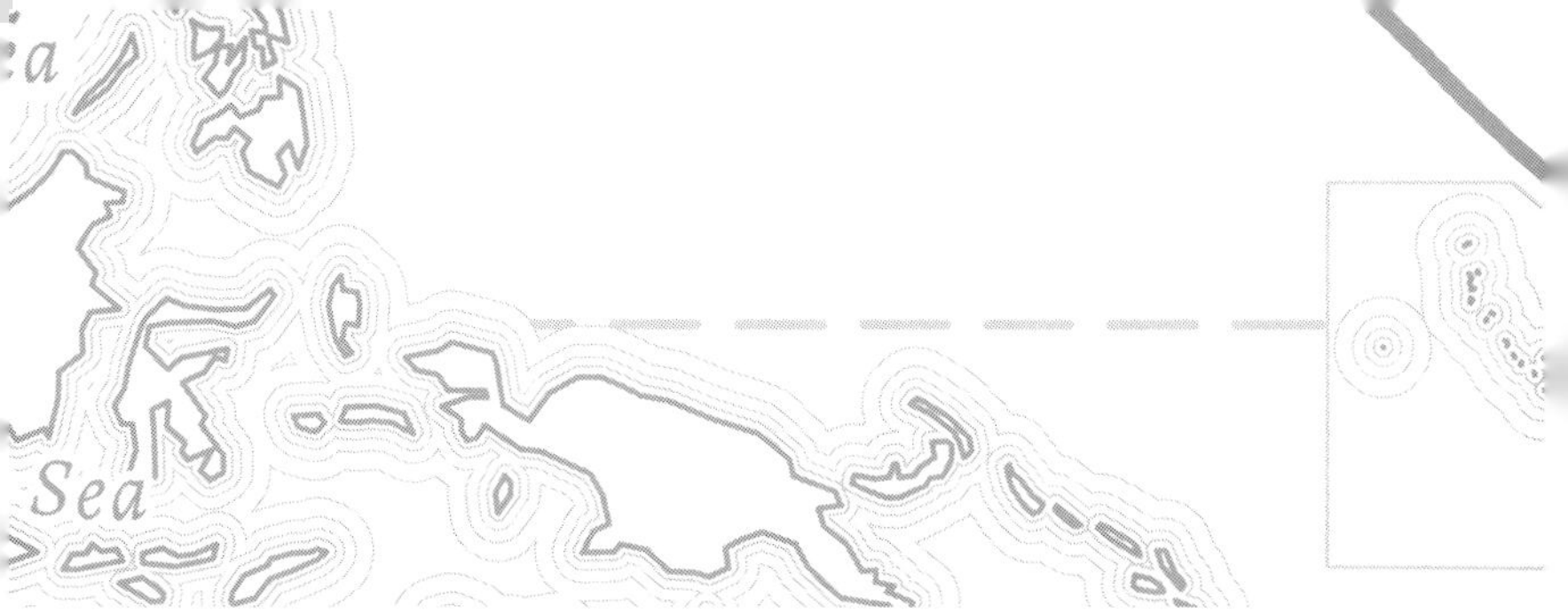

第29章　マッコウクジラの行動
——移動、認識、攻撃

天罰、即座の報復、永遠の恨みが彼の様相に満ちると、生身の人間ができる限りのことを尽くしたにもかかわらず、彼の額の堅牢な白い控え壁が船の右舷船首を強打し、男たちも梁もよろめき揺れた。

イシュメール（第１３５章「追跡——第三日」）

三日間にわたる最後の対モービィ・ディック戦は、恐怖とドラマ性を喚起するマッコウクジラの行動の三側面の説得力を高める。（一）人間は数日にわたってマッコウクジラを局所的に追跡し続けられる。（二）マッコウクジラは自らを狩ろうとする人間に気づいている。（三）マッコウクジラは人間に対して尾、顎、頭を使った三つの方法で意図的に攻撃を加えることができる。

それ以前には、イシュメールはマッコウクジラの知性について物思いにふけったほか、作中での出来事を通じて「攻撃的で邪悪なマッコウクジラ」像とは別の見方を与えるような行動の側面を示す。こうした見解がむしろマッコウクジラという種への同情を引き起こし、特に、マッコウクジラは銛を打ちこまれると苦しむこと、マッコウクジラも私たち人間に似た社会構造の家族集団で行動することへの共感を生んでいる。

ニュージーランドのカイコウラ・キャニオン〔カイコウラ半島北東の海底渓谷〕の水面で、マルタ・ゲーラ・ボボはマッコウクジラの後方につき、モーターボート「グランパス（Grampus）」号を操る。底が浅く、溶接アルミニウム板製で、最大三〇ノット〔時速約五六キロメートル〕まで加速できる一一五馬力エンジンを動力源とするグランパス号は、全長が二〇フィート〔約六メートル〕足らずしかない。一八〇〇年代中盤に米国の鯨捕りが漕ぎ、帆走していた捕鯨ボートの三分の二だ。

ゲーラは後方で充分な距離を保ちながらボートを走らせ、この大きな雄の個体を驚かせないようにしている。個体が潮吹きをするたび（およそ一〇秒から二〇秒に一回）、ゲーラは操縦ハンドルの横に設置したハンズフリーマイクに向かって「吹き（blow）」と言う（こうすることで、彼女は後から正確なタイミングをまとめることができる）。鯨の背びれ、背中の瘤が水から突き出る。穏やかな凪の日だったため、瘤の前方には灰色の背中から頭までの一部が水面に浮き上がって――いや、水面の奥に――見えている。ゲーラには皮膚の皺と、S字形の噴気孔を囲む頭部の左上にある肉の大きな塊が見える。前のめりに噴き出される潮吹きは、太く、ふさふさとして、白く、明瞭に識別できる。雲が垂れ込めた頭上の空を背景にしてもだ。

この鯨についていくためにエンジンのギアを前進方向に入れる作業を、ゲーラはなるべく潮吹きの最中に済ませるようにしている。

「影響があるかはわかりませんよ」と彼女は言う。「ただ、ギアシフトが鯨たちを驚かせてしまう可能性もあるかもしれないので[*1]」。

ゲーラの助手、レベッカ・バッカーはカメラを構えて準備万端だ。

「彼（あの鯨）、もうすぐ始めそう」とゲーラが言う。

鯨が弓なりに背を丸めると、背骨の稜線が弧を描いた。バッカーが次々とシャッターを切って写真に捉える。尾が上がり、海水を弾きながら下を向き、ふと、ゆっくりと持ち上がり、マストのように空へ掲げられ、腹側を見せつけ、空中に広く高く開いた後、水面下へと滑り込む。ほんの一つばかりの水音しか立てずに、このマッコウクジラは潜水する。

「ティアキですね」とゲーラは言う。尾びれの左側の小さな数ヵ所の傷と、尾びれの右側の波型の縁を見て取り、どの個体か見分けたのだ。「ティアキ」とはマオリ語で「守護者」を意味する。この鯨、ティアキは、ホエールウォッチャーたちが記録をつけ始めた一九八八年以来、毎年一時期をこの海域で過ごす二十数頭の雄たちのうちの一頭だ[*2]。

ゲーラはマイクに向けて潜水の正確な時刻を吹き込む。降下していくティアキのクリック音を船の後方に曳航されている水中マイクが記録しているのを確認する。そして彼女は前に舵を切り、水面に浮かぶ皮膚、あるいは排泄物の靄が漂っていないか探す。ゲーラはボートを油っぽい澱の真上に進める。鯨がついさっき潜ったところに残された、波紋が鎮まった後の丸い水跡だ。ゲーラは陸に戻れば高解像度の海図からボートの下にある海底の正確な深さを計算するつもりだが、今この時点では音響測深機を持っていない。なぜなら、マッコウクジラのクリック音のようにピコッ、ピコッと不気味に響く音が、鯨の気を散らしたり、邪魔をしたりするかもしれないからだ。ボートの右舷側には、この体長五〇フィート〔約一五メートル〕のマッコウクジラの作った渦が海にくるくると巻く。左舷側では、ゲーラが小さなミミズのようにのたうつ皮膚片を手網で掬い、その試料を袋に突っ込む。陸に戻ったら袋ごと冷凍する予定だ。ゲーラは電子タブレットに位置やその他のデータをタップで打ち込む。使うソフトウェアは、設計者によってなんと「エイハブ（Ahab）」という名がつけられたものだ（本当の話だ）。続いて、魚をもらえはしないかと期待しながら近くに浮かぶ二羽のサルビンアホウドリ（*Thalassarche salvini*）にじっと見つめられながら、ゲーラとバッカーは深さ一八〇〇フィート〔約五五〇メートル〕に至るまでのウォーターカラム〔ある区域の水面から海底までを占める海水〕から水温、塩濃度、溶存酸素濃度、クロロフィルa濃度のデータを集める。ティアキが餌を食べる水域の海洋学的スナップショット〔ある時点における全体像〕を構築するためだ。

ゲーラとバッカー、二人の研究者はＣＴＤ（伝導性（Conductivity）、温度（Temperature）、深さ（Depth））センサーの名で知られる測定機器を手で引き上げると、バッカーが違う水中マイクにプラグを差し込む。これは録音用ではなく追跡専用だ。水面下に降ろしたこの集音器で半円を描きながら（首を前後に回しながら両耳に聞こえる風音を比べて風向きを突き止める時のように）、彼女は次のマッコウクジラの音に耳を澄ませる。ヘッドフォンには、遠くの水中でリズミカルに指を弾いているようなクリック音が響く。古時計の秒針のようだ。理想的な条件が揃うと、七マイル〔約一一キロメートル〕も離れたところから雄のマッコウクジラのクリック音が聞き取れるという。

ヘッドフォンの電源はオンのままだ。バッカーは腕でどこかを指し示しながら言う。「潜っていくティアキの音がまだ聞こえます。でも、そっちの方向に別の一頭もいるみたいな音がして。ティアキの音は遠ざかってますけど、たぶん二マイル半〔約四キロメートル〕くらいですかね？」

応じるゲーラは、バッカーの指し示した方向へとスロットルを上げてボートを走らせる。GPSを使って距離を判断し、魚群の場所から新しい経路を定めて舵を取る。近づくほどにクリック音は大きくなるが、その瞬間の鯨の頭の向き、水面付近における海の状態、あるいは海底の地形など、その他の要素も関わってくる。マッコウクジラがイカか魚を捕らえようとする時には、クリック音の間隔は狭まり、蜂の羽音かドアの軋みに迫るほどにまで加速する。マッコウクジラが上昇する時には、その雄または雌は最初にクリック音を発し、その後は完全に沈黙する。例外は水面に戻るまでの間に偶然餌を見つけ、捕食のために一時停止する時だけだ。ゲーラは二度ほど、マイクもなしに、ボートの金属製の船体を通じてマッコウクジラのクリック音を聞き取っていた。それらはおそらく、マッコウクジラの遅めのクリック音である「クラング」音〔clang：金属を打った時のカーンという音〕だった。雄同士のコミュニケーションで使われることもある音だ。クラング音はあまりに大きいので、マイクを使えばおそらく一二マイル〔約一九キロメートル〕超の距離からも聞き取れる。[*3]

ゲーラは加速して波をずんずんと切り、スターバックが四ストロークエンジンを操ればこうしただろうと思われる攻めの姿勢でグランパス号を走らせた後、そのボートを止めてバッカーに水中マイクを海へと戻させた。

「間違いなく大きくなってます」とバッカーが言う。「あっちに〇・四マイルくらい」。

ゲーラが再びエンジンを加速させ、二人は飛び出す。

「私、この追跡がかなり好きなんです」とバッカーが言う。彼女はオランダからこの研究のチャンスを求めてここまでやって来た。「温厚な狩猟、って感じで」。

カイコウラ・キャニオンは、雄のマッコウクジラを年中見ることができる場所の中でも最も交通の便がよく、最も確実に鯨を見られる場所といえそうだ。米英の鯨捕りたちは一八三〇年代にこの辺りの水域で捕鯨を始めた。ここは地球で最も生物生産性の高い深海生息域の一つだ。大陸棚からこの海底渓谷へとほぼ垂直に海底が沈み込み、その深さは一マイル〔約一・六キロメートル〕を超えるところもある。渓谷は蛇行し、二倍近い幅のトラフ〔海底の溝〕へと合流する。ゲーラの研究は、マッコウクジラが世界中でもなぜこの特定の海域を好むのかを突き止めようと目指すものだ。カイコウラはほぼ成体の雄のみに占有されている。ゲーラはマッコウクジラの皮膚の安定同位体分析結果、各個体が捕食場所として選ぶ場所の海洋学・地形学的データ、その他の幅広いデータを使い、マッコウクジラが南太平洋のこの水域の具体的に何を、どこで、いつ、なぜ、どのように捕食するのか、見識を高めようとしている。*4

ゲーラはスペインのマドリード生まれだ。父親は医師だ。海軍の設計技師である母親は、スペインでこの専門職を得た初めての女性だった。ゲーラは四年間の研究期間のうち一五ヵ月以上に相当する時間をカイコウラ・キャニオンでマッコウクジラの調査に充ててきた。彼女は天候が許す限り毎日海に出る。ここまでに雄のマッコウクジラとの近接遭遇を約九〇〇回重ねてきた。そのほぼ全てが今回同様、ティアキとの遭遇だった（私の大雑把な推測では、メルヴィルがマッコウクジラと間近に遭遇したのは一二回かそこらだ）。ゲーラはまた、雄にこれよりさらに接近した研究チームにも参加していたことがある。小型ボートに分乗して潮吹きの試料を採取し、六頭の雄個体に臨時の標識《タグ》をつけた。[*5]

ゲーラと助手が次の鯨を追う中、数百人の観光客を乗せた三艘の大型ホエールウォッチング用ボートの一団も同じ水上にいた。種類を問わず、いかなる場合も、一頭の鯨の周りに三艘以上のボートが存在することは許されていない。ボート同士が距離をとる。鯨の正面には入り込まない。カイコウラのホエールウォッチング用ボートはジェットエンジン〔水をプロペラでかき回すスクリューエンジンとは違い、船底から汲み上げた水を後方に吐出する〕を使うことで水面下への音の影響を減らしている。それぞれの船に自前の水中マイクがある。船長たちは無線通信を使って情報を共有し、時にはゲーラに案内を頼む。

この海域でマッコウクジラの後を追う旅行客は、世界の他の海域でボートに乗ってヒゲクジラ類を見る時とは違った経験をする。マッコウクジラは通常、三、四〇分間（場合によってはさらに）ぶっ続けで潜水したかと思うと、合間にわずか八分から一〇分だけ浮上する。水面にいる時は潜水の疲れを回復させているため、ゆっくりと前進して潮吹きをする以外のことは滅多にしない。背中の一部以外はほとんど見られない。鯨が潜り、尾を見せてくれたら、ショーはもう終わりだ。ホエールウォッチング用ボートは素早くその場を去り、次の鯨を見つけようとする。ゲーラが海上にいる間、鯨のブリーチングをボートの近くで見たのはわずか数回、離れたところからでもそれより数回多い程度だ。彼女は他の目を引く行動もいくつか目にしてきた。例えば、尾びれを振る「ロブテイリング（lobtailing）」

や、尾から先に水面に浮上する行動など。だが、頭を垂直にもたげて両目で見つめてくる、「スパイホッピング（spy-hopping）」という呼び名の行動は見たことがない。私がここで言いたいのは、メルヴィルが〔あのような描写をするには〕、水面にいるマッコウクジラの行動を煮詰めて大量の空想の味つけをしなければならなかったはずだということだ。エイハブあるいはイシュメールが（間近で殺戮されつつある時でさえも）マッコウクジラの実像を摑むことができないのは、詩的であるだけでなく真実でもあったのだ。そして、『白鯨』の最後の数場面の良さがわかるなら、それは二一世紀にマッコウクジラのホエールウォッチングを楽しめるということに近い。つまり、マッコウクジラという観念に既にひれ伏し、この生物の詳細にわたる想像を充分に膨らませていることが必要条件だ。なぜなら、遠くに浮かび、水煙を噴き上げる丸太のようなものをひと目見たところで、さらにはその尾が優雅に沈んでいく様を見てさえも、もし既にマッコウクジラに魅了されていなければ、そしてその潜水の前後に広がる想像の世界を既に築き上げていなければ、大したものを得られはしないからだ。

ゲーラと研究助手と共にニュージーランド沖で鯨を追跡する私は、彼女らの手法が、無甲板の捕鯨ボートの鯨捕りたちがかつて持っていたのと似た類の、狩人の知識に回帰したものであることに気づいた。ハル・ホワイトヘッド（彼は帆船でのマッコウクジラ研究を自ら始め、今も続けている）らをはじめとする近代の研究者は、二〇世紀の研究者に比べてマッコウクジラの行動の知識を大幅に広く有している。二〇世紀の鯨捕りは、爆発銛で殺され、ウィンチで鋼鉄船の甲板に引き上げられた数多くの鯨を解体する中で、鯨の行動よりも解剖学についての知識をうんと身につけた。また、ゲーラと海で過ごす時間からは、一九世紀の鯨捕りは水中マイク以前の時代にそもそもどのようにマッコウクジラを見つけることができたのかと不思議になる。

一九世紀のマッコウクジラ追跡

イシュメールはピークォッド号での航海の序盤、「海図」の章で、エイハブが一年の任意の時期に、世界の特定の海域で白鯨の居場所を突き止めるだろうと論じる。「追跡――第二日目」の章で、イシュメールはエイハブがモービィ・ディックの姿を捉えた途端、数日間にわたって相手を追跡してのける様子を描写する。エイハブは人間の見張り番たちを使い、推測航法《デッドレコニング》によって、水面下でこの獣が泳いでいる最中に速度と方向を推定する。

《そして、近代の鉄路を進むあの力強い鉄の巨獣《レヴィヤタン》〔列車〕がその毎度毎時間の進行速度を実によく知られ――それは、己が手に時計を持った人々が、赤ん坊の脈を測る医師のごとく彼〔列車〕の速度を計るが故である――上り列車は、あるいは下り列車はどこそこの地点に、いついつの時刻に到着するだろうと容易く言うように、このナンタケット人たちが深海のものであるあの別の巨獣《レヴィヤタン》の頃合いを、観測された速度の調子に合わせて計る場合がある。そして、鯨はこれから実に何時間――この鯨がこれから二〇〇マイルも行ってしまうことになるが故の長さである――かけて、あれそれの緯度あるいは経度に達するだろうと自分たちに言い聞かせるのだ。[*6]》

マッコウクジラの行動のこの一側面は『白鯨』という小説の創作意図に貢献している。エイハブ船長はむしろ、最終日に風と船の速さを大きく見積もりすぎてモービィ・ディックを追い越してしまう。一九世紀の鯨捕りは、近くに留まって採餌をしている鯨と移動中の鯨の間に違いがあることを間違いなく知っていた。ホワイトヘッドは、マッコウクジラが違う水域に移動する時には時速約二・五マイル〔約四キロメートル〕という驚くほど遅い速度で泳ぐ傾向があることに気づいた。穏やかな風を帆に受けて進む船よりものろのろとした動きだ。ホワイトヘッドは、マッコウクジラが直線移動を繰り返して一日当たり六〇マイル〔約九七キロメートル〕ほど進むことを発見した。これは、風向きが良ければチャールズ・W・モーガン号やコモドール・モリス号のような捕鯨船が一日かけて優に達成できる移動距離だ。[*7]

ゲーラは『白鯨』（彼女曰く、マッコウクジラの研究で博士号を取るなら必須の課題図書）を読んだことがある。「エイハブのやっている時刻表式の追跡は、一般則としては続けるのがちょっと厳しい感じがしますよね」と彼女は言う。「でも、鯨捕りたちの読みがちょくちょく当たっていたとしても私は驚きませんよ。マッコウくんたち（Spermies）は時々、すごく予想通りの動きをしてきますし、もし一定の経路で進み続けている時だったら、かなり安定した速度で泳いだでしょうし。だから、もしかしたら！」

マッコウクジラはヒトを認識できたのか？

カイコウラ・キャニオンに毎年戻ってくる雄のマッコウクジラたちは、ホエールウォッチング船とグランパス号が近くにいてもくつろいだ様子だ。ニュージーランドの鯨捕りがマッコウクジラ狩りをしていたのは一九六〇年代までのことで、それも限られた二つの季節の間だけではあったが、有害ではあった。今いる個体のうち何頭かはそのことを覚えているものだろうか？*8

ゲーラは、彼女のボートやホエールウォッチング船に反応して行動を変える可能性がより高いのは、この水域に新しくやって来たマッコウクジラだという。新入りの鯨は、水面で泳いでいる時の潜水や方向転換が少しだけ速くなるだろうとゲーラは話す。彼女は断言を避けつつも、これらが不安な時の逃避行動だと考えているという。彼女は、雄のマッコウクジラが船に近づいたり、背中を見せたり、あるいはそもそも何らかの興味を持っていそうな様子を見たことさえないと言う。とはいえ、ゲーラが研究を始める数十年前、ニュージーランド初のホエールウォッチング会社の創立者の一人だった博物学者のバーバラ・トッドは、一九八八年から一九九一年にかけてよく自分たちのボートのすぐ側に浮かんでいた一頭のマッコウクジラに気づいた。トッドらはその個体を「フーン（Hoon〔ニュージーランドや豪州で「暴走族」の意〕）」と名づけた。フーンは旅行者たちの観察を楽しんでいる様子で、水面にいてトッドらの船の近くで過ごす時間が他の鯨たちよりもはるかに長かった。その間、フーンは尾から先に浮上してくるなど多様な行動を示した。トッドはこの鯨が自分たちのボートを認識し、人間のような遊びの行動を示したのは確実だと感じた。*9

ハンドウイルカやベルーガなど比較的小型のハクジラ類では、ヒトの個々人を識別し、ヒトから学習し、ヒトと関わり合う個体がいるという証拠が実に豊富だ。これがマッコウクジラとヒトの間には起こりえないと決めつける理由はない。ただ、起こることがあっても稀だ。我々の居住域にはあまりに物理的な隔たりがあるからだ。泡と音を立てずにフリーダイビング〔呼吸装置を使わない潜水〕を行うダイバーたちが海中で少しの間マッコウクジラの近くに留まれるようになったのはここわずか二〇年のことだ。だが、それももちろん一時的な接近であり、水面近くでのことに限られている。

とはいえ『白鯨』を環境面から読み解く上で重要なのは次の点だ。イシュメールは、白鯨が自分を追うピークォッド号に他の捕鯨船との何らかの違いがあると（視覚や何らかの感覚によって）感知するとは決して語っておらず、そうほのめかすことさえしていない。さらには、白鯨がエイハブを特に「見」たり選んだりするような描写もない。

マッコウクジラの攻撃行動——尾で打つ、噛む、「破城槌」を振るう

イシュメールは白鯨をピーターラビット的な形で完全に擬人化することは決してせず、白鯨の視点を通じて世界を見せることもない。ただし、彼は最後の場面に向けて準備を進めながら、この鯨を《前例のない、知性による悪意》の持ち主として描く逸話の数々を繰り返し語ってはいる。この特定の鯨に、悪賢く絶大な力を持つ人間の戦士（時には不死の半神の例を出すことさえある）に迫るほどの悪

意を付与する逸話だ。「モービィ・ディック」の章でこの鯨のことを初めてきちんと紹介する時にはイシュメールはこう話す。《何よりも、予想を裏切る彼の撤退ぶりこそが恐らく何よりも大きな狼狽を与える。警告の印と見えるあらゆる兆候を示しながらも、突然くるりと背を向け、そして、彼ら〔鯨捕り〕の間近に凄むように迫ってきたことが何度かあるのが知られていた。その結果、彼らのボートに穴を開けてばらばらにしてしまったこともあれば、彼らを驚き慄かせて母船へと追い返したこともあるという。》つまりイシュメールは、白鯨は戦略を立て、裏表のある行動で不安を装いさえすると信じられていたのだと、**伝聞の形**で伝えるのだ。*10

小説が旅路を進む中、イシュメールはモービィ・ディックの追跡中に（多くはこの鯨の尾、顎、あるいは頭によって）負傷した、あるいは命を落とした男たちの様々な話を語る。ここには、ピークォッド号の男たちに向けて様々な距離感で語られた、ありとあらゆる水夫の物語が揃っている。イシュメールは《as if〔まるで……かのごとく〕》、《seemingly〔一見、見たところでは〕》、《ascribed to him〔彼（白鯨）によるものと考えられている〕》などの些細な言い回しで、モービィ・ディックの行動の描写には法螺話の要素があることを明示する。イシュメールはサスペンスを、つまり、この普通ではないマッコウクジラという**観念**を高める。彼は読者と作中の登場人物たちに対し、この白鯨は《ばかな野獣》なのか（スターバックならこう呼ぶだろう）、あるいはモービィ・ディックは（エイハブが言うように）悪あるいは神の使者や精なのかという議論を煽る。その一方、「モービィ・ディック」や「宣誓供述書」などの章では、イシュメールはこの一個体の危険な行動と能力の歴史にまつわる事実を弁護し裏づける。*11

物語を締めくくる三日間の追跡において、乗組員たちと読者はついに生身の白鯨を見る。その姿は、繊細なアオイガイとあの白いネッタイチョウの尾の吹き流しの光景の中から現れる。イシュメールは、一見、想像上の怪物の像へとさらに寄るかのような行動の数々を目撃するが、それらはどれも実際に知られているマッコウクジラの行動だ。一日め、モービィ・ディックは一艘の捕鯨ボートをかじり、口にしばらく咥えた後、顎で真っ二つにする。頭を自ら垂直に突き出し（スパイホッピング）、水中にいる男たちの周りをぐるぐると回る。二日め、モービィ・ディックはブリーチングをする。一日めに加えてさらに二艘の捕鯨ボートを、今回は尾で破壊する。それから、別の一艘のボートを頭で下から突き上げる。モービィ・ディックは水面に浮上する時も、移動する時も、エイハブと部下たちをかわし、彼らに対して企みを巡らす**ように見える**。追跡の最終日となる三日め、モービィ・ディックは捕鯨ボートに背を向け、頭をピークォッド号に打ちつけることで、船を沈め、全乗組員を溺死させる――我らが語り手を偶然に残して。これらの行動の大部分は、小説の山場のドラマ性のために捏ね上げられた、単なる文芸上の怒れる海獣《レヴィヤタン》にしかできないような振る舞いだ。だが、ここまでずっとそうであったように、これらの行動も注意深く検証するといずれもはるかに創作の度合いは低いとわかる。

メルヴィルの同時代人は狩人らに対するマッコウクジラの攻撃性の度合いについて議論を戦わせてきた。チャールズ・W・モーガンは、一八三〇年に行ったマッコウクジラの自然史についての講演で、ふとエセックス号のことに触れる直前、マッコウクジラについてこう話した。《全般的には無害ですが、時々度を超えて凶暴で大胆になっている個体も見つかります。》外科医ビールは自著『マッコウクジラの自然史』の始まりで、この生物種の獰猛さは大いに誇張されてきた、それは過去の科学文献においてさえもそうだったと説明している。ビールはこの項で、マッコウクジラが《人肉を味わう喜び》を持つとした過去の報告の虚偽性と、海のあらゆる魚とサメはあまりにもマッコウクジラに怯えているため、その死骸にも近づこうとはしないというキュヴィエの誤った確信を非難しており、同書を所有していたメルヴィルはそこに下線を引いた。ビールはマッコウクジラの獰猛さではなく、臆病さのことを書いた。彼曰く、マッコウクジラは銛を打ち込まれるとまず恐怖で動けなくなるように見える。だが、もし素早く殺されなければ、《自分たちの敵を避ける上で極度の活発さを示す》ことができる。《だが、その残酷な敵対者に立ち向かうことは滅多にしない。》捕鯨ボートと乗組員たちが傷つけられることがあれば、それは鯨が死に物狂いで逃げようと試みる中での出来事に限られていた。マッコウクジラを弁護する中でひどく立腹していた様子のビールは、こう書いている。《誰一人［の著者］として馬鹿げた架空の報告からマッコウクジラの歴史の汚名を濯ごうと踏み出す者はいなかった。》[*12]

しかし、マッコウクジラの無抵抗ぶりを弁護するというのは、メルヴィルが自身のこのささやかな創作プロジェクトで支持したかった主張ではなかった。メルヴィルは例えば、ドクター・ベネットのような人々の言葉をむしろ拠り所にした。ドクター・ベネットは普段、外科医ビールよりも自制的で自立した考え方をしていたが、マッコウクジラの攻撃性についてのベネットの私見や記述はメルヴィルが語りたかったストーリーにはるかに都合良く合致していた。ベネットは『世界捕鯨航海記』で、攻撃を受けた後のマッコウクジラは痛みのせいで反応をやめるだけでなく、傷ついた別の鯨を守ろうともすると説明した。

《もし回復する時間を与えられれば、その獣は実に厄介の種となることが多い。復讐の感情に、あるいは追っ手から逃れる不安に突き動かされたことで、またはその体に突き立てられたまま残る武器の痛みで自暴自棄となったことで、害を与えようという故意の目論見を持って行動するのだ。[13]》

ベネットは続いて、具体的な船の数々から得られた様々な報告を紹介し、メルヴィルが『白鯨』最後の追跡劇でモービィ・ディックのものとして利用した攻撃的な行動の一つ一つを伝えている。

尾については、ベネットはマッコウクジラが尾を振って男たちを殺した三件の事故の様子を説明した。そのうちの一件、ある鯨が北太平洋で振るった一撃は、自分が銛を打ち込まれたためではなく、銛を打ち込まれた別の個体を守ろうとしてのものだった。

顎については、ベネットは歯で攻撃を行ったマッコウクジラの報告例を二つ載せた。彼自身は一八三六年に南太平洋でオーガスタ号という捕鯨船に遭遇し、その甲板に近頃《銛を打ち込まれたマッコウクジラの顎で完全にばらばらに嚙み砕か》れたボートが載っていたのを見た。ベネットは、マッコウクジラが時にボートを粉々になるまで嚙み続けたり、脅すかのように口を数分間わざと開けたままにしたりすることがあると書いた。これが、白鯨がエイハブのボートを文字通り咥え、エイハブが狂乱の中で白鯨の歯を摑めるほど長い時間にわたって保持していたというメルヴィルの描写の下敷きの一つとなった。古い図解やコミック本では、怒れるマッコウクジラが口の中のボートと鯨捕りたちを

図51　画家・鯨捕りのロバート・ウィアーによる、マダガスカルのフォールドーファン〔トラニャロの旧称〕沖での鯨との死闘の図（1856年）。

細長いプレッツェルのように噛み砕き続けている。これにはベネットの報告以外にも実際にある程度の歴史的妥当性があるようだ。例えば、鯨捕りで画家のロバート・ウィアーは一八五六年にマッコウクジラが捕鯨ボートを噛み砕いて持ち上げた実際の出来事を絵に書いている（図51参照）。イシュメールが追跡一日めに語ったのとまさに同じような出来事だ。ウィアーの航海ではその後、別の一艘のボートも鯨の顎によって《樽の頭ほど大きな穴を空け》られた。[*14]

メルヴィル自身は、アクシュネット号での航海中に捕鯨漁場でコーラル号という別の捕鯨船の話を聞いた可能性がある。ガラパゴス付近で両船が交歓訪問《ギャム》を行った際のことだ。コーラル号の乗組員の一人の報告によれば、そのわずか二ヵ月ほど前、一頭のはぐれマッコウクジラが一艘のボートを《何百もの断片》に噛み砕いたという。報告では、噴気孔から血を吹き出していたその雄鯨は続いて別のボートへと向かい、《［その］ボートを食べ尽く》して、最終的に乗組員たちが鯨を殺すまでに一人の乗組員が溺死したという。[*15]

近代生物学の観点からは、狩人から口を使って身を守るマッコウクジラの話は筋が通る。ご存知の通り、ほとんどの陸棲哺乳類は口を使って攻撃する。それは例えばハナゴンドウ、ハンドウイルカ、アカボウクジラなど、他のハクジラ類の一部も同じだ。近代の生物学者は、雌のマッコウクジラが顎を使ってシャチから身を守るのを観察してきた。年齢を重ねたマッコウクジラの頭部に刻まれた熊手のような痕は、彼らが角を交わす雄鹿、あるいは口を開けてぶつかり合うカバのように顎と顎での闘いに身を投じている可能性を示唆する（前掲の図12参照）。潜水を行うダイバーはマッコウクジラが遊びの中で口を使う様子も観察している。[*16]

『白鯨』の白いマッコウクジラは《曲がって》《渦を巻いた》顎をしている。外科医ビールは反った顎を持つ二頭の健常なマッコウクジラを目撃しており、これは歯が彼らの摂食行動に必須ではないことを示しているとの見解を述べている。ビールはマッコウクジラ同士の争いを見たことはなかったが、水夫たちからはよくある行動だと教えられた。ビールは、自分は反った顎を持つ雌のマッコウクジラを知らないと報告している。メルヴィルは反った顎が強さ故の特性であるとの考えに明らかに同意していた。エイハブの象牙色の義足がまさにそうであるように、これは力と地位を巡る有力な雄同士の闘いから得た傷痕なのだとの考えだ。近代の観察者は、シャチとの戦闘でマッコウクジラの顎が折れた一例を報じた他、別の報告では種内での闘いで顎が折れたとされる主張もあるが、それらが治癒の過程でカール状になることはない。[*17]

実のところ、反り顎は何らかの戦いの後で怪我が癒えたものというよりは、出生時の障害である可能性が高い。二〇世紀の捕鯨船の甲板上で仕事をしていた生物学者は、反り顎あるいは短い顎（つまり顎の奇形）が約二〇〇〇頭に一頭の割合で起きていたと推定した。その例が何十頭分も記録されている（図52参照）。確かに雄でより多かったようだが、雌でも顎が反ったり折れたりしていた個体は何頭かいる。[*18]

船の木材を実際に**食べる**かどうかについてだが、マッコウクジラがほぼ丸呑みにするイカはかなり大きく、マッコウクジラの胃の中からはこれまでにアザラシ、サメ、エイなど、驚くほど大きな動物の数々が見つかっている。生き物ではない物体も発見されており、石、漁具、ココナッツ、ある時などは、男性がマッコウクジラに食われるのを船の同乗者が目撃した翌日にその人物の死体が胃の中か

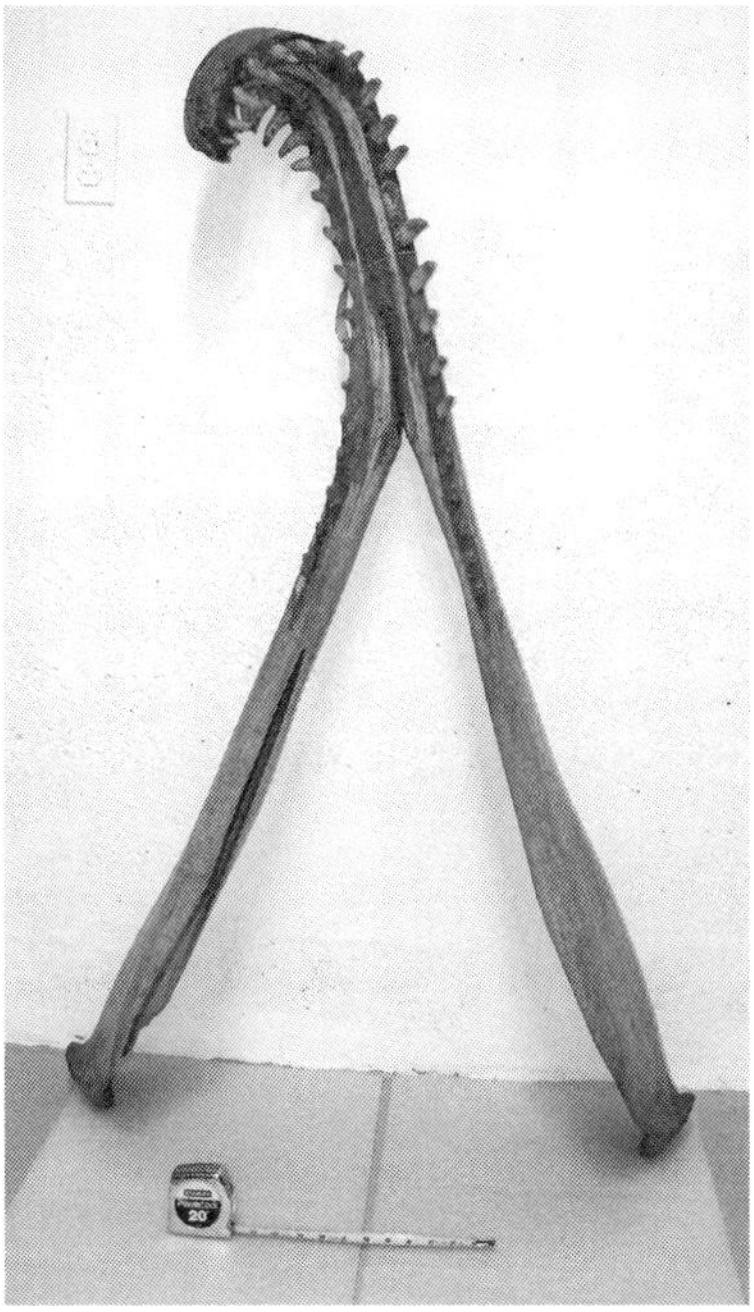

図52　マッコウクジラの反り顎。1900年にハーヴァード比較動物学博物館に寄付されたもの。この顎は長さ4フィート半〔約1.4メートル〕のため、幼獣か小型の成体雌のものと思われる。

図53　アンブロワーズ・ルイ・ガルヌレの絵画（1834年頃）に描かれた、頭で捕鯨ボートを破壊するマッコウクジラ。イシュメールはこの絵を「より誤謬すくなき鯨の絵、および真正なる捕鯨図について」で認めている。

ら見つかったとの報告もあった。[19] 穴を開けられたボートの木片が鯨の胃から見つかったとの報告を私は知らないが、信用できそうな話ではある。

最後の追跡では、白鯨モービィ・ディックは尾で殺戮を行い、反り上がった下顎で捕鯨ボートを噛み砕く以上のことをする。彼はその《破城槌》たる頭によってまずは捕鯨ボートを転覆させ、そして物語最後の数ページにはピークォッド号の船体に力強く突進して船を沈める。捕鯨ボートを叩き壊すマッコウクジラの信頼に足る話は何十とあるが、それらは通常（必ずとは言わないまでも）、銛を打ち込まれた瞬間の盲目的な大慌ての反応というよりは防衛行動である（図53参照）。ベネットは《白い瘤》を持った悪名高き雄鯨の《ニュージーランド・トム》があらゆるボートを破壊したことを聞いたと報告した。捕鯨ボートは素早く敏捷に動き回れるよう、シーダー材を使って軽量に作られていた。しかし、それ故に衝撃には脆かった。例えば、一八五二年にチャールズ・W・モーガン号に乗船していたネルソン・コール・ヘイリーは、《我々のボートを死んだ母親と間違えた》マッコウクジラの仔が、不意にボートの底に穴を開けてしまったことを書いている。*20

船を沈めるマッコウクジラ

当時大ニュースとなったのは、捕鯨ボートを破壊するマッコウクジラではなく、捕鯨船を丸ごと破壊するマッコウクジラだった。エセックス号の話は、頭を叩きつけて捕鯨船一隻を沈めたマッコウクジラのことを伝える話として、メルヴィルが『白鯨』執筆時に知りえた唯一のものだった。イシュメールはこの出来事のことを「宣誓供述書」の章で語っている。また、イシュメールはユニオン号という捕鯨船のことも書いている。一八〇七年に、夜間に大西洋に浮かぶマッコウクジラに誤ってぶつかり沈んだとされる船だ。これより知名度は低いが、一八四九年にはペルー船籍の商船フレデリック号がニカラグア沿岸沖で鯨と衝突して難破した。一八五〇年には捕鯨の最中にマッコウクジラが捕鯨船ポカホンタス号の船体に穴を開け、船をリオデジャネイロへと追いやった。そして同じ年には、捕鯨船パーカー・クック号が怒り猛った鯨に二度も衝突された。ただし、この船は沈まなかったが。イシュメールはここまでの例のいずれにも触れないが、それはほぼ間違いなく、メルヴィルがこれらの話を見聞きしていなかったためだ。*21

『捕鯨船エセックス号の最も数奇で痛ましい難破の物語（*Narrative of the Most Extraordinary and Distressing Shipwreck of the Whale-ship Essex*）』という本（おそらくは複数の著者によるゴーストライティング）では、

鯨の群れを見てボートを下ろしたと一等航海士のオーウェン・チェイスが説明する。チェイスが一頭の雄に自ら銛を打ち込むと、その雄はお返しに尾でチェイスらのボートに穴を開けた。船員たちはエセックス号に漕ぎ戻り、その甲板上でチェイスが穴開きボートに帆布のつぎ当てをし、その周囲にぐるりと槌で釘を打ち込んだ。その間、船長と二等航海士の乗ったボートが素早く別の鯨のところに到達していた。チェイスは間もなく、船の近くで並外れて大きな雄が潮吹きをしているのに気づく。その雄が船体に向かってきた。《彼は全速力で我々に襲いかかり、船に頭で当たってきた》とチェイスは書いた。チェイス曰く、鯨は船首にぶつかり、それが岩にぶつかったかのように感じられたという。鯨は船底に体当たりを続け、エセックス号のサクリフィシャル・キール（sacrificial keel：犠牲竜骨〔竜骨の後端から下に伸びる突出部（かかと、スケグ）の一種。海底の障害物にぶつかった際に折れて船本体を守る〕）の一部をへし折った。チェイスはこの鯨が《痙攣を起こし》ていたと報告した。彼はこの鯨が《上下の顎を強く打ち合わせる》のを見た。続いて、鯨は船の航路を横切り、振り返り、再びエセックス号に正面から向かってきた。《見たところ通常の二倍の速度で、かつ今回は私のところへ向かってくるそれ〔鯨〕は、一〇倍の凶暴さと復讐心を帯びた様相を呈していた。波が彼の周りのあらゆる方向に流れ、我々に向かってくるその進路には、竿ほどの太さの白い泡で線が引かれていた。彼が尾を絶えず激しく打ちつけることで立てた泡だった。》この二度目の攻撃で、鯨は遥かに大きな穴を船体にぶち抜き、船を永久に沈めた。鯨は風下に泳ぎ去った。その姿を乗組員たちは二度と見なかった。彼らは急速に沈んでいく船を放棄する準備で大わらわだった。各人の蔵書の『ボウディッチ』と四分儀を引き上げ、ボートへと手渡していた。*22

このマッコウクジラがエセックス号に二度目にぶつかってきたという点への異論は多くないが、この個体が故意にぶつかってきたのかどうかについては広く議論があった。それはエセックス号の話が出版されてからもなお続いた。一八三四年の『ノース・アメリカン・レヴュー』誌のある号では、筆者が《危害が攻撃者により悪意を伴って企図されたと考えられる例は他に一つも知られておらず、最も経験を積んだ鯨捕りは、この事例でさえも攻撃は故意ではないと信じている》と宣言した。メルヴィルはほぼ確実にこの主張を読んでいる。というのも、同じものがオルムステッドの著作内でも発表されているからだ。二一世紀の学者はまた、オーウェン・チェイスの振るった槌音（「大工魚」の逸話のアレンジ版として完璧だ）がマッコウクジラを何らかの形で怒らせた可能性さえあるのではないかとも考えたことがある。これは非常に考えにくい話だ。マッコウクジラが音に動揺することはあったかもしれないし、ひょっとすると、もっと遠くから聞こえる何かの音に惹かれることもありえたかもしれないが、マッコウクジラが水面より上で発せられ、船体を通じて聞こえてきた槌音を、別の雄の音と、しかも二度にわたって取り違えるというのは、ホワイトヘッドやゲーラのような専門家には受け入れがたい説だ。[*23]

マッコウクジラの頭に沈められたさらに別の捕鯨船、アン・アレグザンダー号のニュースが一八五一年一一月にニューヨークに届いた。『白鯨』の米国初版が出版されたまさにその頃のことだ。メルヴィルの友人の編集者が、船体に突撃してきたそのマッコウクジラのことを報じる新聞の切り抜きを送ってよこすと、メルヴィルは興奮した様子でこう返事を書いた。《彼こそモービィ・ディックなのだと私は疑わないよ。だって、およそ四〇年前のピークォッド号の悲しい最期から後、彼を捕獲したとの報告はないのだから。——汝ら神々よ！　このアン・アレグザンダーの鯨はなんという名評論家だろう。彼が言わんとすることは短く端的で非常に的を射ている。私の邪悪な文芸がこの怪物を呼び覚ましてしまったのではないだろうか。》当時の批評家二人ほどは、メルヴィルがこの直後に——この出来事を利用して——『白鯨』の話を仕立て上げたとさえ思い込んだ。一方、「ユーティカ・デイリー・ガゼット」紙はアン・アレグザンダー号沈没の不条理さを書き立てており、それに焚きつけられた「ニュー・ベッドフォード・ウェイルメンズ・シッピング・リスト」紙は、事故に現実味があることを弁護するだけでなく、海で起きる物事を陸者《おかもの》がいかに知らないかを皮肉る反論を掲載した。翌年、レベッカ・シムズ号の船長はアン・アレグザンダー号を沈めたまさにその鯨を殺したようだ。というのも、その鯨にはアン・アレグザンダー号の銛が二本打ち込まれており、頭はまだ肉に刺さっていた木の断片によって傷ついていたからだ。歴史家は鯨が木造船の船体に穴を開けた一九世紀、二〇世紀の事例を他にも発見しており、さらにはマッコウクジラが鋼鉄製のボートに突進した近代の報告も二、三件見つけている。[*24]

すると、問いは「マッコウクジラは尾、顎、頭でボートや船を攻撃したのかどうか」というものとは少し違ってくる。特に、銛を打ち込まれていない場合には、マッコウクジラたちはなぜ尾、顎、頭でボートや船を攻撃しようとしたのか？

雄のマッコウクジラ同士が口や頭突きを使って戦うことを示す証拠のほとんどは、過去の、信頼性の低い情報源から得られたものだが、それでもおそらく雄同士が時に戦うのは事実だろう。ハンドウイルカは水上に飛び出して頭突きをし合うことがある。これはどうやら雄同士の競合による行動のようだ。また、頭で他の種の海棲イルカ類にぶつかっていくこともある。シャチも同じ行動をとろうとする。もしマッコウクジラ同士が頭をぶつけ合うのだとしたら、それは孤独性の雄が餌場とするカイコウラ・キャニオンなどの海域ではこれまで一般的に観察されておらず、さらには赤道近辺や、雄たちが雌と幼獣のいる集団に合流する繁殖域でも見つかっていない。ホワイトヘッドとその共同研究者たちは主に太平洋東部とカリブ海で研究を行うが、雄のマッコウクジラが目に見える攻撃性を全く示さずに雌の群れの近くを泳いでいるのを観察してきた。彼らは一度だけ雄同士の戦いを見たが、それはわずか一五秒足らずで終わり、顎と尾が使われるというもので、歴史上の記述に合致していそうだ。ドクター・ベネットは、エセックス号に対する鯨の攻撃的な行動は、この鯨が《群れの守護者》であったが故のものではないかと推定した。だが、この「守護者」というのはやはりヴィクトリア時代流のありえない擬人論であることが証明されてきた。雄たちが雌と幼獣の「ユニット」〔女系家族集団〕を訪ねるのはごく短時間のみだからだ。[*25]

ゲーラはメルヴィルによるマッコウクジラの攻撃性の描写に驚かされた。彼女の水上での経験では、外科医ビールが体感したように、雄のマッコウクジラは弱気で無抵抗だからだ。彼女はエセックス号の話や、人間との暴力的な衝突のその他の事例を読んできた。彼女は攻撃されたりひどい痛みに苦しんだりしている鯨を見たことはないが、この動物たちに何らかの故意や悪意があるとはかなり疑わしいと思っている。ゲーラはカイコウラ・キャニオンで一度だけ、二頭の雄の間での攻撃行動といえる可能性がありそうなものを見たことがあるが、彼女はこれが餌場を巡ってのものだったと考えている。カイコウラの常連である一頭のマッコウクジラが別の一頭に向けて素早く泳ぎ始め、水中で対峙した。

この別の一頭は一時的にここにやって来た個体で、常連の個体が同じ水域に留まる中、後になって数マイル離れたところで目撃された。[*26]

ゲーラやホワイトヘッドといった今日の鯨生物学者は、雄はクリック音とコーダ〔単一パルスのクリック音〕で競合相手の体の大きさを確認することが最も一般的なのではないかと考える。それにより、大抵は揉め事を受動的に解消し、がぶりと噛みついたり、頭突きをしたりといった手段に頼らずに済むのではないかとの考えだ。

近年の二件の研究が、エセックス号の沈没を野生環境での行動観察からではなく、研究室での生理学的および進化学的観点からのアプローチで取り上げた。その発端となったのは以下の一連の疑問だ。マッコウクジラは別の鯨や船への体当たりを本当に続けることができるものだろうか？　もしマッコウクジラの膨らんだ頭部と、その内部の油嚢が繊細な反響定位のために進化してきたのだとしたら、鯨はその器官を傷つけるようなリスクをなぜ犯そうとするだろうか？　そして、これは本当に雄の生殖適応度を高める行動でありうるのだろうか？

二〇〇二年、実験生物学者のデイヴィッド・キャリアーと共同研究者たちは、他の全てのハクジラ類の進化との比較により、雄のマッコウクジラの膨らんだ頭部は雌の頭部よりもはるかに大きいことを見出した。従って、頭部の大きさは二次性徴〔生殖腺以外の雌雄の特徴〕ということになる。しかし、この特徴はより交配に効果的な反響定位音を発することができるよう進化してきた可能性がある。また、海のより深部でより大きな魚を捕らえる能力にも関連しているかもしれないし、より大きな威嚇音を出せるように進化してきた可能性もある。だが、もしかすると頭突きにも関わっているのではないだろうか？　鯨脳油器官、額の硬い皮膚、そして融合した椎骨は、頭突きという形の攻撃行動への関与を生理学的に示唆しているように見える。もちろん、他の動物も自らの生存に欠かせない器官や、さらには生命をも、種内での競合のためにリスクに晒す。雄のゾウアザラシは縄張りを確立するために互いの頭部と首を引きちぎろうとする。雄鶏たちは戦う。雄羊（ram）たちはぶつかり合う（ram）。実に様々な哺乳類の競合が、時に怪我あるいは死を引き起こしうるし、実際に引き起こす。それに、頭突きは他の鯨類の間でも一般的に幅広く行われている。*27

そこで、今度は二〇一六年に、キャリアーと別の共同研究者たち（今回の研究は豪州で研究をしているオルガ・パナギオトプールーが率いた）は、マッコウクジラがこのような類の衝撃に耐えるとすればどのようにしているのか、そしてそもそも耐えうるのか、モデル化を試みた。彼らは日本にいる生物工学者〔トッド・C・パタキ、当時は信州大学所属、二〇一七年より京都大学所属〕に相談し、イシュメールが「破城槌」の章でまさに主張したように、頭の内部の液体と生理学的構造がボートと埠頭の間に挟まる防舷材《フェンダー》と同じしくみの衝撃吸収材として働くことを発見した。彼らは特に下の油嚢（ジャンク）を詳しく調べた。ジャンクは組織を横切る仕切り状の構造を進化させてきたため（前掲の図34参照）、上の油嚢〔ケース〕に比べて遥かに衝突に適している。マッコウクジラの頭の擦り傷がより多いのはジャンク周辺の皮膚であり、鯨脳油嚢があまり保護されていない頭頂部や側頭部ではないという事実も、ジャンクが戦闘用に進化してきたという可能性の傍証となっている。*28

この「ジャンクによる破城槌」理論を補強する魅力的な傍証となる出来事が一八四五年に既に起きていた。ここに挙げる日誌の書き手の言葉を文字通りに受け取るならばの話だが。あるマッコウクジラが銛を打ち込まれた後に捕鯨船ジョセフ・マックスウェル号の船体に突進した。この鯨は《ジャンクを持ち上げて船の右舷船首のところにぶつかって来た。》鯨はその後、噴気孔から血を吹き出していて、逃げたようだった。船には何の損傷も与えていなかった。*29

苦しみ、「汝の声を物言わぬ者に与えよ」マッコウクジラ

イシュメールによるマッコウクジラの攻撃的行動の描写は、教育的で、正確で、立証されており、一個体の雄のマッコウクジラのものとしてありえる内容だ。さらに驚きを生むかもしれないのは、イシュメールが終盤の場面に向けた下準備の中で、種としてのマッコウクジラへの共感を高めるために使ったさりげない手法の数々だ。「鯨は縮小するか?」の章で絶滅の危機が迫っている可能性に触れたのに加え、作中で個々の鯨が苦しむことは、一八〇〇年代の小説として重大な意味を持つ。イシュメールは、マッコウクジラが人間による狩猟に対応して大きな群れを作るようになったという。作中では現実通り、マッコウクジラが私たち人間の家族を思わせる社会的家族集団の中でしばしば暮らしている。「死にゆく鯨」の章のある箇所では、イシュメールはマッコウクジラが死ぬ際の太陽崇拝信仰の存在をほのめかすことさえしている。太陽崇拝はメルヴィルの時代の鯨捕りたちの一部が守っていた行為だ。こうして、イシュメールは人間とそれ以外の存在の境界線をぼかす。彼が巧みに作り上げる物語では、単に一人の狂人が一頭の異質で劣った生き物を探し出して狩るというものよりもはるかに複雑で繊細な鯨の描写が行われる。特に、二一世紀の英語読者の多くは物心ついた頃から鯨の威

厳と知性について教えられてきていることもあり、『白鯨』の最後の追跡に至ってついに白鯨の姿を見るまでの間に、種としてのマッコウクジラは悪意ある怪物とは全く異なり、人間に似た感情を持った社会的で畏敬の念を起こさせる動物だと感じるようになる。[*30]

ピークォッド号がインド洋で鯨を殺し始めると、イシュメールはこの狩りに対する読者の感情的反応を弄ぶ。マッコウクジラの脳の大きさとそこから暗示される知恵について思いを巡らせた後、イシュメールは「ピークォッド号、処女号にあう」の章で突如、老いた病気の鯨を男たちが銛で刺して痛めつける話に移る。この大きな雄は苦しそうに後ろから群れを追いかけている。ヒレが根元のところから一つ失われており、息も絶え絶えで、《尋常ではない黄色味を帯びた外皮》に覆われている。イシュメールはこの鯨が銛を打ち込まれる前からあえて次の話を説明し、物言えぬ鯨の受ける苦しみを代弁する。

《さて、私は翼の切れた鳥を見たことがある。怯えた歪な円を空中に描きながら、海賊のような鷹たちから逃れようと無駄なあがきをしていた。だが、その鳥は声を持つ。その物悲しい叫びが彼女の恐怖を知らしめるだろう。だが、この巨大な物言わぬ海の獣の恐怖は、鎖につながれて彼の中に呪いで閉じ込められていた。彼は声を持たず、噴気孔を通じたその絶え絶えの呼吸をこらえ、これが彼の眺めを言いようもなく哀れにしていた。じっと静かでありながら、その見事な体躯、落とし格子の顎、全能の尾には、哀れみを覚え尽くした最も決然たる男をも震撼させるに足るものがあった。[*31]》

完全な同情が生まれるまであと一歩となったこの一節の終わりで、イシュメールは言葉を引っ込める。いずれにしても、野獣のその巨体はあらゆる保護を撤回する理由として充分だった。ピークォッド号の男たちはこの鯨に追いつき、三艘のボート全てが銛を打ち込んだ。鯨は潜り、水中をうつ伏せで漂い、縄によって引き《上げ》られた。作中で初めて、そして唯一、イシュメールは読者の想像をいっときの間だけ鯨の頭の中へ引き込む。先ごろ鯨たちの様子を言い表すために人間に使わせたのと同じ言語を使い、そこで用いた《幻影（phantom）》の語を取り入れて、イシュメールはこう語る。《傷を負った鯨にとって頭上のあちこちによぎるこうした巨大な幻影がいかに震撼すべきものか、誰に測り知れるだろうか！》老いた鯨が水面に現れる。彼は何度も槍で突かれるうちに夥しい血を流す。男たちは今、この鯨が目の上の腫瘍により視界が塞がれているのを見てとる。こうしておいてなお、イシュメールは敬虔な読者が鯨の捕獲者を偽善的に裁こうなどという気を起こさないよう注意する。そもそもの鯨の経済的需要を生み出したかどで自分自身を裁くことなしに、無謀にも鯨捕りを裁こうとする読者への念押しだ。《［その老いた鯨は］死ななければならず、そして殺されなければならない。陽気な婚礼やその他の人間の楽しみの場に火を灯すため、また、万人から万人に対する無条件の無危害を説く厳粛な教会を照らすために。[*32]》

スターバックの《人道的》な停止命令にもかかわらず、フラスクが死にゆく鯨の感染瘡を突き刺す。それにより、鯨はのたうち回り、血飛沫を、血糊を、そしておそらくは膿を、男たち皆の顔と服に撒き散らす。末期のひと暴れで、この老いた鯨はボートを転覆させ、その舳先を大破させ、そしてとうとう死ぬ。死んだ鯨を船の横へと引っ張ってきた乗組員たちは、鯨の頭に古い石製の銛が刺さっているのを発見し、鯨はその立派な年齢と生涯のうちにたどってきた距離によってさらに高位の存在となる。この《殺害》の恥を一層高めることに、死骸はその後、鯨の死からピークォッド号が何の経済的利益を得ることも叶わないうちに沈んでしまう。ただ、イシュメールは読者にこの鯨への同情をあまり長く味わわせない。すぐ次の章で「捕鯨の名誉と栄光」を伝えるからだ。

メルヴィルと同時代の他の著述家や鯨捕りも鯨の苦しみについて熟慮し、さらには捕鯨という営み全体の倫理性にも考えを巡らせていた。『白鯨』のわずか数ヵ月前に出版されたチーヴァー牧師の『鯨とその捕獲者たち』には鯨それ自体への同情と擁護が垣間見える。学者のマーク・ブスケは、チーヴァーの本が現在大部分の米国人が鯨に対して抱く敬意の底流を明らかにした最初の主要作品ではないかと論じた。チーヴァーは伝道師であり、鯨という動物によって生計を立てることのない牧師であった。だが、そんな彼が寄せる同情もやはり一時的なもので、話の終わりまでには人間贔屓が表れる。チーヴァーの他には、現役の鯨捕りの幾人かも、この動物の命を奪うことへの幾許かの懸念を日記に、そして後には出版原稿に表明した。例えば、一八五一年から一八五五年まで捕鯨航海に出た鯨捕り、イーノック・クラウドは、神の創造物の一つの命を奪う悲しみを、鯨が《血を流し、震え、人間の狡猾さの犠牲となって死んで》いく中で書いた。[*33]

イシュメールが「美食としての鯨」の章でほのめかすように、英国在住者たちが先導し、大西洋両端の英語話者の間で高まっていた動きの中で、動物福祉、そして人間以外の生物が苦しみと知性を有する可能性が考慮されるようになっていた。一七四九年、一部の英国人が闘鶏などの動物を使った娯楽への苦情を述べた。一七七六年には聖職者のハンフリー・プリマットが『野蛮な動物への慈悲の務めと残酷行為の罪（*The Duty of Mercy and Sin of Cruelty to Brute Animals*）』という本を発表した。この本は聖書の《汝は黙っている者のために口を開くがよい》〔箴言三一：八、日本聖書協会訳を基に改変〕という語句で始まる。プリマットは動物が痛みを感じると書いた。その一〇年後、ジェレミー・ベンサムが次のように提唱して（こちらの方がよく知られている）この議論を発展させた。《問いは「彼らは**判断する**ことができるのか？」でもなければ「彼らは**話す**ことができるのか？」でもない。「彼らは**苦しむ**ことがあるのか？」である。》フランスでも、一八〇四年にはベルナール・ジェルマン・ラセペード（イシュメールは彼が《偉大な博物学者》であると明言しつつ、彼の鯨の図はひどいものだと考えた）が、人間の鯨狩りについて今日でも間違いなく書かれうる悲嘆を綴った。《彼ら〔鯨たち〕は彼〔鯨捕り〕の前で逃げ惑うが、それは役に立たない。人間の臨機応変ぶりが彼を地球の果てまで連れて行く。今や死が彼らの唯一の避難だ。》一八二二年、当時「人情家のディック（Humanity Dick）」の名で知られた（本当の話だ）リチャード・マーティンが英国で馬や羊といった使役動物を残酷な扱いから保護する法案を通過させた。英国ではそれに続き、一八二四年に〔王立〕動物保護協会が設立された。一八二九年にケンブリッジ大学の学生たちはコールリッジの「老水夫行」が動物の扱いについての世論を揺らがせたのではないかとの議題でディベートを行った。米国はそれに数十年遅れをとっていたが、メルヴィルの馴染みの二州によって法整備が進められた。まずはニューヨーク州が一八二四年に飼育動物への残酷行為を防ぐ法律を制定し、一八三五年にマサチューセッツ州がそれに続いた。[*34]

『白鯨』でピークォッド号が出航する前、読者があの老い、病み、傷ついた鯨ほど生々しい鯨の死をまだ見ていないうちから、イシュメールはナンタケットのクエーカー教徒の商人の偽善性を当てこする。イシュメールは鯨に対する暴力を私たちの仲間の人間たちへの暴力と比較する。彼はビルダッド船長〔ピークォッド号の共同船主〕のことをこう称する。《良心的なためらいから、陸の侵略者たちに対して武装することは拒んでいるものの、彼自身は大西洋と太平洋を果てしなく侵略してきた。そして、人間の流血への反対を誓った者でありながら、彼はその支索《ステイ》の如き硬い芯の入ったコートに身を包み、何樽もの海獣《レヴィヤタン》の血糊を次々と撒き散らしてきたのだった。[*35]》

人間のような鯨の家族集団

「無敵艦隊」の章、そして「鯨は縮小するか?」の章で、イシュメールは鯨たちが以前よりずっと大きな群れを成し始めたことに触れ、鯨たちを人間的性質の持ち主として描く。イシュメールは、鯨は《安全に対するいくつかの見方に影響され》るため、寄り集まって《時に数千、また数千と続くかのように見えるもの》から成る《巨大なキャラバン隊の数々》を作るようになったのではないかとほのめかし、《まるで彼らの数々の種族が厳粛な同盟を結んで相互の支援と保護を誓ったかのように見えることだろう》と述べている。ここでイシュメールは、マッコウクジラの知性に関して先に論じた時のように、世界規模での行動の変容をもって鯨にさらなる高次の文化的知性があることを暗示しているのだろうか? 読者にそれを受け入れて欲しがっているのだろうか? そうはいっても、ここでの描写は鯨たちが逃走中であり被害者であることへの同情を間違いなく深めるものだ。[*36]

ピークォッド号が太平洋に入る直前の「無敵艦隊」の章で、乗組員たちは授乳をする母鯨たちや、

図54 銛を打ち込まれた自分の子供を咥えて支えるマッコウクジラの絵。作者不明（1830年代頃）。近代の海洋生物学者たちは、雌雄双方のマッコウクジラが口に「優しく」仔鯨を咥えている様子を観察してきた。

愛を交わすマッコウクジラたちの姿が水面下に見える巨大な群れの中へとボートを漕ぎ入れる。クイークェグとスターバックは仔鯨を一頭も殺さない。これは群れを動揺させてボートにいる男たちを危険に晒すことを恐れたためだったが、当時の博物学者や鯨捕りは、マッコウクジラの母親が殺された子供に対して実際にどれほどの人間的愛着を尽くすかを論じてきていた（図54参照）。セミクジラやマッコウクジラの仔を最初に殺し、母親が近くに留まるように仕向けて次の個体を殺しやすくするのは一般的な慣習だった。しかし、メルヴィルが「無敵艦隊」の章での狩りを、数頭の鯨が無益に殺され、油を採るため船に横づけされる鯨がいないまま終えるのは、決して意図なくしてのことではない。この場面が二一世紀の読者に与える効果を考えてみてほしい。現在、この場面はどう解釈されるだろうか。あるいは、二〇一八年の夏に太平洋北西部の母シャチが死んだ子供を一七日以上にわたり一〇〇〇マイル〔約一六〇〇キロメートル〕も押して運んだという話と並べるとどうだろうか。このシャチの仔は全滅の危機に瀕していた集団で三年ぶりに生まれた子供だった。あれは追悼だったのだろうか？[*37]

鯨に対する人間の認識を幅広く示した『白鯨』

一九世紀の、あるいは、きっとその前後も含めた古今の文筆家の誰一人として、メルヴィルが『白鯨』で鯨に対する人間の認識と関係性を扱った繊細さと複雑さの域には近づくことすらできなかった。もしかするとどんな海棲動物についてもそうかもしれない。正直に言って、私は『白鯨』以前の作品（創作であれノンフィクションであれ）で海の生物をこれほど深く描いたものを一つも知らない。ひょっとするとジョン・スタインベックとエド・リケットの『コルテスの海　航海日誌（*The Log from the Sea of Cortez*）』（一九四一年）とヘミングウェイの『老人と海』（一九五二年）が『白鯨』以後にその域に至った最初の作品群かもしれない――それから、もしかするとファーリー・モウワットの『殺害のための鯨（*A Whale for Killing*）』（一九七一年）でのナガスクジラの描写もそうだろうか。レイチェル・カーソンの『潮風の下で（*Under the Sea Wind*）』（一九四一年）は海棲動物の命をその科学的な冷静さで考察したことが革命的だったが、彼女は自身の描く魚たち、鳥たちに対する人間の認識にはほとんど関わらない選択をした。メルヴィルは、ダブロン金貨を見つめるピークォッド号の総員の姿を示したのと似た形で、『白鯨』作中で、しばしば予見的に、一人の人間の視点から一頭の鯨を見つめる際にとりうるであろうと思われる考え方をおよそ全て示している。エリザベス・シュルツは、微妙に異なる複数の考えが重なり合ったイシュメールの観点が《我々を、抽象的な他者としての――あるいは神性として、貪欲さとして、果てしなく利用可能な対象としてであろうとも――自然の排除へと向かわせる》と書いた。イシュメールはマッコウクジラに対する理性的、客観的、科学的、誠実なダーウィン主義的視点を兼ね備えながら、同時にエマーソン式視点の感情的、主観的、詩的な驚きを通じてマッコウクジラを祝福し探求する。シュルツの論によれば、語り手イシュメールはこれらを継ぎ合わせ、この種への第三の見方を作り上げる。小説の終わりを迎えるまでに、イシュメールはあらゆる鯨と自然界のあらゆるものを、時代をはるかに先取りした、相互依存に対する兄弟的、原初生態学的、原初環境保護主義者的な目で知覚すべく、その視界を広げるのだ。[*38]

繰り返しになるが、イシュメールは人間の手によるマッコウクジラの無為の苦しみに心動かされた最初の人物ではない。水面下の鯨の母子の眺めに人間との類似点を見出したのさえも彼が初めてではなかった。メルヴィルがとりわけ時代の先を行っていたのは、人類の鯨との関係性の全側面を明らかにすること、鯨を個体としてこれほど深く掘り下げて描くこと、人間を人間ではないものと結びつけて平等に扱うことへの熱意であり、そして、ひょっとすると最も重要なのは、メルヴィルが人間ではない動物を前にした人間を、個人としても種としても、そして肉体的にも倫理的にも失敗させるという点においても先を行っていたことだった。思い起こしてほしい。イシュメールは一頭のマッコウクジラが船を沈めて仲間の船員全てが溺死した出来事の生き残りだ。それでも彼はエイハブのように怒り狂いはしない。彼の語る話の全登場人物が、ひょっとしたらサメ的なところのあるクイークェグを除いて、あの鯨に及ばぬ存在だ。彼らは自分たちが追い求める動物よりも弱く、より不公正で、より偽善的で、より意志薄弱で、より欠点が多く、より分別に欠ける。「無敵艦隊」の章で、イシュメールは恐怖に駆られた鯨たちを、混み合った劇場で何かに驚いてパニックに陥り、互いを踏みつけて死なせてしまう羊のような人間の群れに喩える。《地球の野獣の愚行のどれをとっても、それを人間の狂気はどこまでも上回るのだから。[*39]》

一九七〇年代に行った鯨の歌の録音で鯨の保護運動に革命を起こした海洋生物学者、ロジャー・ペイン〔本書第26章参照〕は二〇一八年にこう書いた。《私は、鯨たちは人類が自分自身を救う助けになってくれる——私たちが「鯨を救え」から「鯨に救われた」に移行するのを助けてくれる——との証明に、メルヴィルはこれまでの誰よりも迫ったのだと感じる。[*40]》

一八五一年、メルヴィルの兄のアランは、メルヴィルが作品の題名を単なる『*The Whale*』から『*Moby-Dick; or, The Whale*』へと変えたことについて出版社へ手紙を書き送った。アランはこの長くなった題名がふさわしいと考えた。それは、これが《私の個人的な考えを明かしてもよろしければ、この書籍の主人公であると感じられる特定の鯨に与えられた名前》だったためであった。[*41]

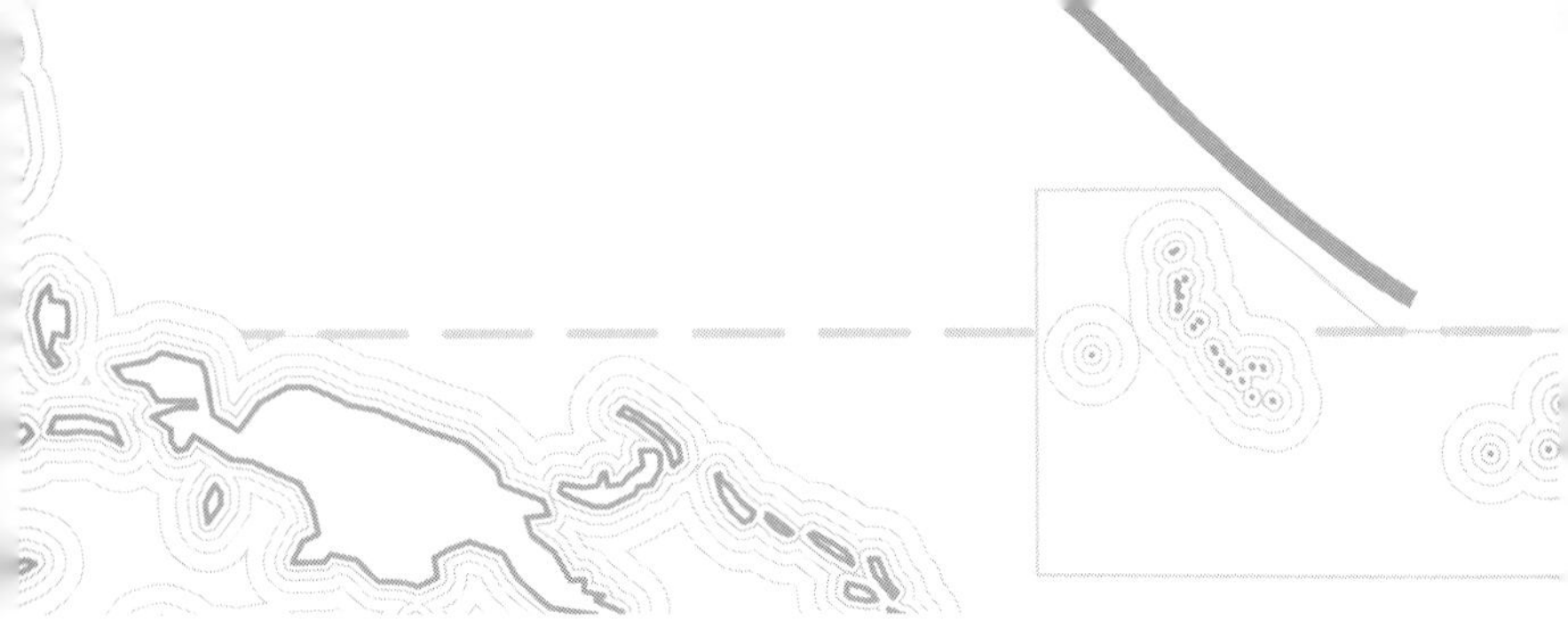

第30章　グンカンドリ
——黒い翼の急襲

そのため、この天の鳥は（…）彼の船と共に下へと消えた。
イシュメール（第135章「追跡——第三日」）

『白鯨』の最終章「追跡——第三日」の終わりで、白鯨モービィ・ディックはその額をピークォッド号の船体にぶつける。しかも二回も。主檣中段《メイントップ》マストにしがみついたタシュテーゴは、檣頭に釘で赤い旗を打ちつける。船は沈んでいた。沈みゆく船の名前はイシュメールが滅亡したと考えた米先住民の部族にちなんだものだが、タシュテーゴはその船でただ一人の米先住民だった。船の最上部から、タシュテーゴは水が自分の胸のところに上がってくるまで釘を打ち続ける。エイハブが、上にいるタシュテーゴに細長い旗をつけ直すよう命じていたのだった。舵手が風向きを見るために使うこの旗は、ボートに分乗した乗組員たちや他の船への信号としても使われた。さらに、船の旗をマストに打ちつけるという行為は、海軍ではその船に降伏する気がないことを示す符号だった。[*1]

タシュテーゴの頭の上にまで水が上がる中、イシュメールはこう述べる。

《星々の間の本来の居場所から舞い降りて、旗をつつき、そこにいたタシュテーゴの邪魔をしながらふてぶてしく主檣冠《メイントラック》を追ってきた空の鷹（sky-hawk）。この鳥は今、その羽ばたく広い翼をハンマーと木材の間に偶然差し挟んでしまった。そして、同時にあの大空の興奮を感じながら、水面下に沈んだあの蛮人は、その死の間際の一握りでもって、己のハンマーを掴んでそこに凍りつかせていた。そのため、この天の鳥は、大天使の悲鳴を上げ、その堂々たる嘴を上に突き出し、その囚われの全身をエイハブの旗の中に折り畳まれたまま、彼の船と共に下へと消えた。船は、サタンの如く、天の生けるもの一つを道連れに引きずり下ろし、それを兜として己が身に被るまでは、地獄へ沈むつもりはないのだった。[*2]》

メルヴィルは雄大な白いアホウドリを自らの天の鳥として溺れさせないことを選んだ。代わりに、彼は鋭く尖った翼を持つ肉食性の海鳥のことを書いた。自然と神に対するエイハブのどす黒い忿怒を体現する理想的なシンボルだ。エイハブは初めて太陽に向けて拳を突き上げ、捕食者である哺乳類の中で最大であり最深の潜水者である、最も高潔な神の白き創造物を追う。この時、エイハブは追放された大天使サタンを想起させる。白鯨との対面が近づき、エイハブ船長が初めて檣頭へと吊り上げられる中で船長の帽子を掠め取ったのは、同じ種類の《黒い鷹（black hawk）》であり、ひょっとしたら同じ《赤い嘴の野蛮者（red-billed savage）》でもあったかもしれない〔『白鯨』第130章「帽子」〕。

メルヴィルの言う《空の鷹（sky-hawk）》はグンカンドリ属（*Fregata*）の鳥だ。ドクター・ベネットは『世界捕鯨航海記』で《グンカンドリ（The Frigate-bird）》について丸一項を執筆し、この鳥は《海の鷹（sea-hawk）》とも呼ばれると説明した。イシュメールも「エピローグ」と「帽子」の章でその呼び方をしている。*3

今日の鳥類学者は五つの異なる種のグンカンドリを識別している。この五種はどれも似た姿をしているものの、成長の各段階でそれぞれの羽毛にわずかな違いがあり、そこには種内での地域差、そして雌雄差がある。ベネットはグンカンドリが《熱帯間域を頻繁に訪れる最も注目すべき海鳥》であり、その翼開長は平均六・五フィート〔約二メートル〕だと書いた。その中でも最大となる、南米沿岸部とガラパゴス諸島に多いアメリカグンカンドリ（*Fregata magnificens*）の翼開長は実に八フィート〔約二・四メートル〕に達する（上巻カラー図版12参照）。グンカンドリは、体重に対する翼の面積比が海上・陸上のあらゆる鳥の中で最大で、アホウドリをも上回る。彼らは熱による局地風よりも高くまで体を運んでくれる貿易風に乗り、事も無げに滑空する。鋭く尖った翼と鋏のような尾で、グンカンドリは鷹のように急降下した後、燕のように方向を変えることができる。グンカンドリを《フリゲートペリカン（Frigate Pelican）》の名で知っていたオーデュボンは、一八三〇年代に《ひょっとすると他のどんな鳥にも勝るのでないかと私が考える飛翔力》が彼らにあると書いた。オーデュボンは、グンカンドリが《高所から彗星の速さで》急降下して魚を捕まえる様子を記述した*4（図55参照）。

グンカンドリが「frigatebird〔フリゲート艦の鳥〕」という英語名を（「Man-of-war bird〔軍艦の鳥〕」や「sky-hawk」といった呼び名と共に）得たのは、現在では「労働寄生（kleptoparasitism）」と呼ばれる策略をとるためだ。これは、他の種を攻撃して脅し、相手が捕らえたばかりの餌を手放させる行動である。グンカンドリは水面下まで潜ることができない。陸上で歩くのもぎこちなく、海面で休むことさえ滅多にしない。だが、急降下してトビウオに襲いかかり、水面からその体をもぎ取ったり、アジサシを脅して捕まえたばかりの魚を吐き出させたりすることには並外れて長けている。イシュメールは「ピークォッド号、処女号にあう」の章でこのことに間接的に触れている。《海賊のような鷹たち》から逃れようとして金切り声を上げる鳥たちの描写だ。

図55　ジョン・ジェイムズ・オーデュボンによる「Frigate Pelican」の図。『アメリカの鳥たち』（1827年〜1838年）より。

タシュテーゴの姿が描かれるこの最後の場面は、ベネットが独自に書いたグンカンドリの描写と重なる。ベネットは、この鳥が他のどの鳥よりも高く帆翔し、《空の単なる斑点》になるまで舞い上がると書いた。彼は、並外れた長身の陸者が船に乗り、檣頭に立った時に両手で一羽のグンカンドリを捕まえて握りしめたという、船乗りの与太話を伝えている。《彼ら「グンカンドリ」は普段、風信器に固定された色つきの布の端切れを船の檣頭の上からちぎり取っていくのだが、そこを滑空している時」《彼らは喜びを味わっているようだ》とベネットは書いている。[*5]

ただし、メルヴィルはグンカンドリから着想を得る上で、ベネットを、さらにはオーデュボンさえも必要としなかった。メルヴィルは独自の体験を経ていた。アメリカグンカンドリは太平洋南東部全域でよく見られた。コグンカンドリ（*Fregata ariel*：『テンペスト』のエアリアルからついた学名だろう）とオオグンカンドリ（*Fregata minor*）は現在も南太平洋島嶼部全域にわたって見られるが、人間が入植し、漁場が枯渇し、島内にある鳥の群生地に鼠・猫・豚が持ち込まれる以前には、この海域で海鳥が今日よりも盛んに繁殖していた。『白鯨』の出版から二年後、『エンカンタダス』に、メルヴィルは広域を飛び回る《軍艦鷹（man-of-war hawk）》がガラパゴス諸島付近を滑空する様子を書いた。[*6]

ただし、メルヴィルはグンカンドリの描写に関しては必ずしも正確ではなかった。血のように赤い剣をかたどったイメージを求めるイシュメールの詩的な願望に反し、実際にはグンカンドリの細長いくちばしは灰色で、時に赤みを帯びることがあったとしても、せいぜいがピンクがかった色合い止まりだ。グンカンドリのくちばしの先に魚を捕らえる鋭い鉤があるのは事実で『白鯨』第１３０章「帽子」の記述と合致」、繁殖期には五種全ての成体雄がくちばしの下に鮮赤色の喉袋を持つ。この喉袋は風船のように膨らみ、つがいを作る際の求愛誇示に使われる。これをメルヴィルが赤いくちばしと誤認、あるいは混同したのかもしれない。ただ、公正のために書き添えておくと、メルヴィルが所有していた『ザ・ペニー・サイクロペディア』さえも、グンカンドリのくちばしを赤いものとして記述していた。[*7]

こうした点はさておき、メルヴィルはグンカンドリの詩情を長く味わってきており、その好みは彼の初の小説『タイピー』の幕開けの数場面から早くも始まっていた。

《陸地に近づくにつれ、私は現れた無数の海鳥に歓声を上げた。囀り、螺旋を描いて飛び回りながら鳥たちは船に同行し、時には帆桁や支索に舞い下りた。他の鳥の獲物をしばしば強奪する海賊然としていて、まさにふさわしい軍艦鷹〔man-of-war's-hawk〕の名をつけられたその同行者は、血のように赤い喉袋に漆黒の羽毛をしており、奇妙に煌めく目がはっきり見て取れるほどにまで周回の輪を徐々にすぼめながらわれわれに迫ってくる。そしてふと、まるで観察した内容に満足でもしたかのように空中に舞い上がり、視界の彼方へ姿を消してしまう。》〔『タイピー——南海の愛すべき食人族たち』中山善之訳、柏艪舎（二〇一二年）第2章を基に改変[*8]〕

こうして、メルヴィルは最初の著書においても、この黒い犯罪的なグンカンドリが白い無害なアホウドリから荒々しく獲物を奪って詩的な不死を得る姿に考えを巡らせていた。『白鯨』では彼の「空の鷹」がピークォッド号の米先住民と共に磔にされ、溺死させられる。

さて、黒い海鳥が沈められ体を濡らされる姿は、今日では違った種類の難破を連想させる。原油の流出事故だ。

第31章　イシュメール
——生真面目な海洋環境保護論者、気候難民

今や、小さな鳥たちがなおも口を開け続ける裂け目の上を叫びながら飛んでいた。その切り立った壁に重苦しい白波が打ちつけた。と、全てが途端に崩れ落ち、海の大いなる埋葬布《シュラウド》は五〇〇〇年前と同じようにうねり続けた。

イシュメール（第１３５章「追跡——第三日」）

私はある夏、学生二四人、船長一人、主任科学者一人、そしてプロの船乗りと補佐の科学者一〇人による一行の一員として、ＳＳＶ〔帆船学校艦船〕ロバート・Ｃ・シーマンズ号に乗り航海に出た。コンコーディア号で太平洋を巡ったあの初めての航海から二五年後のことだった。今回、私はよく檣頭に立って鯨を探した。『白鯨』の終わりの場、赤道太平洋でのことだ。

今回の航海は米領サモアの島を起点とする周遊の旅だった。かつては米国の鯨捕りたちのための補給地であり、今はマグロ缶詰会社のスターキスト社が独占する港となっている島だ。私たちはそこから北上し、広大なキリバス共和国を構成する赤道付近の島々の一つへと向かった。ここから日付変更線と赤道が交わる地球のへそまでは一日以内で到達する。私たちの第一の任務は、大学生たちに海について教えながら、フェニックス諸島保護区をジグザグ航行して調査を行うことだった。この保護区は世界最大級の海洋保護区の一つで、その領域は一一万九〇〇〇平方海里〔約四一万平方キロメートル〕、カリフォルニア州の土地の総面積〔日本の領土・領海を合わせた総面積とほぼ同じ〕に迫る広さだ。

水夫たちは海に出ている間にいつも故郷のことを考えてきた。しかし、私は今回の航海中、己を地上での生活から完全に切り離せていない自分に落胆していることに気づいた。頭をすっかり緩めて「地上の煩わしい心配」を忘れることができない。気がかりの一部は、要するに今日の私たちの世界の現実だ。ロバート・C・シーマンズ号はエンジンと近代的なテクノロジー機器を搭載している。すなわち、より多くのデータをより速く集めるために、調査プログラムのスケジュールに予定をさらに詰め込めるということだ。太平洋のど真ん中を帆走する横帆船の上にいても、私たちは限られた電子機器で陸上の関心事とつながり続けていた。

檣頭にある私の見張り台の、水面から約一〇〇フィート〔約三〇メートル〕の高さからは、理論上、晴天時には一一マイル〔約一八キロメートル〕以上先にいる鯨を見ることができた。私はこの距離を、船に備え付けの『ボウディッチ』の方程式から計算した。イシュメールは「檣頭《マスト・ヘッド》」の章で、マストに交差させた木切れから人がどれほど容易に足を踏み外して死に至りうるかに思いを巡らせるが、私は四点固定式のハーネスに取りつけた二つの独立したカラビナで体をかちりと留められていた。ただ、それでも、檣頭でのシフト中に船の索具が見えなくなり始めることには気づいた。あの吊り具《スプレッダー》の上に立って前方に目を向けると、たとえ斜めに吊られた中檣帆《トップスル》のロープが視界に入ってきたり、前檣《フォアマスト》の端が真上にあったりしても、まるで自分が海原そのものの上に立っているかのように感じられた。海は、特に白波がわずかな凪の日には、単純に、俗世的に見えた。まだら模様のカーペットのようだった。微風の日、あるいは中程度の風の日には、檣頭から見る海の色はほぼ一様で、一面に途切れなく続いているようだった。私はあまりに高いところにいたため、深さの感覚はおぼろげになっていた。一歩踏み出せばすぐにこの青いマットの上に着地できそうな、そして大股で二、三歩進んで身を乗り出せば水平線の端に手が届き、マットをつまんでめくり上げ、雲をその下へとさっと押し込めるような感じがした。別の言い方をすれば、一度に数時間連続して檣頭に立っているうちに、私は距離や縮尺を摑む力を緩めていたのだ。

　私は鯨を探しながら、この『白鯨』の自然史の航路を通じて得たものをつぶさに振り返った。『白鯨』は、米国人が一九世紀中盤にどのように海を理解したかを比較評価する上での一つの水準点を示す。メルヴィルはこの小説を、海での自らの膨大な経験だけでなく、一般向け科学書、百科事典、水夫たちと博物学者たちの綴った話、さらには当時の科学論文までをも含めた読書から書き上げた。彼の語り手、イシュメールは科学的な思考と探求を気にかけ、そこに価値を置き、時には当時の知識に熱心な訂正・修正を加えることさえするが、一方で、その探求が観測可能な、感情に訴える、あるいは霊的な人間と神の世界からあまりに離れれば疑問を呈する。疑いが生じた時には、イシュメールは海の驚異をごく間近に見てきた鯨捕りの視点を好む。『白鯨』は矛盾、誤り、逸脱に満ちた華々しいほどに乱雑な本だが、メルヴィルは自らの書く海洋生物学、海洋学、地学、気象学、航海術を、独学の博物学者としての能力の限界と思われる水準に保つために驚くほど気を配っていた。彼は海洋生物に対し、変化に富んだ先見的な観点を作り上げた。例えば、海棲動物（種として、個体としての両面）に人間が与える影響を自覚することもその一部だ。この自覚には、食料や製品を求める人間の需要を満たすために海に出て生き物を殺す人々を、あまりに偽善的な考え方で裁くべきではないという留保も含まれる。多くの意味で、この二一世紀に生きる私たちは、『白鯨』を環境についての三面性の教訓を持つ物語として読み解くのが妥当かもしれない。原初ダーウィン主義的物語、原初環境保護論者の物語、そして、イシュメールが今私たちにとって気候難民の象徴を務める物語である。

原初ダーウィン主義的物語としての『白鯨』

赤道へ向かうあの夏の航海の間、私たちは当時進行中だったフェニックス諸島保護区の継続調査（モニタリング）の一環として、少なくとも一日に二回、一連の生物学的・海洋学的サンプリング（試料やデータの抽出）を行った。船の安全上の必要性から、甲板には二四時間体制で見張りを配置した。さらに、日の出から日没までは一時間ごとに一五分間ずつ学生一人が追加で見張りに立ち、海鳥など目に見える動物を記録した。私は航行中毎日、通常は午前の中頃に（大抵は自分の朝食を少々危険に晒しながら）檣頭に上がった。どの日も二時間のシフト中は上に留まり、米領サモアの埠頭に戻るまでに私が索具に囲まれて鯨を探していた時間は延べ四八時間になった。マストの上にいないときは海の生き物を探して水平線に視線を走らせ、そしてエイハブ的に、全ての食事を甲板上で食べた。つまり、日の出ている間に私たちの船の周囲数マイル以内で何かが飛んだり、浮かんだり、潜ったりすれば、それが甲板上にいる誰かの目に入るようになっていた。もし夜だったら——その場合は、誰かがその音を耳にする可能性が高かった。

ところが悲しいかな、私たちが鯨を目撃したのはわずか数回だった。航海の幸先は良かった。米領サモアを出発して間もなく、私たちは数頭のイルカ、それから一頭のザトウクジラを見たのだ。だが、それ以降は一頭のミンククジラと、別のイルカの群れをいくつか見ただけだった。イルカはハンドウイルカとハシナガイルカ（*Stenella longirostris*）だったかもしれない。一ヵ月後に戻ってきた時、私たちは最後に潮吹きを一つ、米領サモア沖で見た。おそらくザトウクジラだろう。

私はもちろん、特にマッコウクジラを見たかった。だが、近年の調査は、そもそも大型の鯨を見られるとは期待しない方が良いと示唆していた。フェニックス諸島保護区には、膨大な数の魚とイカの個体群を育んでいると思しき急勾配の海山と海溝が何十もある。ニュージーランドのカイコウラ・キャニオンの海底地形とまさに同じような海底地形だ。しかし、私たちがカントン島の小さな藁葺きの集会小屋でカヴァ［コショウ属の低木、カヴァの根から作られる飲料。社交や儀礼に用いられ、酩酊作用がある］を飲んでいた時、私は当時の保護区管理責任者のトゥアケ・テーマから、彼がこの海域を多くの鯨が通過するとは考えていないことを聞かされた。ニューイングランド水族館が二〇〇六年から二〇一三年にかけてフェニックス諸島で別個に実施した五回の調査では、アカボウクジラと思しきわずか一頭の鯨しか観察されなかった。[*1]

それでも、私はある理由から、マッコウクジラを見られる希望を抱いてこの旅に出ていた。その二年前、ロバート・C・シーマンズ号が今回と似た航海に出た際、乗組員たちが実に三、四〇頭のマッコウクジラのユニット〔女系家族集団〕を見たのだ。そこには雌たちと、少なくとも二頭の新生仔がいた。[*2]歴史上の報告でも、この海域にいたマッコウクジラが記録されていた。一八五〇年代初頭にチャールズ・W・モーガン号がこの周辺の赤道域を巡航した際にはあまり運に恵まれなかったが、モーリーもウィルクスもこの海域をマッコウクジラの豊富な漁場として海図に載せた。世界捕鯨史プロジェクトのティム・スミスらは、一七〇〇年代終盤から一九二〇年代までの捕鯨活動をまとめた海図で、現在の暦の七月にマッコウクジラがフェニックス諸島保護区の北端に集中していたことを明らかにした〔上巻カラー図版7、紺色の印〕。ここは、コモドール・モリス号の船上にいたローレンス船長があの鯨の尾びれの印をいくつも描いた海域の一つでもあった。ローレンス船長が現在ミスティック・シーポート博物館に保管されているあのノリー海図〔上巻図15〕に描き込んだ航跡は、私たちが航行したのとまさに同じ水域をジグザグに横切るものだった。ローレンス船長の部下たちは、マッコウクジラの複数の《魚群（shoals）》から数頭を捕らえた。ローレンス船長は、仕留めた鯨の数より何十頭（何百頭とはいわないまでも）も多くのマッコウクジラを目撃した。それでも、私たちはこの赤道帯の海であの一頭のミンククジラの他には全く鯨を見なかった。[*3]

一九世紀の海、エイハブの海が本当に今日よりも多産な《活気ある》場だったのかを確信を持って見極めることは、近代の海洋生物学者、海洋学者、環境歴史学者にとって重要な課題だ。さらには、

《ノアの時代》の海と比較する場合もそうだ。専門家による研究は、その問いの答えが「イエス」であることをますます目の当たりにさせる。そう、一九世紀中盤の全世界の海は、今より多くの、今より大きな生物を擁していたのだ。これは、水夫の日記や船乗りが発表した体験記に加え、人類学的な証拠と、遺伝学とモデリングの分野での重要な近年の研究に基づいた答えだ。一七九〇年代に、ジェイムズ・コルネット船長は太平洋東部の豊富な魚たち、鳥たち、イルカたちのことをしきりに書いた。彼はモチャ島沖でマッコウクジラに《当時覆い尽くされていた海》のことを書いた。その半世紀後、ドクター・ベネットは一つ一つが巨大な太平洋のマッコウクジラの群れのことを書き、それぞれに《あらゆる合理的な理解を超えた》多数のマッコウクジラがいると綴った。近年の学者は海洋環境に「シフティング・ベースライン〔移ろいゆく基準〕」〔本書第10章参照〕の概念を適用し、私たちが普通のことだと考えてしまいかねない海の様相を再評価してきた。私たちは、大きな魚の大群、何千頭もの巨大なサメ、今より大型で体長のある海棲哺乳類、雲のように空に群れる海鳥のコロニーがいると伝えた過去の探検家と鯨捕りたちの報告を、今日私たちにとって信用に足ると思われる報告と比べ、誇張やプロパガンダとしてただ拒絶するべきではない。特に、私たちの中でも実際に海上であまり長い時間を過ごさない人々にとっては。ダグラス・マッコーリーらは、海棲脊椎動物が一九七〇年代から世界全体で平均二〇%以上減少してきたことを発見している。特に、魚は四〇%近く、ヒゲクジラ類の一部は八〇%から九〇%減少してきた。生態学的な集団として見た場合の海鳥は、地球上のあらゆる鳥類の中で最も絶滅の危機に瀕している。[*4]

私は、最近のある年の七月に自分たちが赤道太平洋のフェニックス諸島域で鯨を見なかったという事実をもって、これはマッコウクジラが種としてこれから消滅することを示す何らかの指標であるとほのめかすつもりはない。カイコウラ沖でマッコウクジラが近年徐々に減少しているのも、世界全体でのマッコウクジラにとっての問題を示す合図ではない。もし、私たちの船があと一日長く北へと移動して赤道をまたいでいたら、一次生産量と歴史上のデータから考えて、鯨を目撃する確率は途轍もなく上がっていたことだろう。また、私たちが航海したのはエルニーニョ現象とラニーニャ現象に挟まれた中立の年で、水温は例年の七月よりも少し高かった。船が全く同一の周回航路で航海を実施した他の年に比べてプランクトンの多様性と密度は低く、それ故、私たちが帆走したのはイカと魚、ひいてはマッコウクジラにとって海の生産性が低い時だったことが示唆される。[*5]

私たち、そしてその子供たちの生きている間に、マッコウクジラが捕鯨によって著しく減少することはほぼ確実にないだろう。鯨肉と鯨油の需要はあまりに少ない。『白鯨』やその他の芸術作品は世界中でマッコウクジラの地位を高めるのに大きく貢献してきた。人類の大部分はマッコウクジラを、他の全ての鯨たちと共に保全の象徴にまで持ち上げてきた。

人間と家畜の食用として大型鯨類を殺す一切の行為を承認しているのは、ノルウェー、日本、アイスランドの各政府だけだ。また、米国、ロシア、カナダ、グリーンランド〔デンマークの自治領〕も、北極圏の先住民によって少数の鯨類が殺されるのを許可している。日本は、彼らの言うところの科学的な目的のための捕鯨〔調査捕鯨〕の一環として一定数のマッコウクジラを捕獲する権利を宣言した唯一の国だ。ただ、日本の鯨捕りは他種の鯨を殺したことは報告してきたが、マッコウクジラ殺しの報告は二〇一三年以降ない。セミクジラなどのヒゲクジラ類とは違い、マッコウクジラはその習性によって船との衝突が起きる経路から自ら遠ざかる傾向があり、漁具に絡まったりぶつかったりするのもごくたまのことだ。他の大型鯨類の中では、例えばミナミセミクジラとミンククジラが、商業捕鯨を停止する国際捕鯨モラトリアム後の一九八〇年代後半から着実な回復を示しているようだ。しかし、タイセイヨウセミクジラとセミクジラは今も深刻な危機に置かれており、地球上に残っている個体数はそれぞれわずか五〇〇頭前後を行き来している。*6

私はまた、種としてのマッコウクジラが無事であるともほのめかすつもりはない。マッコウクジラの個体数は国際捕鯨モラトリアム後にゆっくりと回復してきているようではあるが、実情を知るのは難しい。例えば、カリブ海のマッコウクジラのクラン〔数十頭単位の群れ。本書第22章参照〕はおそらく最もよく研究されてきたものだが、予想されていたほどには個体数が回復していないようだ。マッコウクジラ（*Physeter macrocephalus*）という種は、私たちを皆殺しにしうるのと同じ、人新世の緩慢な媒介者によって全滅するのかもしれない。私たちが大海へと投げ込んだ銛に結ばれた縄が、知らぬ間に脅威となって私たちをじわじわと締めつける。これらの縄は、一八五一年のメルヴィルの想像を、さらには一九九三年にコンコーディア号の索具に囲まれて初めて檣頭によじ登った時の私自身の想像をも超えるものだった。海軍の演習、地震調査用の圧搾空気放出、発電用風車、そして海洋をまたぐエンジン音といった、人間が生み出す海洋ノイズの浸透と増加はマッコウクジラの行動に影響する。もしかすると個体の死や集団座礁さえ引き起こしてきたかもしれない。こうした人新世の海洋ノイズは、イルカやアカボウクジラなど、より小さく沿岸性のハクジラ類にとっては一層危険かもしれない。更に重要なことに、私たちは今、自分たちの首に普段から巻きつけているエイハブ的な縄の輪が大型

図56　英国スケグネスでの落書き〔Man's fault：人間のせい〕。2016年に北海沿岸に打ち上げられた計17頭のマッコウクジラ（写真には2頭が写っている）のうち1頭に書かれたもの。人新世以前に集団座礁がどれほどよく起きていたのか、科学者たちはまだ確実なことを知らない。

鯨類をも傷つけうることを知っている。化石燃料への中毒的な依存が、海洋でのプラスチックの散乱が、海へ向かう水路への工業汚染の流出が、そして、遠洋と近海の食物網の一次生産・二次生産を破壊し始めているかもしれない、人間による海洋の化学組成変化が、それぞれ縄となって首を締め上げる[*7]（図56参照）。

　消費者かつ捕食者として、移動者かつ栄養の分配者として、大型鯨類が海洋の環境にとっていかに欠かせない存在かはますます私たちの知るところとなっている。さらに、鯨たちがその死においてもいかに多くのものを与え、微小生態系、そして屍肉に集まる生物たちの生息地をどれほど支えているかも。人間という捕食者がおらず、時折現れるシャチの他には住処を巡る競合らしい競合もなかった頃のマッコウクジラは、自らの種、そして鯨類と魚類の個体数による制約しか受けていなかった。今日、マッコウクジラの主要な食料である深海のイカは人間にとっての世界的な市場規模こそ小さいが、ホワイトヘッドは集団としてのマッコウクジラが（二一世紀の縮小した個体群規模においても）年間で人類による世界の全漁獲量におよそ匹敵する量のバイオマスを食べていそうだと考えている。*8

『白鯨』で、追跡の最終日となる三日め、船長エイハブは檣頭に立って海の最後の眺め——ノアも見た《古い、古い馴染みの眺め》——を目にした後、さらなる銛の一打を白鯨の体へと沈める。モービィ・ディックはのたうち回り、エイハブの小舟を転覆させかける。獣は縄をぷつりと引きちぎり、痛みに苦しみながら突進する。しかし、その行き先はエイハブのボートの元へとって返すものではない。鯨は向きを変え、傍らのピークォッド号本体に激突する。イシュメールは断言する。《天罰、即座の報復、永遠の恨みが彼の様相に満ちた。》マッコウクジラはその《運命を定める頭》をもって、捕鯨船の広い右舷船首へと突撃する。海水がなだれ込む。白鯨はエイハブのボートの近くで再び水面に浮上する。エイハブはもうひとたび、三度めとなる突きをこの獣に与えるが、自分自身の銛に結ばれた縄で自らの命を奪うこととなる。

《銛は投げられた。打撃を受けた鯨は前へ飛び出した。ぱっと燃え立つような速度で縄が銛受けの溝を走り抜けた。——絡まったまま。エイハブはもつれを解こうと身を屈めた。そして確かに解いた。だが、宙を舞うその縄の一巻きが彼の首の周りをぐるりと捕らえ、そして、彼は声もなく、物言わぬトルコ人たちが弓の弦でその犠牲者の首を締める時の如く静かに、ボートから弾き飛ばされ、乗組員

たちが気づく前にいなくなっていた。[*9]》

（これはよくある事故だった。例えば、チャールズ・W・モーガン号が一八五九年に行った航海の始まりには、初回のボート下ろしの最中にフランシスス・リーコックという男が銛の縄によって捕鯨ボートの外に引きずり出されて溺死した。[*10]）

白鯨がピークォッド号にぶつかっていった後、船は素早く沈む。三人の銛打ちが、三本のマストの上に一人ずつ立っている。タシュテーゴとグンカンドリ――一番高い主檣《メインマスト》に釘づけにされている――が、船に引きずられていく中で最後まで生きている。煽動家のエイハブは、自らが個人的・実存的な血の復讐を果たす試みのために、あらゆる人種と階層の男たちから成る水上の国を煽り立て、死へと追いやった。彼は自らの命を奪い、誰も彼もの死をもたらした。誰も彼も、というのはイシュメールを除いてのことで、彼はエイハブのボートから放り出され、沈みゆくピークォッド号の上を飛び越えて、今ははるか遠くでクィークェグの棺にしがみつき、恐怖に震えながら成り行きを見つめている。イシュメールは今、ピップのような見捨てられし漂流者だ。[*11]

ロバート・C・シーマンズ号の檣頭に立っていた時、私はよくこの終幕のドラマのことを考え、また、もしピップやイシュメールが最初に水平線上の視界に入ってきた時にはどんな漂流物に見えるだろうかと考えた。サモアから北上を始めてまだ数日後のある午後、私たちは最初の転落者（man-overboard）救助訓練を実施した。私たちはクリス・ノーラン船長が舷側から海へ放り投げた防舷材《フェンダー》を回収した。合衆国沿岸警備隊の元士官であるノーランは、ココナッツの如き私たちの小さな頭が波間でいかにたやすく見えなくなるかを説明してくれた。特に、どんな海であっても波が立っている時には。ノーランはそのキャリアの中で、サモア、グアム、ハワイを頂点とする一二〇〇万平方マイル〔約三一〇〇万平方キロメートル〕超の巨大な三角海域での捜索救助活動の統率に当たったこともあった。沿岸警備隊はコンピュータでの予測モデルを使い、海や気象の局地的状況を覚え込ませて、任意の日に任意の場所で浮遊する物――あるいは人――の漂流の仕方を予測する。*12

「生存確率は主に水温によって決定づけられます」とノーランは私たちに伝えた。「アラスカ、北太平洋、北大西洋では、皆さんはおよそ一五分のうちに手指の可動性を失います」。

私は一八四九年にロンドンへ向かっていたメルヴィルのことを思った。ロープを手放し、船の後方へと――にやりと笑みを浮かべて――消えていくあの男を見ていたメルヴィルのことを。

「すごく冷たい水の中では、皆さんは一時間足らずでもう死んでしまいますからね」とノーランは言った。「我々が人を捜索していた時は、相手がボートに乗っていない、あるいはサバイバルスーツ〔全身を包む防水救命服。イマーションスーツ〕を着ていないと確実にわかっている場合は、捜索はそんなに、まあそれほど、長く続くようなことにはなりませんでしたよ。でも、もし比較的温かい水域なら、最大で四八時間、あるいはそれ以上に生き延びられることもあるでしょう。ただ、たとえ華氏九〇度〔摂氏約三二度〕の水域、つまりちょうどこの辺りみたいなところでも、やはり体の熱は失われて低体温症になりますよ。もちろん、数日間生き延びた人たちの話を聞いたことはありますが――それには**生きる意志**というのが大きいですね――でも、人は水の中にいればいずれ死ぬのです」。

訓練後、私はノーランにサメのことを聞いてみた。サメは沿岸警備隊が対策の対象としているものなのかと。
「いえ。あそこでのトレーニングに生物学的な講義はありませんよ」と彼は言った。「私は、サメたちがいるのはむしろ好奇心からじゃないかと思いますね。サメは死体の周りに集まる屍肉食らいです。海で生存者を救助する時に救助者がサメの攻撃をかわさなければいけなかったなんて事例は聞いたことがありませんよ」。
『白鯨』の我らが語り手イシュメールは、この難破事故の唯一の生存者ではない。「イシュ」と「鯨《フィッシュ》」が生き延びるのだ。メルヴィルは白鯨が死ぬとほのめかすようなことは何も書いていない。彼の体にこの三日間で新たに五本以上の銛が打ち込まれたにもかかわらず——そして、捕鯨ボートとピークォッド号のオークの船体に鯨脳油の詰まった前頭部《メロン》を打ちつけたことで外傷や何かを被ったかもしれないにもかかわらずだ。「化石鯨」の章で、イシュメールは鯨たちが《人間の時代が全て終わった後》まで生き続けるだろうと思い描く。[*13]
エイハブを殺したのが白鯨ではないことは、再度強調しておくに値する。私たちが聞くスターバックから船長への最後の言葉はこうだ。《ご覧なさい！　モービィ・ディックは貴方を探してなどいない。狂ったように彼を探しているのは、貴方、貴方だ！。》そして、エイハブはその獣に攻撃を加えようとする行為の中で、自らのロープで首をくくって死ぬ。[*14]
ここからありうる一つの読み解き方——バート・ベンダー、エリック・ウィルソン、ディーン・フラワーといった学者たちが提示した、今日『白鯨』から引き出し得る教訓の一つ——は、このストーリーは『種の起源』の予兆を体現している、あるいは少なくとも、近代的な環境保護的感覚を予期しているというものだ。メルヴィルは、一八五一年にはダーウィンがまだ徐々に拡散させている途中だった、自然選択による進化の二大促進要因を示した。それは適応度と偶然性である。マッコウクジラのモービィ・ディックは、その強さと狡猾さを使って泳ぎ去り、潜在的には自らの遺伝子を受け渡す〔その環境に適した（適応度の高い）性質を有しているために生存・生殖の可能性が高まる〕。一方、人間のイシュメールは、自らの制御できる範囲を超えたところでの馬鹿げた幸運によりただ一人で漂流し、潜在的に自分の遺伝子を受け渡すことのできる時点まで生き延びる〔偶然により生存・生殖の可能性が高まる〕。（もちろん、ダーウィンやメルヴィルが「遺伝子」に言及したわけではない。当時は遺伝のしくみを誰も知らなかったからだ。〔遺伝の法則を発見した〕メンデルでさえも、一八五〇年代に修道院の庭でぼちぼち実験を始めたばかりだった）。

《危害を与えてこないサメは》とイシュメールは言う。《口に南京錠をかけたかのように黙ってすいと泳ぎ去った。獰猛な海の鷹はくちばしを鞘に収めて颯爽と飛んだ。》翌日、水に浸かって二四時間近くが経った後で、イシュメールはレイチェル号の鯨捕りによって救出された。レイチェル号は船長の息子を探していたのだが、代わりにイシュメールを見つけたのだった。*15

メルヴィルは『白鯨』執筆前に大西洋を横断していた際、コールリッジ的な感性を持つ新しい友人のことを日記に書いている。聖典と神性を受け入れながら、科学的発展を深く議論したがっていた男だ。イシュメールについてもこれは当てはまる。彼は自らのストーリーを語り直す中で、生物種の変移に対し、あらゆる種の相互接続性、不合理性、非重要性に対し、そして、はるかに大きく、長く、深く、年月を重ねた海の、力強く、共食い的な、見せかけの不死性に対し、自らの心を開いて受け入れていく。『白鯨』は環境哲学者の心に沿った小説であり、すなわち原初ダーウィン主義的な寓話なのだ。

原初環境保護論者としてのイシュメール

鋼鉄製の二本マスト船、ロバート・C・シーマンズ号は、ディーゼルエンジン、単一プロペラ、レーダー、GPS、測深器、ディーゼル発電機、冷蔵庫、冷凍庫、海水を飲用水に変える二台の逆浸透濾過装置を搭載している。この船には、規模こそ小さいとはいえ、現在稼働している最先端の海洋研究用船舶にも匹敵する科学設備がある。私たちはそこまで深く下ろしたことは一度もなかったが、シーマンズ号はワイヤーを九〇〇〇フィート〔二七〇〇メートル超〕近くまで海中に下ろすことができる。私たちは毎日このワイヤーに、水圧によって蓋が開閉する瓶を並べた回転台を取り付け、異なる深度から海水試料を取り込んだ。私たちはコンピュータ制御のソナー装置、CHIRP《チャープ》〔本書第16章参照〕を使っていた。この装置は船の鋼鉄製の船体からマッコウクジラのクリック音に驚くほど似た音を発する。いつも私たちの〔船から海底までの〕水深を記録し、イシュメールの言う《発見できない底》の地形をなぞって図面化していた。超音波ドップラー流速計（Acoustic Doppler Current Profiler）、略してADCPという別の装置一式は、継続的に水面および水面下の水流を記録した。そしてこの装置もまた、情報収集のために音響信号を使うのだった。私たちは過去のフェニックス諸島行きの調査を再現し、過去の複数回の航海と同じ箇所でサンプリングを進めた。例えば、三人の学生は、主任科学者のデブ・グッドウィンの指導の下、表層曳網で集まったプランクトンを採取し、pHとアラゴナイト飽和度〔アラゴナイト（アラレ石）はサンゴ骨格の原料となる炭酸塩鉱物〕を指標に海水の化学的性質を追跡した。珊瑚礁と石灰化を行う動物プランクトン〔翼足類や有孔虫など〕の成長と回復力に対して世界的・局地的な海洋酸性化がどう影響しているのかをもっと知るためである。海洋酸性化はまた、牡蠣、ムール貝、さらにはアオイガイといった、より大型で殻を形成する無脊椎動物にも影響を与える。科学者はアオイガイが気候変動に対してひどく脆弱なのではないかと考えており、その殻の薄さと脆さ故に絶滅にまで追い込まれる懸念があるという。コモドール・モリス号、チャールズ・W・モーガン号、アクシュネット号がこの近辺の海域を一八四〇年代から五〇年代にかけて航行した時には、私たちがフェニックス諸島周辺の各所でプランクトンネットを曳いた時よりも海の酸性度は穏やかだったようだ。人間が過去十数世代に渡って行ってきた、化石燃料の燃焼、そして産業目的での熱帯雨林の除去は、海洋の化学組成の変化をあまりに素早く劇的に加速させてきたようだ。古海洋学者が、現在の酸性化速度は地球上でここ五六〇〇万年間は見られなかったほどのもので、現生する大部分の海棲生物の進化の過程で経験されたことのない状況だと考えるほどだ。[*16]

私たちは三つの環礁島が並ぶ沖合で錨を下ろした。シュノーケルをつけ、自然そのものと思われる珊瑚礁と礁湖を泳いだ。ここは、科学者と保護区管理者が、わずかに残る「手つかず」のサンゴ群島生態系の一つだと考える領域の中にある。「地球上で最後のサンゴ原野」でさえあるかもしれない。フェニックス諸島では、放浪性のポリネシア人、ミクロネシア人の集団がまばらに居住したのが開拓の始まりだったが、淡水が不足していたことから、彼らが数年以上この島々に留まることは稀だったようだ。キリバスの島々の多くは、一八〇〇年代初頭に米英の鯨捕りによって西洋の船乗り用海図に初めて明記された。彼らはこの辺りの島々を「キングスミル島群（Kings Mill Group）」と「ギルバート諸島（Gilbert Islands）」〔転じて「キリバス」の名になったとされる〕の一部として名づけた。南に位置するある島は、スターバック島と名づけられた。私たちの最初の投錨地（近くで大きなイカが水面に浮かんでいるのを見かけた）はエンダーバリー島にあった。この島は一八二三年に英国人鯨捕りのサミュエル・エンダーバリーの名をとって命名された。イシュメールもその名に言及しているエンダーバリーは、コルネットの航海の後援者の一人だった。また、私たちが広大な礁湖（ピップの《壮大な球体》の上をシュノーケルで泳いだカントン島の名前は、そこで一八五四年に難破したニューベッドフォードの捕鯨船にちなんでいる。私は珊瑚礁の上を小さなボートで進みながらこのサンゴ虫の上を漕ぎ進め、また船べりから目を見開いていた米国の鯨捕りのことを考えた。ここ数十年の間に、キリバスの珊瑚礁は異常に温度の高いエルニーニョ現象のために二度の大規模白化事象に見舞われた。しかし、科学者はサンゴが予想よりもはるかに速い回復の兆しを見せている様子に驚かされてきた。[*17]

停泊中のある日、ノーラン船長と私は翌朝行うシュノーケリングの実施箇所の偵察に出ていた。私がボートに泳いで戻ると、ノーランは、何も気づかず水面を泳いでいた私の周りを三頭の大きなネムリブカ（*Triaenodon obesus*）がぐるぐる回っていたと言った。この島々の周りにいる沿岸性のネムリブカは、二〇〇一年にたった一艘の延縄漁船がシャークフィニング〔サメの体からヒレだけを切り取り、残りの体を海に捨てるフカヒレ漁〕を行い、わずか数ヶ月でここに生息する個体群を大幅に縮小させてしまった殺戮の後、なお回復の途上にあった。[*18]

停泊中に自由時間があると、私はいつも海岸を探索した。鯨の骨格か竜涎香の塊を見つけたかった。ニクマロロ島（学者はアメリア・イアハート〔女性初の大西洋単独横断飛行を達成した後、世界一周飛行中に消息を断った〕と航空士がこの環礁島に墜落して漂流死したと考えている）にいた時、角を曲がるとプラスチックボトルだらけの海岸が見えた。他のプラスチックゴミも見た。ビーチサンダル、釣り用の浮き、そしてポリプロピレン製ロープ。キリバスの島々がどれほど辺鄙なところにあるのかは言い表しがたい。今度あなたが地球儀を手に取ることがあれば（平たいスマートフォンではふさわしい効果は得られない）、キリバスの島々を見つけて、いかにどんな場所からも遠く離れているかを見てみてほしい。ニクマロロ島の風上側では、日光によって様々な段階まで劣化したプラスチックボトルがどんどん小さな破片へと崩れていく。海ではそのプラスチックが最終的に沈んでいき、海底に留まる――私たちが考えるに、それは何世紀にもわたる。島のその風上側の一帯では、プラスチックボトルが平均して二、三歩ごとに砂の上にあり、その数はココナッツよりも豊富だった。[*19]

　私たちは何個かのゴミ袋いっぱいにプラスチックゴミを集めたが、まるで減った様子はなかった。このプラスチックゴミはほぼ全てが何千マイルも離れたところで捨てられて漂ってきたに違いない。この辺りの人気《ひとけ》のない海岸にはありえないほど大量のプラスチックがあった。

　その六カ月ほど前、西に一〇〇〇マイル〔約一六〇〇キロメートル〕以上離れたフィリピンのとある入り江で、体長三八フィート〔一二メートル弱〕の幼い雄のマッコウクジラが浜辺に打ち上げられた。生物学者は、この幼獣の胃にプラスチック製品、釣り針、ロープ、釘の刺さった木材、鋼鉄製のワイヤーが詰まっていたことが死の原因だと確信した。二〇一八年の春には別の雄のマッコウクジラがス

図57 プラスチック製のバケツで（おそらく危険な遊び方で）遊ぶマッコウクジラの赤ん坊。ドキュメンタリー映像シリーズの一作「ブルー・プラネットII」（2017年）に登場。

ペインの海岸に打ち上げられた。おそらくの死因は胃と腸に六四ポンド〔約二九キログラム〕のゴミが詰まっていたことで、ゴミの中身は主にプラスチック袋とロープだった[*20]（図57参照）。

ロバート・C・シーマンズ号で別の航海に出ていた時、私は北大西洋のハワイ東方にある「太平洋ゴミパッチ（Pacific Garbage Patch）」を横切った。船のプランクトンネットが肉眼では見えないマイクロプラスチックを引きずり上げる中、私たちはもっと大きなゴミの破片が流れていくのもよく見かけた。バケツ、発泡スチロールの平箱、子供のおもちゃ。ある日、シーマンズ号は打ち捨てられた漁具の塊にプロペラを覆われたために完全に航行不能となり、危険な状態に陥った。海の真ん中で乗組員二人がスキューバを使って潜水し、漁具を切り離さなければならなかった[*21]。

海洋プラスチックもまた石油由来であり、それ故に大気中の過剰な二酸化炭素の発生源の一つでもある。海洋プラスチックの蔓延は、全く予想もつかない形でも世界の海と海岸線を変容させている。日本の東北部の海岸域に壊滅的な被害をもたらした二〇一一年の地震とその後の津波〔東日本大震災〕は一万五八九〇人以上の命を奪い、原子力発電所をメルトダウンさせ、少なくとも一〇〇万棟以上の建物を半壊または全壊させた。科学者は、この震災後にプラスチックが土台代わりとなり、本来は決して生き延びられなかったであろう海洋生物種を載せて、太平洋を数ヵ月、数年かけて漂う旅に出ていたことを発見した。いくつかの種は浮きドックや瓦礫の上で生き延び、北米の海岸に流れ着いて定着した。これら侵入種の影響は今も続いている。侵入種はかつて、捕鯨船の藻の生えた船体の隙間や、甲板下の船倉の中に入り込んで移動し、その後は二〇世紀の船のバラスト水〔船を安定させるために補塡・排出される海水〕に乗って運ばれたものだが、漂流するプラスチックゴミというのは全く新しく驚くべき媒体だった。*22

ハーマン・メルヴィルは、一八一九年から一八九一年までのその生涯において、自然に生じた物――鉄、泥、木、鉱物、岩――以外から作られたものに触れたことはなかった。人間が一から人工的に合成されたポリマー〔高分子化合物〕を発明したのは二〇世紀初頭に入ってからだ。メルヴィルは、私たちが現在の言語感覚で「環境保護主義者」と呼ぶ人物ではなかったが、彼は生息地の崩壊に確かに気づいており、絶滅のことを知っており、周囲での人口爆発を目撃し、森が丸裸にされた地域に住んでいた。メルヴィルは鉄道が沼地と草地を横切って敷かれていくのを見つめ、文章で読んだ。彼は農場屋敷を買い、『白鯨』執筆の最中にバークシャー山脈〔グリーン山脈〕の近くに引っ越した。その理由の少なくとも一部が、ニューヨーク市の喧騒と産業化時代の拡大を離れるためだったことは間違いない。
そのようなわけで、二一世紀の読者にとっての『白鯨』の二つめの教訓は、人間を中心的地位から外す陰鬱な寓話としての先見性である。この小説は、人間にとって自然の海洋世界が持つ力に下手に手を出すことがいかに惨めな結末になるかを示している。エイハブの傲慢は大部分が個人的、致命的な狂気によるもののようだが、彼の行為はうんと広く考えて、人間のあらゆる反環境的衝動の象徴ともなる。学者のエリザベス・シュルツが二〇〇〇年に行った説明によれば、エイハブの死は《二〇世紀の環境活動家たちの、海洋保全に敵対する勢力を全滅させる願望――構想とは言わないまでも》を予期させる。象牙色の義足で立つエイハブは、そのサメ的、グンカンドリ的な欲望を決して抑制できない近代の消費者主義と自然蹂躙の象徴を務める。さらに具体的に言えば、エイハブは容易に大石油企業《ビッグ・オイル》の代役となり、石油燃料の果てしない探求の支持者となる。原初環境保護論者の寓話としての『白鯨』の読み方は、特に二〇一〇年に石油掘削施設「ディープウォーター・ホライズン」で起きたメキシコ湾原油流出事故の余波の中で浮上してきた。この事故は米国市場最大の石油流出事故であり、海でより深く、より遠くまで石油を掘削するテクノロジー機器により引き起こされた。油にまみれた海鳥が報道メディアの写真を埋め尽くし、海への原油流出が続くうちから、ニューヨーク・タイムズ紙はエイハブ、『白鯨』、そして《傲慢、破壊性、絶え間ない追求という作品のテーマ》についての記事を伝えた。[*23]
こうした海の旅の船上で今、思索に耽る一人の若人が学校船のマストによじ登り、メルヴィルが

『レッドバーン』に《大いなる鯨たちが呼吸するまさにその息》と書いたものを吸い込んだ時に何が起こるか、あなたは知りたいだろうか？

彼女は陸地を離れてから一週間が経ち、海のど真ん中にいるとしよう。北大西洋か、南太平洋か、あるいは地球の海のどこか。その学生はついに、環境罪悪感《エコ・ギルト》から、そして陸に置いて逃げてきた一切のものから離れたところにいる。彼女は水平線を見る。その三六〇度の無限の広がりの全てを見つめる。海が不死のもの、時を超越したものに見える。彼女の目には、これがノアの海と同じもの、これまで想像するよう教えられてきたもの全てに見える。そうして穏やかな時間をひととき過ごした後、彼女はふと、船首の向こうに小さな点を見かける。半分水に浸かりながら水面を漂う点。彼女は初め、それが滑らかな鯨の背中か、あるいはまだら模様の海亀の甲羅だと考える。船に同乗する仲間たちに叫んで伝えたい。写真を撮るために携帯電話を持ってこなかった自分を叱りつける。だが、その点がこちらに、あるいは船がそちらに近づくにつれ——どちらなのか、彼女にはよくわからない——彼女はそれが実は、日に焼けた、場違いなピンク色の、棺のような発泡スチロールの保冷箱の沈みかけたものだと突き止める。浮かんでいるのはボートの鉤の届く範囲外だ。小さなボートを出してそれを釣り上げてほしいと叫ぶ彼女を、船長は無視する。

この光景は、ホモ・サピエンスの手の届かない、未開で本来のままの海について彼女が考えたことを全て粉々に打ち砕くだろうか？　私から言わせてもらおう、これは確かに、確かに、確かに全てを打ち砕くと……。

気候難民としてのイシュメール

私がこの著作の「はじめに」に引用したように、ルイス・マンフォードは二〇世紀のメルヴィル作品リバイバルの初期にあった一九二九年にこう予言した。《〔時を経ても〕それぞれの時代が『白鯨』の中に自らの象徴を見出す、そう予言してもよいだろう。あの大海の上で雲は流れ、移り変わり、海そのものも、そうした変化を水の奥底から空へと映し返すだろう。[*24]》

ハーマン・メルヴィルは人知れず死んだ。彼の傑作は失敗作だった。それでも、私たちが二〇一九年に彼の生誕二〇〇周年を祝う今〔本書の原書は二〇一九年刊行〕、メルヴィルの小説は毎年新たな読者に刺激を与え、専門の学者たちと趣味のモービィ・ディック狂を惹きつける核として発展を続けている。『白鯨』は今、どんな「偉大なアメリカ小説（Great American Novel: GAN）」論にも登場する。何十もの言語によるあらゆるタイプの読者が、このストーリーに様々な物事についての反乱と真実を見出してきた。説話体について、神について、メルヴィルの両親、子供、恋人について、フロイト的執着について、米国の民主主義について、南北戦争について、労働について、ファシズムについて、共産主義について、人種差別主義について、文化相対主義について、ジェンダーについて、同性愛について、エコフェミニズム〔環境破壊と女性の抑圧に共通の構造を見出す〕について、米国経済史について……。

一九五〇年代には既に、「Moby-Dickering」★という表現――この小説の意味を見つけ出そうとしてあまりに長時間を費やすことを指す――がニューヨーク・タイムズ紙に登場していた。あなたの目の前にある本書のプロジェクトはそれ以上のものではなく、また、それ以下のものでもないことを願う。一九九四年、文学の教授であるポール・ローターはこう書いた。《おそらく常にそうであるように、一九二〇年代の批評家がメルヴィルから拵えたものは、彼〔メルヴィル〕についてよりも、彼ら〔批評家〕について一層多くのことを我々に伝える。》ローターの論点は象牙の塔を越えたはるか先へと広がる。モービィ・ディックは生き延びる。いつも変わらぬ強さで。聖書の物語を、そして現在ではもしかすると『ハリー・ポッター』を除いて、私は『白鯨』の他に米国の大衆文化においてこれほど広く知られ引用されている文筆作品を思いつかない。実際にこの小説を全編読み通したことがある人の割合はごくわずかだとしてもだ。「老水夫行」や、さらには『テンペスト』の《sea change》〔その後「大変化」を指す表現として定着した〕という言い回しについてさえも似たことが言える。新聞や雑誌の記事は、執着や遠く困難な目標を白鯨モービィ・ディックにしばしば喩え、権力の座（その他何でも）にある根気強い人物は誰であれエイハブ船長に喩える。*25

南太平洋の真ん中でロバート・C・シーマンズ号のマストの上に立った時、私はイシュメールが漂流している様を想像した。喉が渇き、低体温症になり、ひょっとすると観念し、なおも受け身で、なおも物事を問い続け、なおも哲学的なイシュメール。彼は今、身をもって環境保全の教訓を見せしめる。異なる考えに心を閉ざさず、博学で、しばしば滑稽なイシュメールは、典型的な環境保護の英雄ではない。イシュメールはロラックスおじさん〔絵本作家ドクター・スースによるキャラクター。環境破壊が進んだ世界で森の番をする〕ではない。どんな立場も提唱しない。正義を正そうとする行動を何もとらない。マーガレット・アトウッドは「イシュメールの来世」という寓話の中で、イシュメールが何もしなかった罪で〔鯨の神から〕罰せられたことを書いた。しかし、イシュメールは偶然に選ばれ（しかしその試練を全力で受け入れて）、少なくともこれら悲劇的な出来事の証言には立っている。新たな老水夫である彼は、海とその動物たちに投じられた矢への、銛への反対を説きながら自らの物語を語る。ひょっとすると、イシュメールは私たちに大小全ての生き物を、マッコウクジラからブリットまでを愛するように言い聞かせているのかもしれない。もしかしたら、これらの生き物が神の創造物であると読者が信じているかどうかさえ、イシュメールにはあまり関係ないのかもしれない。[*26]

　鯨を探しながら檣頭に立っていると、時折、学生がこちらに上がってきて私と話をしていくことがあった。あるいは、甲板の手すり越しに向こうを見ながら、もしくは後甲板での講義中に会話をすることもあった。私がコンコーディア号で最初に教職を得て以来、大学生の認識は〔ざっくりと全体をひとまとめにする見方ではあるが〕活動家のエネルギーを社会正義の問題に集中させることの方へと移行し、動物の生来の権利や、私が共に育てられてきた「アースデイ」〔地球環境について考える日として提唱された〕的な環境主義にはあまり関心が向けられなくなった。商業捕鯨と固有文化に基づく捕鯨についての授業内ディベートの見学、参加、時には企画を二〇年以上にわたって続けてきた後の私に、今の青年層は「鯨を救え」運動を概ね古風な、さらには素朴とさえ言えそうなものとして見ているように映る。研究によって海棲哺乳類のさらなる知性、長寿命、そして文化の側面としか呼びようのない社会行動の証拠が解明され続けているにもかかわらずだ。鯨を彼らそのもののために、彼らに本来

★「bickering〔くだらない言い争い〕」、「dickering〔せせこましい駆け引き〕」などに重ね合わせた表現か。

備わった個体としての価値のために守ることは、最新の環境保護主義の原動力ではない。私がこれまでに出会ってきた学生の大部分にとって、一頭の鯨をその命または幸福だけを理由に守ることは、普通、経済的あるいは政治的犠牲を払うのに充分な動機にはならない。——ええ、『白鯨』で鯨を殺戮するのは酷いことですよね、でも、人間に突きつけられた残虐さについても考えてはどうでしょうか？　タシュテーゴは米先住民として、ダグーはアフリカ系として、フェダラーは東南アジアもしくは中東の荒唐無稽な悪魔として、冷酷な扱いを受けています。あるいはこの話の人間側の英雄、太平洋島嶼部の民であるクイークェグは？　こうして、次世代にとっての『白鯨』の環境保護主義の顔は、マッコウクジラではなく、ピップや銛打ちたちとなる。今の学生は例えば、固有文化に基づく捕鯨の権利を支持する方へ、アイスランドやノルウェーや日本の主張を（これらの国々が、自国に捕鯨が文化的に必要なのだとする主張を弁護できるのであれば）受け入れる方へと傾いている。イシュメールが教えるように、この新しい世代はグレーゾーンにチューニングを合わせることを、人間や人間以外の動物に順位づけをしないことを学んできた。そして、こうしたディベートを普段から開いている同業者の言葉を借りれば、「学生は文化帝国主義にちょっと動揺する」。来たる世代の若者は、一つの文化が別の文化に何をすべきかを強いることのない、共同的環境主義を望む。そのため、今日では多くの点から、気候変動危機と海洋をホッキョクグマが代表することは少なく、タテゴトアザラシでさえもしばしば顔とはならず、イヌイット式の生活様式とこれらの動物が揃って代表となる。*27

キリバスの海と海岸がノアの洪水以前から存在する手つかずのエデンの園であってほしいと思っていた私たちだが、［現地を訪れてみると］島国キリバスの全土に暮らす人々は自分たちが気候変動の最前線に立たされていると感じていることを知った。約一一万三〇〇〇人のキリバス国民〔そのほとんどはタラワ島に住む〕は、この地球規模での危機を生み出すことには全く何も関与してこなかった。現在、キリバス共和国は三三の島で構成される。二つの小さな無人島は一九九九年に海中へと事実上消えてしまった。島々の多くは幅が一・二法定マイル〔約一・九メートル〕もなく、平均標高は海抜六フィート〔約一・八メートル〕だ。[*28]

米国地球変動研究プログラム（US Global Change Research Program）は、《排出量が最低限となるシナリオ》と、グリーンランド及び南極地方にある極地圏の氷の砦が大幅には失われないことを想定した場合でも、二〇九九年までには海水面が最低でもさらに一フィート〔約三〇センチメートル〕上昇すると予測した。最大級の見積もりでは、今世紀の終わりまでにさらに四フィートの海水面上昇が起こりうるという。極地の氷の融解、海水面上昇、それに関連している気温上昇は、単にキリバスの国土が失われることだけでなく、数々の環礁島を囲む珊瑚礁の損傷が続いていくことにもつながっている。珊瑚礁はキリバスの食糧と経済のあまりに多くを担っている。砂と土が波に完全に覆われて水没するより先に、淡水の欠乏によって島々に人が住めなくなる可能性の方が高い。[*29]

二〇一七年、世界銀行はコールリッジの「老水夫行」の有名な一節を引いて、こう題した記事を発表した。「水、水、どこもかしこも、されど一滴たりとて飲み水はなし――気候変動の打撃を受けたキリバスでの暮らしに順応する」。記事の筆者はこの島国が人新世の気候変動に対して最も脆弱な存在の一つだと説明した。限られた水源は既に下水汚染のリスクにさらされている。キリバス国民はほぼ確実に、私たちの子供たちの生きている間に、全国民が土地の所有権を主張できない最初の国民集団（同時期にそうなる国が他にあるかもしれないが）となるだろう。キリバスの人々は物理的な故郷を丸ごと失い、一切の大地の領有権を法的に主張できなくなる。記録されている人類の歴史上初めて、一国の住民が、丸ごと一つの文化が、気候難民による国土なき共和国の国民となる。――イシュメール気候難民無国土共和国だ。[*30]

キリバスの前大統領、アノテ・トンは保全措置のためにフェニックス諸島保護区の設立を支援した。世界各所の他の保護区からは、保護区の区域内・区域外両方の海洋生態系が大幅かつ急速に改善することを示唆する根拠が得られている。保護区の境界線のすぐ外では今後漁業権の価値が上がる可能性があることから、トン大統領は世界レベルで自国キリバスの認知度を高めて漁業権からの歳入を増やす好機を見出した。さらに、トンは将来の移民先を確保すべく、自国の予算の大部分をフィジー国内の土地の購入に充てた。「尊厳ある移住（migration with dignity〔「migration」の語には鯨や鳥などの「回遊」、「渡り」の意もある〕）」というのが彼の遊説スローガンだった。彼は海岸へのマングローブの植林や、若いキリバス人が他国に根を張ることへの経済的・教育的インセンティブの創出など、多様な政策を主導した。トンはこう書いている。《それでも、キリバス国民は自分たちが今でも海の世話役なのだと認識している。今や自分たちの生き方を脅かす海をなおも執り仕切っているのだと。[*31]》

この根本的思考はメルヴィルやエイハブやイシュメールやノアにとっては異質なものだろう。暴れ狂い威力の限りを尽くす海が、なおも人間の世話を必要とする、あるいは歓迎するだろうというのだから。

私たちは航海中にあるニュースを知った。フィジー大統領が、自国はキリバスからの人々を歓迎すると公式に発表したのだ。私たちには素晴らしい吉報のように思われたが、船上の学生の一人に、ニュージーランドで生物学を学んでいたキリバス国民のカレアス・ウェイサンがいた。彼女はこう説明した。「フィジー人は私たちを見下してるんですよ」。彼女はフィジーを何度か訪れたことがあった。レストランで彼女がキリバスから来たとわかるとフィジーの人々の対応は変わったという。気候変動の顔、気候変動の被害者としてキリバスが受け取った国際的注目には、ありがたいものもあれば厄介なものも混じっていた。「私はフィジーに移り住みたくはないです」とウェイサンは私に言った。[*32]

檣頭に上った私は、『白鯨』のイシュメールのことを気候難民として考え始めた。今では何千万人もの人々が気候変動によって故郷を追われている。聖書ではイシュマエル〔「主は聞きたもう」の意〕は孤児であり、不要とされた漂流者で、新たな信仰を探すため旅を続ける。ルイジアナからパプアニューギニアまで、既に各所で海水面上昇のため永久に住まいを追われ移転を余儀なくされた人々がいる。[*33]

私たちが赤道太平洋域への航海中に接した動物相は、海の長旅の常で、海鳥が最もよく目につくものだった。私たちはカツオドリ、ネッタイチョウ、アジサシを観察し、その数を数えた。しかし、旅の間じゅう見られ、群を抜いて活発だった動物はグンカンドリだった。米領サモアのパゴパゴ港の上空においてさえ、グンカンドリが水上を、そして火山性の山々の上を滑空していた。時々、島々の近くでグンカンドリが恐ろしいほどこちらすれすれまで急降下してきた。その一方、私はマストの上にいる時に呆気にとられるほどの遠い高さにいるグンカンドリを見ることもあった。どんな鳥も見たこともない高さを超えて飛ぶちっぽけな点々。高みに浮かぶその姿は雲の中へと漂い消えていくかのようだった。ニクマロロ島沖で錨を下ろしていた時に、私たちは一羽のグンカンドリがセグロアジサシ（*Sterna fuscata*）に襲いかかり、獲物の魚を空中で奪うのを見た。ある朝、エンダーバリー島付近で私が檣頭にいた時には、グンカンドリが私たちの船の前檣《フォアマスト》のてっぺんの無線アンテナへと急降下してくちばしで突いた。私のいた場所から手が届いてしまう距離だった。私に勇気があれば、彼を手で摑むことができただろう。勇気、そしてヘルメットがあれば。

キリバスの国家は一九七九年に英国の統治下から独立を宣言した。彼らのデザインした国旗は、青い海、赤い海に浮かぶ図式化された黄色い島〔太陽の光線がキリバスの島々を表すとされる〕、そして、グンカンドリを意図した鳥から構成されている。キリバス人の歴史家によれば、この鳥は《我々の先人たちと我々の踊りのパターンの象徴》で、鯨捕りにとってのアホウドリのように、キリバスの伝説ではグンカンドリが島から島へと伝言を運んだのだという。*34

一九七八年、あるキリバスの詩人が「グンカンドリの歌」という、不気味な予言性のある韻文を書いた。この歌は子供の食べ物を探すために飛び去る母グンカンドリを歌ったものだ。母鳥が戻ってくると、彼女の島は水に沈んでいる。詩を訳すとこうなる。

私は自分のうちを探している
私はあなたの名を呼ぶ——キリバス
あなたはどこ？
私の呼び声を聞いておくれ——私の歌を聞いておくれ

私を助けてくれるものは誰もいない
私は長い間ずっとひとりだった
私を助けてくれるものは誰もいない
私は長い間ずっとひとりだった
起きなさい――世界の中心よ
海の奥底から起き上がりなさい
そうすれば、遠くからも見えるかもしれない
起き上がりなさい！　起き上がりなさい！[*35]

メルヴィルはこうしたことを何一つ知るはずもなかったし、想像もしなかった。大気中の炭素による地球への影響に初めて懸念が生じ始めたのは一八九〇年代になってからで、地球温暖化の結果としての海水面上昇が広く知られるようになったのは一九六〇年代以降だ。[*36]それでも、今では私にとって『白鯨』を読む時にこの歌が切り離せないものとなっている。「空の鷹」が降りて、溺れる。タシュテーゴとピークォッド号と共に。そして、別のグンカンドリが空を旋回し、残されたイシュメールはひとり安らかに水面を漂う。

まとめ、あるいは不死の海の中で
――二一世紀の目で裏側を見れば、エイハブが見たのと同じ海

タシュテーゴとグンカンドリが溺れ沈んだ後、イシュメールは最終章を閉じる。《今や、小さな鳥たちがなおも口を開け続ける裂け目の上を叫びながら飛んでいた。重苦しい白波がその切り立った壁に打ちつけた。と、全てが途端に崩れ落ち、海の大いなる埋葬布《シュラウド》は五〇〇〇年前と同じようにうねり続けた。》原初環境保護主義、原初ダーウィン主義、そして気候難民としてのイシュメールと合わせて、『白鯨』の二一世紀的教訓にもう一つ加わるのはこんな話になりそうだ。――人類の怒りや愚行がどんなものであろうと、海の住民の面倒を見ることになるのは、自然、すなわち海それ自体だろう。自然はそれ自体を未開発の状態へと回復させるだろう。ノアの海を思い起こさせる米国の一九世紀の海は、永遠に滅びることはなく、人間の小さく一過的な努力になど気にもかけない。*37

『白鯨』から一世紀後、レイチェル・カーソンは海についての最初の著書で、人間視点の直線的なストーリーテリングよりはむしろ海と惑星のリズムを通じて、海棲動物の生態学的な暮らしのことを書いた。彼女はこの『潮風の下で』を『白鯨』と同じメッセージで締めくくる。《今ひとたび、山々は終わりなき水の侵食によってすり減らされ、沈泥となって海へと運ばれていくことだろう。そしてもうひとたび、全ての海岸は水へと戻り、その都市と町の土地土地は海に属することだろう。》カーソンがこれを書いたのは一九四一年だったが、これほど近年になっても、海が人間の管理を（あるい

は、少なくとも自己管理を）必要とする世界はまだ彼女の想像にかろうじて上りつつあるばかりだった。[38]

今日、私たちはホモ・サピエンスが海にもたらしてきた損害の一切に気づいていながらも、海が自分たちより大きく長寿であると知っており、そう解釈している。個々の動植物の総体としては違うとしても、水の総体、そしてこの惑星の最も主要な生態系としてはそうだと考えている。海は今も陸地へと押し寄せている。海水面上昇による緩慢な浸水にせよ、津波、ハリケーン、台風による壊滅的な侵食にせよ。私たちは今、海と深い逆説的な関係性を結び生きている。船の片側では、海は不死で、圧倒的で、サメの如く獰猛だが、もう一方では、海とその住民たちは脆弱で繊細な存在で、私たちはそれらを大事にしなければならないと感じている。

二〇一二年、記録史上最も強力なハリケーン「サンディ」が米国北東部を直撃し、ニューヨーク市を冠水させ、『白鯨』の冒頭でイシュメールが歩き回った埠頭と道とを完全に水没させた。サンディの襲来中に、ウォール街を車が流れていった。メルヴィルが生まれたパール通りの家は最高六フィート〔約一・八メートル〕の深さの水に囲まれた。二〇九九年にはロウワー・マンハッタンは大きな嵐の際には陸から分断されて小さな島になるという、納得のいく予測がいくつか出されている。[39]

ありがたいことに、私たちの中でエイハブ的な人々はごくわずかだ。だが、私たちの大部分はイシュメール、スターバック、スタッブ、フラスク、ピップであり、互いの共謀や不安や無力さに囚われて、人間の方舟の船上にいながら個人や集団での行動を起こすことができない。銛を次々、次々、次々に投擲したいという私たちの西洋社会の欲望に幕を下ろさせるような社会的反抗を、私たちの多くは鼓舞することも、組織することも、それどころかそうした活動に参加することさえできない。そうして、私たちは未来の人類世代をリスクにさらし、さらには殺していく。それは私も変わらない。私たちには今や太陽光パネルと電気自動車があるが、私は今もあちこちを飛行機で飛び回り、私がこの文章を打ち込んでいるコンピューターは世界中から集められた採掘金属とプラスチックをたっぷりと使っている。私のプラスチック製のペンのことは言うまでもないし、それにこのコーヒーは（フェアトレードのオーガニックコーヒーで、入れ物は陶器のマグカップではあるが）やはり地球の反対側の半球から空輸されている。私は菜食主義の食事をしようとはするが、それでもツナサンドイッチは大好きで、そこからますます、ますます、ますます環境罪悪感《エコ・ギルト》に苛まれ、海へと飛び出して一切から逃れたいとしか思えなくなる。

こうして、私はロバート・C・シーマンズ号に乗り込み、前檣《フォアマスト》のてっぺんの檣頭に再び立ったのだ。私はこの青い地球上で、コネチカット州ミスティックにある自分の家から、そしてあの米国最後の木製捕鯨船のマストに取り付けられたフープから、およそ最大限離れていた。捕鯨船チャールズ・W・モーガン号は、ミスティックの埠頭になお係留されている。

私がこの自然史で学ぼうとしたのは、米国人の海に対する認識の変遷——そして不変性——を明らかにするために、私たちが今日どのように『白鯨』を読みうるかだ。メルヴィルは経験と調査により、海洋科学について非常に多くのことを知っていた。若き日のメルヴィルを含め、一九世紀の何万人もの米国人鯨捕りが、海について狩人としての深い知識を持っていた。今日ではこの知識の域に近づく人すら稀であり、リンダ・フィッシャーマンなどの一部の漁師や、J・J・ラスラーのようなホエールウォッチング船の船長や、ハル・ホワイトヘッドやマルタ・ゲーラといった、来る日も来る日も海上で過ごすことのできるごく一部の研究者たち（ただし、この二人は実際に生きた鯨に直に触れたことはないが）をも、かつての鯨捕りは超えていた。私たちは今、気候変動の緩慢な危機の中に生きる米国社会の水上の写し鏡として『白鯨』を読むことができる。イシュメールは孤独に漂流し、救出され、そして、あの老水夫のように、座って自分の話を聞くようにと私たちを説き伏せる。もし私たちがマッコウクジラを祝福し、そのありのままの驚異を認めることができるなら――あるいは、セミクジラ、鵜、アホウドリ、カジキ、カイアシ類、ダイオウイカ、クジラジラミ、フジツボ、サメ、サンゴ、ウミツバメ、アシカ、アオイガイ、グンカンドリの生態学的役割を楽しむことができるなら――これら全てへの畏怖に包まれてもっと辛抱強い時を過ごすことができたなら、私たちはもう少しだけうまくやっていけはしないだろうか？

メルヴィルは『白鯨』の終わりで自分のいる地球の年代を聖書に基づいて定め、ノアへの承認で話を閉じる。しかし、彼は地球が当時最低でも数百万年の時を重ねてきたと知るだけの地質学の知識を持っていた。メルヴィルは海を題材にしたその傑作を、放射性炭素年代測定法が生まれる丸一世紀前、プレートテクトニクスが理解される以前、マリー・サープとブルース・C・ヘーゼンが世界の海底地図を作成する以前に執筆した。メルヴィルが『白鯨』を書いたのは、広島に原子爆弾を投下する指示が出され、水中カラー写真術が市販向けに開発される前だった。これら二つの出来事は、全く異なる形によってではあるが、私たちが自らの種《しゅ》を全滅させる可能性をどれほどまでに有しているか、また、この惑星の他の驚くべき生命に甚大で取り返しのつかない危害をいかに加えかねないかを明らかにした。メルヴィルが『白鯨』を書いたのは、アポロ一七号の宇宙飛行士たちが宇宙空間から下界へと地球の写真を送った一九七二年一二月七日よりも一と四半世紀前だった。今では「青いビー玉」の像として知られるこの写真は、私たちが自分たちの世界を海水に占められたものとして捉える見方に多大な影響を与えた。私が子供だった一九七〇年代に着ていたアースデイのTシャツのイラストもそこから着想を受けたものだった。

こうして、水に満ちた自然界に対する私たちの認識に社会的、技術的、文化的変化の数々が生じてはいても、『白鯨』におけるハーマン・メルヴィルの海洋への理解は、マストの上に立って赤道太平洋の海域を見つめるエイハブが言うように《私にもノアにも同じ》だ。

私たちは自分たちが海に与える顕著な負の影響を知的に理解し、海の生態学、物理的性質、気候に新たに触れ、それらに関する知識の数々を獲得している。それでも私たちはなお感情的に、実存的に——海岸に、埠頭に、あるいは船の甲板に立った時に——海を不死のもの、この上なく強力なもの、そして私たちの取るに足らない人間的な努力など気にもかけないものとして恐れる。クーラーボックスのプラスチック棺が流れてくるのを目にする時でさえ、私たちは海がこれからも押し寄せ、自分たちの種の生態学的治世が終わった後の、ポスト人新世までも同じようにうねり続けることを知っている。私はそこに慰めを見出そうとする。イシュメールと同じやり方で。

謝辞

この『白鯨』の自然史は、何世代ものメルヴィル学者による膨大な研究の上に落ちる小さな一つの水滴に過ぎない。巻末に載せた各章の注と主要参考文献には、本書を作り上げる上で特に助けとなった、深き探究者・潜水者である学者および著者の名を挙げている。

本書のごく一部には、『シー・ヒストリー』誌および『空腹の大洋――海と一九世紀英語圏文字文化（*The Hungry Ocean: The Sea and Nineteenth-Century Anglophone Literary Culture*）』（二〇一六年）において異なる形態で発表済みの文章が含まれる。それらについて、ディー・オリーガン、スティーヴ・メンツ、マーティ・ローハス、および匿名の査読者に感謝する。

本書の執筆期間を通じて、私はこれほど多くの分野の専門家たち、自身の時間を投げ打ってくれたこれほど多くの人々の寛大さに助けられるという、常識では考えられないほどの幸運に恵まれてきた。本文中の登場人物として紹介させてもらった専門家たちもいれば、舞台裏で同等またはそれ以上に協力してくれた専門家たちもいる。専門技能・知識を持つ友人や作家の友人は各章を読み、極めて有益なフィードバックをくれた。他にも、写真や図を提供してくれた人々、様々な細部に力を貸してくれた人々がいる。紙面で挙げられる名前には限りがあるが、ありがとうの言葉を心から伝える〔姓のアルファベット順〕。ジョン・アブレット、レイ・エイトス、スコット・ベイカー、バート・ベンダー、ロリ・ベラハ、クラウディオ・カンパーニャ、ジム・カールトン、「キャッチ・イット！」の乗組員たち、レイラ・クロウフォード、オリヴァー・クリッツメン、ブライアン・ドナルドソン、マイケル・ダイヤー、デイヴィッド・イーバート、クリス・ファロウズ、イワン・フォーダイス、グレン・ゴーディニア、リンダ・グリーンロウ、スティーヴン・ハッドック、クリスティ・ヒューダック、シュテファン・フッゲンベルガー、テリー・ヒューズ、ケン・フィンドレイ、ジュリアン・フィン、ジェニファー・ジャクソン、ボブ・ケニー、デイヴィッド・レイスト、ボブ・マディソン、リチャード・マリー、アビー・マクブライド、スティーヴ・ミラー、グレイス・ムーア、キャサリン・ナウム、ロブ・ナヴォイチック、ミシェル・ニーリー、サンドラ・オリヴァー、マーク・オオムラ、ハーシェル・パーカー、マルティーナ・ファイラー、チャールズ・パクストン、ダグラス・ペライン、ポール・ポンガニス、ヒュー・パウエル、J・J・ラスラー、ジャスティン・リチャード、マット・リグニー、シェフ・ロジャース、ケイティ・ロビンソン・ホール、クライド・ローパー、ナンシー・シューメイカー、ヒョルトゥル・ギースリ・シグルズソン、エリザベス・シュルツ、ティム・スミス、ハル・ホワイトヘッド、トニー・ウー。

数ヵ所の学術機関と博物館の職員がそのリソースと空間に関して途方もない寛大さを示してくれた。ウィリアムズ大学とミスティック・シーポート博物館の合同での海事研究プログラムと、そして、二〇年以上にわたって私にあまりに多くのことを教えてくれた、その職員、学生、仲間の教員たち、とりわけ、海洋文学における私の長年の師であるメアリー・K・バーコー・エドワーズ、ダン・ブレイトン、スーザン・ビーゲルに感謝する。ビーゲルは私をエコクリティシズム（ecocriticism〔環境学・生態学の観点を取り入れた文芸批評。それに代わる「環境批評（environmental criticism）」の名称も用いられる」）に触れさせ、そして私がいま愛読する書物の実に多くに出会わせてくれただけでなく、彼女の論文「アーネスト・ヘミングウェイ著『老人と海』作中の海洋生物の手引き（A Guide to the Marine Life in Ernest Hemingway's *The Old Man and the Sea*）」（『リソーシズ・フォー・アメリカン・リテラリー・スタディー（*Resources for American Literary Study*）』、ペンシルベニア大学出版局、二〇〇五年）によって本書の着想を与えてくれた。ベリル・マニング＝ガイスト、ベン・セレタン、スティーヴ・テルシーなど、ウィリアムズ大学とミスティック・シーポート博物館の合同プログラムの研究助手数名も本書の企画を様々な段階で手伝ってくれた。また、レイラ・クロウフォード、レイチェル・アーンハート、エマ・マッコーリーは調査と重要な編集者としての仕事の両方を務めてくれた。海洋教育協会、ミスティック・シーポート博物館、ミスティック水族館、ニューベッドフォード捕鯨博物館、カリフォルニア大学サンタクルーズ校（特にクレスギ・カレッジとレイチェル・カーソン・カレッジ）、モス・ランディング海洋研究所に感謝する。私は本書をオタゴ大学〔ニュージーランド〕の英語・言語学科および科学コミュニケーションプログラムの客員として書き上げた。どちらも仕事の空間、リソース、学術上の対等性においてこれ以上ない寛大さを示してくれた。

私は下記の機関の司書、研究職員、蔵書と収蔵物を収集管理する学芸員たちからの恩義を受けている。ミスティック・シーポートのブラント・ホワイト・ライブラリーのメアリベス・ベリンスキ、ルイザ・ワトラス、リチャード・マリー、クリスタル・ローズ、フレッド・カラブレッタ、ポール・オペッコ、ファルマス歴史保存協会のメグ・コステロ、比較動物学博物館（ハーヴァード大学）のエルンスト・マイヤー・ライブラリーのメアリー・シアーズとエリザベス・メイヤー、ニューベッドフォード捕鯨博物館図書室のマーク・プロックニクとマイケル・ダイヤー、オタゴ大学図書館の寛大な大学間相互貸借担当職員たち、そしていつもながら、ウィリアムズ大学の素晴らしいアリソン・オグレイディとその助手たちに感謝する。

本書のための実地調査中、二つの講義に参加した大学生がその学究コミュニティに私を温かく受け入れてくれた。ジャスティン・リチャードとメアリエレン・マテレスカの指導によりミスティック水族館で開講されたロードアイランド大学の海棲哺乳類講義、そして、ロバート・C・シーマンズ号の船上でクリス・ノーラン船長、デブ・グッドウィン主任科学者、ジェフ・ウェスコット教授が指導した海洋教育協会のS-274フェニックス諸島保護区講義である。本書執筆の最終段階では、海洋教育協会のS-283講義の皆さんが特にコモドール・モリス号の日誌に取り組んでくれた上、私はウッズホールとニュージーランド沖の海上でこの一団からさらに多くのことを学ぶ幸運に恵まれた。

スティーヴ・ドーソン教授は私をマルタ・ゲーラの客人として生涯に一度の経験をする機会へと導いてくれた。マルタ・ゲーラは助手のレベッカ・バッカーとのカイコウラ・キャニオンでのマッコウクジラ調査に私を連れていってくれた。マルタとオタゴ大学の海棲哺乳類研究チームの示してくれた学問上の対等な関係性および情報とリソース提供における寛大さに感謝する。

原稿を読み、思慮深く助けになるフィードバックをくれた二名の外部査読者に感謝する。エージェントのラッセル・ゲイレン、そして本プロジェクトの獲得に熱心に動いてくれたクリスティ・ヘンリーに感謝する。カレン・メリカンガス・ダーリンと彼女の思慮深い編集、親切なフィードバック、辛抱強い導きに感謝する。スザンナ・イングトロムは入念で、朗らかで、たゆみない後方支援をしてくれた。そして原稿整理係のメアリー・コラード、デザイナーのアイザック・トビン、制作管理者のスカイ・アグニューは細心の注意、知識、そして才能により本書を円滑に出版へと至らせてくれた。

メルヴィルのイラストと「鯨文書」のインフォグラフィックを作ってくれた私の兄弟セスに感謝する。「鯨文書」の図はスカイ・モレットのデザインによる。娘のアリスの励まし、助言、挿絵に感謝する。そして最も重要なこととして、私の伴侶であり、支援者であり、編集者であり、情報源となる専門家であり、そして生涯愛する相手であるリサ・ギルバートに感謝する。本書は彼女に捧げる。

訳者あとがき

本書は米国のシカゴ大学出版から二〇一九年一一月に刊行された『*Ahab's Rolling Sea: A Natural History of* Moby-Dick〔エイハブの荒海――『白鯨』の自然史〕』の日本語訳である。原書は英語圏の一般誌・文芸誌のほか、科学学術誌の『ネイチャー（*Nature*）』、『サイエンス（*Science*）』などでも紹介され、一般読者から自然科学者まで、幅広い層から好評を博している。

原著者のリチャード・J・キング氏は、米国のウェズリアン大学で修士号を、スコットランドのセント・アンドリュース大学で博士号をそれぞれ取得し、海洋文学研究者として複数の研究・教育機関で客員教員を務めてきた。二〇年以上にわたって各種の航海に参加しながら、ノンフィクション作家、イラストレーターとして活動している。本書の著者紹介欄にあるポートレートもキング氏自身によるものだ。

本書では、ハーマン・メルヴィルの長編小説『白鯨（*Moby-Dick*）』に登場する捕鯨船、ピークォッド号の航路をなぞりながら、世界各所の船乗り、漁師、生物学者、文学者、歴史家らを訪ね、海の自然史をひもといてゆく。巨大なマッコウクジラやダイオウイカから、動物プランクトンの群れと思しき「ブリット」まで、大小さまざまな生き物が並ぶ目次を眺め、気まぐれにページを開いてみるのも面白い。本書第7章の「カモメ、鵜《う》、アホウドリ」では、キング氏が学生時代に研究対象とし、前作『*The Devil's Cormorant*〔悪魔の鵜《う》〕』(未邦訳)でも取り上げた鵜《う》が、英語圏文学でどのように扱われているかを知ることができる。

海と陸、異なる視点から見えるもの

著者キング氏は、古今の人々の証言や記録、そして自らの観察を通じ、海の生命と人間社会の関わりを水陸両方の視点から描き出す。

『白鯨』作中の語り手である鯨捕り、イシュメールは、海を知らない作家や博物学者ら「陸者《おかもの》たち(landsmen)」に痛烈な批評を浴びせる。本書の第3章でキング氏が指摘するように、現代の漁業関係者の間にも「象牙の塔やコンピュータの並ぶ研究室」にこもる科学者への懐疑は根強いという。だが、本書を読み進めてゆくと、人間が大海原に乗り出して海への理解を深めてきた過程には、むしろ陸からの視点も重要だったことがわかる。

例えば、かつて大型の木造船を雷から守ったアース用の鎖は、ベンジャミン・フランクリンが地上で行った凧の実験を元に考案されたものだ(第24章)。また、一九世紀に船乗りたちの日誌を集めて情報を整理し、数々の海図を世に普及させたのは、事故により海でのキャリアを断たれ、陸上での任務に専念した海軍大尉のマシュー・フォンテーン・モーリーだった。キング氏は第5章でモーリーを「米国初の海洋学者」と称している。同じく第5章に登場する研究者、ティム・スミス氏らも、個体の標識や追跡が難しいマッコウクジラの生態に迫るため、過去二〇〇年強の一次・二次資料から得たデータをデジタル化して解析する「世界捕鯨史プロジェクト」を進める。

数度の航海と海洋小説執筆を経たメルヴィルが内陸の地に移り住み、資料の山の中で『白鯨』を書き上げたのも、海という壮大な存在に対して一つの視点のみで向き合うことの限界を認識していたがゆえだろう。ちなみに、本書の訳者である私自身も、いわゆる「海なし県」で育った陸者《おかもの》だ。幼少期は田畑と本に囲まれて過ごし、学生時代は淡水魚であるメダカを使って行動遺伝学の研究をしていたが、その後、縁あって米国西海岸の海洋研究所を訪れ、カイアシ類（本書第11章にも登場する）のプランクトンの生殖行動を研究する機会に恵まれた（住友財団および水産無脊椎動物研究所［いずれも公益財団法人］による助成）。その際に使ったのは、机の上に載る小さな実験装置と人工海水だ。大海をゆくイシュメールには一笑に付されそうだが、この陸上での実験を通じてささやかながらも思わぬ発見が生まれたことを書き添えておきたい。

草の海の中で

二〇一九年六月末、私は米国東海岸を車で移動していた。ロードアイランド州で開催された進化学会に参加した後、夫との短い休暇を兼ねて隣のマサチューセッツ州へと足を延ばしたのだ。大西洋を臨むボストンから、緑あふれる内陸へとレンタカーを走らせ、湖畔で一泊した後に北上する。『白鯨』の著者であるメルヴィルがまさにその地に暮らしていたとは知らないまま、私は風にそよぐ草の海を車窓越しに眺めていた。メルヴィルが『白鯨』執筆中の一八五〇年に移り住み、翌年の夏に作品を完成させた農場屋敷「アローヘッド（Arrowhead：鏃《やじり》）」周辺で先住民の遺物が発見されたことにちなんだ名だという）」は、私たちが走り抜けた国道七号線からわずか五分ほど脇道にそれたところにあった。もしかしたら、彼は私が見たのとまさに同じ道を歩いていたかもしれない。この時、私は三三歳。農場屋敷で『白鯨』を書き上げた時のメルヴィルよりも、ほんの数ヵ月だけ年上だった。

休暇を終え、西海岸にあるカリフォルニア州サンディエゴのアパートに戻った私は、数日前に進化学会の会場で手にとった出版社のカタログを開いた。そこには、表紙に鯨の絵をあしらった本の刊行予定情報が掲載されていた。『*Ahab's Rolling Sea*』──本書の原書である。その後、通信販売で手元に届いた本を読み始めたところから日本語版の出版に向けた旅が始まった。水平方向（海の広さ）から垂直方向（船乗りが見張りに立つ檣頭の高さ、鯨が潜り、転落者が沈む海の深さ）へと移行する本書の視野に、「横のものを縦にする」英日翻訳の過程とどこか重なるものを感じながら翻訳を進める。翻訳作業そのものもさることながら、出版社への企画提案、権利関係の確認、感染症禍の只中での私自身の日本への帰国など、本書は刊行に漕ぎつけるまでに大小の波を乗り越えてきた。

私たちは皆、海とつながっている

第14章には、著者キング氏が訪れたアイスランドで、ホエールウォッチング船の真向かいに近代捕鯨船が停泊する一幕が描かれる。捕らえたミンククジラの肉の多くは地元のレストランに卸され、主に観光客の胃に収まるという。その味は、日本で昔から食されてきたマッコウクジラよりもさらに美味だそうだ。一九世紀の鯨捕りたちは鯨やイルカに知性を認め、時に好意や敬意さえ抱きながらも、いざ狩りとなれば次々とその体に銛を突き立てて殺し、体から油を搾り取った。現代においても、人間と海の関係性も一筋縄ではゆかぬ多面的なものだ。

第1章に登場する一九世紀の捕鯨船、チャールズ・W・モーガン号は海運博物館の水辺に保存されており、地上に立つ二一世紀の見学客に『白鯨』の時代と変わらぬ勇姿を見せる。しかし、メルヴィル研究者のメアリー・K・バーコー・エドワーズに導かれ、キング氏がひとたびそのマストの上によじ登れば、周囲の生態系の変容が歴然たる事実として目の前に広がる。島国である日本を取り囲む海も、場所や季節、そして向き合い方によって大きく表情を変える。『白鯨』のエイハブ船長は、海の「少しも変わらない眺め」を讃えるが、日々海を見つめているはずの船乗りたちの中にも、進行する環境汚染や水産資源の枯渇に気づかない（ふりをする）人々はいる。

船乗りたちはかつて新たな航路を開拓し、海図に数々の島を描き加えてきたが、その一方で、感染症を伝播し、油を求めて鯨やアザラシを狩り尽くし、美食のためにガラパゴスゾウガメを獲り尽くし、恐怖や憎悪に任せて鮫を殺戮してもきた。彼らは海に慈愛と包容力を求めながら、同時に海を征服しようともしたのだ。本書の第13章では、メカジキ漁師で作家のリンダ・グリーンロウが、漁具や獲物を傷つける鮫に対する過剰な「復讐」が漁師らの間で今も続いていることを証言する。本書は私たち現代人が抱える矛盾や葛藤にも目を向けながら、ある時は生きた巨鯨を腑分けし、ある時は化石の断片からその全身を復元するかのように、人間を含めた海の生命のネットワークを浮かび上がらせていく。

本書の冒頭で、キング氏は「私にとって『白鯨』はなんといっても、(…)地球全体の海とそこに息づく生命を扱った小説である」(上巻4頁)と書いているが、この「生命」にはもちろん人間も含まれる。海の広さ、そして深さを前に、一人の人間の存在はあまりに小さい。水害や海難事故に触れればそのことを嫌というほど意識させられるが、他の場面においても私たちの暮らしは思った以上に深く海と結びついている。日本の食文化に根づいたウナギやマグロは気軽に食べ続けても良いものなのだろうか？「クリーンエネルギー」の巨大発電所を作るために森林を大規模に伐採するのは環境対策といえるのだろうか？ 私たちは時に視点を変え、視野を広げながら、変わりゆく地球の中で生きていかなければならない。海と人間のつながりは、もはや追い求めるものから迫り来るものへと変わっている。

最後に、日本語版のためにイラスト(カバー袖の自画像)を寄せ、オンラインでの意見交換にも応じてくださった原著者のリチャード・J・キング氏、本書の装丁や捕鯨船・捕鯨ボートの様式図を担当してくださったデザイナーの方々、本書の編集を担当してくださった慶應義塾大学出版会の永田透氏、そして本書を手にとってくださった読者の皆様に感謝申し上げる。

二〇二二年八月

坪子 理美

索引

＊**太字**のものは下巻の頁数を表す。

【生物名・分類名】

＊現在では使われていない名称（旧名）や絶滅種を含む。

ア行

カ行

サ行

タ行

ナ行

ハ行

マ行

ヤ行

ワ行

学名

【人名】

ア行

カ行

サ行

タ行

ナ行

ハ行

マ行

ラ行

【書名・作品名】

図の引用元と補足

特に記載のない場合、パブリックドメイン画像はWikimedia Commons、Google Books、Hathi Trust、インターネットアーカイブ、あるいは著者自身の所蔵資料からの引用である。

〔複数の参考資料はセミコロン（;）で区切った〕

図

図1　この世界地図はJohn B. Putnam, 1967, in *Moby-Dick*, 3rd ed., ed. Hershel Parker (New York: Norton, 2018), xixに、以下の資料からの情報に基づく修正を加え作成した。Heflin, *Herman Melville's Whaling Years* (2004); Charles Robert Anderson, ed., *Journal of a Cruise to the Pacific Ocean, 1842–1844, in the Frigate United States, with Notes on Herman Melville* (New York: AMS Press, 1966).

図2　ブラウンは自著の挿絵をいくつか描いたが、檣頭の鯨捕りを描いたこの一枚は過去の別の画家による作。

図3　ニューベッドフォード捕鯨博物館の厚意による。捕鯨船ベンジャミン・ラッシュ（*Benjamin Rush*）号の1841年～1845年の航海においてライトが記した「備忘録」より（Dean C. Wright, "Commonplace Book" (KWM A-145)）。その内容は*Frank, Meditations from Steerage: Two Whaling Journal Fragments*に収録されている。

図4　Houghton Library, Harvard University, AC85.M4977.839b. Melville's Marginalia Onlineの厚意による。

図5　Seth King（メルヴィルの絵、デザイン）およびSkye Moret（デザイン。

図6　Emese Kazár (2013).

図7　Williams College Special Collections の厚意による。

図8　鯨の図は Uko Gorter による。イシュメールの鯨学の表に示した情報の出典は以下の通り。David W. Sisk, "A Note on Moby-Dick's "Cetology" Chapter," *ANQ: A Quarterly Journal of Short Articles, Notes, and Reviews* 7, no. 2 (April 1994) : 80–82; Dyer, "Whalemen's Natural History Observations," New Bedford Whaling Museum Blog (29 March 2016); Reeves, *et al.*, *Guide to Marine Mammals of the World*. 私はFrederick Bennett, *Narrative of a Whaling Voyage Round the Globe* (1840) を一九世紀の基準例として選んだが、これはメルヴィルが『白鯨』執筆時に参照した科学面での資料のうち、ベネットが最も慎重で、網羅的で、信頼できる情報源の一人だからである。しかし、当時は学名および一般名にとてつもない多様性があり、特に大型のナガスクジラ類の呼称や、「grampus」、「killer」、「thrasher（または thresher)」の呼び分けについてはばらつきが大きかった。イッカクについては、メルヴィルが所蔵していた『*The Penny Cyclopædia*』の292ページにある「Whales」の項の学名を用いた。「killer」

との関連における「thrasher」についてはHamilton, *The Naturalist's Library*, 228およびCheever, *The Whale and His Captors*, 55, 56, 173を参照した。20世紀における「Algerine」〔イシュメールのいう《アルジェリアポーパス（Algerine Porpoise）》と同様か〕への言及例はMurphy, *Logbook for Grace*, 114を参照のこと。現代の学名については、ある種が命名後に別の属へと再分類されたことをパーレン（丸かっこ）で示す慣習に従った。

図9　Erin Greb Cartography（*Encyclopedia of Marine Mammals*, 3rd ed.の地図を元に作成）.

図11　The British Museum および Williams Collegeの厚意による。

図12　Mystic Seaport Museumの厚意による。

図13　ニュージーランドのカイコウラ・キャニオンの水域でマルタ・ゲーラ・ボボにより2015年頃に採取されたマッコウクジラの皮膚。著者撮影、Marta Guerra Boboの厚意による。

図14　Mystic Seaport Museumの厚意による。

図15　Mystic Seaport Museumの厚意による。

図16　Center for Research Libraries, National Archives. McCaffery and Associatesの助力に感謝する

図17　American Geographical Society Library Digital Map Collection at the University of Wisconsin, Milwaukee.

図18　David Rumsey Map Collectionの厚意による。

図23　Williams Collegeの厚意による。

図24　Falmouth Historical Societyの厚意による。

図25　Nantucket Historical Associationの厚意による。

図26　スコーズビーの描いた無脊椎動物の同定は James T. Carltonの私信による。

図28　コルネットがマッコウクジラの幼獣を解体する様子を描いたこの図に添えられた冗長で詳細な説明文は読んでいて興味をそそられる。彼の著書の末尾にある図版集で容易に見つけることができるほか、Madison, *The Essex and the Whale*, 224にも掲載されている。

図29　New Bedford Whaling Museumの厚意による。Log KWM 436.

図30　New Bedford Whaling Museumの厚意による。

図33　Mystic Seaport Museumの厚意による。

図34　Stefan Huggenbergerの厚意による。これらの図は、元はカラーで作成され Huggenberger, *et al.*, "The Nose of the Sperm Whale," 787, 788で発表されたもの。

図35　Williams CollegeおよびRubenstein Library, Duke Universityの厚意による。

図36　Williams Collegeの厚意による。

図39　University of Otago Interloansの厚意による。

図40　Duke Universityの厚意による。

図41　Williams Collegeの厚意による。
図43　Hal Whiteheadの厚意による。元はWhitehead, *Sperm Whales: Social Evolution in the Ocean*, 20, 130で発表された複数の図を、許可を得て改変した。世界の個体数の推移はホワイトヘッドの《個体数とモデル変数の最良推定値》による。1712年から1800年までの間の情報は限られている．ホワイトヘッドが毎年のマッコウクジラの捕獲数を算出した際の情報源、および、無甲板捕鯨船・近代捕鯨の両方の値について過小評価の可能性を検討した手がかりについては、上記文献の20ページを参照。
図44　この図は本書のためにJennifer Jacksonにより2018年8月に作成された。David Laistの厚意によるデータを用い、Scott Bakerの助力を得ている。Laist, *North Atlantic Right Whales*, 262を参照のこと。ミナミセミクジラの生息個体数の推定の背景にある議論と統計の全容についてはIWC, "Report of the Workshop on the Comprehensive Assessment of Right Whales: A Worldwide Comparison," *Journal of Cetacean Research and Management*（*special issue*）2（2001）: 1–60およびJ. A. Jackson, *et al*., "How Few Whales Were There After Whaling?," 236–51を参照。マッコウクジラの値については「捕獲」と「殺害」の違いに留意のこと。この差は，捕獲に至った数に加え、銛を打たれて逃げ延びてもその際の怪我によって後から死んだり、鯨捕りがボートで本船に回収して鯨油を絞る前に海中に沈んだりした鯨が数千頭いたためである。
図46　Williams Collegeの厚意による。
図50　Williams CollegeおよびWatkinson Library, Trinity Collegeの厚意による。
図51　Mystic Seaport Museum の厚意による．この図の詳細についてはDyer, *Tractless Sea*, 250–56を参照のこと。
図52　標本番号MCZ BOM 7914. Harvard Museum of Comparative Zoologyの厚意による。写真と測定は Mark Omuraによる。
図53　Bedford Whaling Museumの厚意による。
図54　New Bedford Whaling Museumの厚意による（NBWM 1938.79.3）．口に子供たちを咥えたマッコウクジラについては、例えばWhitehead, *Sperm Whales: Social Evolution in the Ocean*, 275–77やKurt Amsler, "Just Born," AlertDive-rOnline（2015）, www.alertdiver.com/sperm-whalesを参照のこと。
図56　Dan Kitwood, Getty Images.
図57　Blue Planet II, BBC Studios, 2017からのスチール写真。

カラー図版

カラー図版1　Mystic Seaport Museumの厚意による（D2014-07-0210）。Dennis Murphy 撮影。
カラー図版2　Captain Ken Bracewellとレナ（*Rena*）号の乗組員による。
カラー図版3　Tony Wu.
カラー図版4　Amy Knowlton, Anderson Cabot Center for Ocean Life at the

New England Aquarium. 撮影は許可を得て行われた（NOAA/NMFS Permit #15415）。

カラー図版5　Flip Nicklin, Minden photography.

カラー図版6　Helmut Corneli, Alamy photography.

カラー図版7　Tim Smith らによる。元は Smith, *et al.*, “Spatial and Seasonal Distribution of American Whaling and Whales in the Age of Sail,” 2において発表された。

カラー図版8　N. R. Fullerおよび Sayo-Artによる。元は McCauley, *et al.*, “Marine Defaunation,” 1において発表された。

カラー図版9　Daniel Aplin の厚意による（2018年）。

カラー図版10　Chris Fallows による。元は Chris Fallows, *et al.*, “White Sharks (*Carcharodon carcharias*) Scavenging on Whales and Its Potential Role in Further Shaping the Ecology of an Apex Predator,” *PLOS One* 8, no. 4 (2013): 7 において発表された。

カラー図版11　Ocean Agency/ XL Catlin Seaview Survey, 2014.

カラー図版12　Andrea Westmoreland, Florida Keys, 2011（Wikimedia Commons を通じて引用）.

主要参考文献

ハーマン・メルヴィル著

Melville, Herman. *Correspondence*. Edited by Lynn Horth. Evanston: Northwestern University Press and The Newberry Library, 1993.

———. *Journals*. Edited by Howard C. Horsford and Lynn Horth. Evanston: Northwestern University Press and The Newberry Library, 1989.

———. *Mardi, and A Voyage Thither*. Edited by Harrison Hayford, Hershel Parker, and G. Thomas Tanselle. Evanston: Northwestern University Press and The Newberry Library, 1970.〔『マーディ』(全二巻、坂下昇訳、国書刊行会1981年)〕

———. *Moby-Dick or The Whale*. Edited by Harrison Hayford, Hershel Parker, and G. Thomas Tanselle. Evanston: Northwestern University Press and The Newberry Library, 1988.〔『白鯨』全三巻、八木敏雄訳、岩波文庫、2004年〕

———. *Omoo: A Narrative of Adventures in the South Seas*. Edited by Harrison Hayford, Hershel Parker, and G. Thomas Tanselle. Evanston: Northwestern University Press and The Newberry Library, 1968.〔『オムー』坂下昇訳、国書刊行会1982年〕

———. *The Piazza Tales and Other Prose Pieces, 1839–1860*. Edited by Harrison Hayford, Alma A. MacDougall, G. Thomas Tanselle, *et al*. Evanston: Northwestern University Press and The Newberry Library, 1987.〔『メルヴィル中短篇集』原光訳、八潮出版社、1995年〕

———. *Published Poems*. Edited by Robert C. Ryan, Harrison Hayford, Alma Mac-Dougall Reising, and G. Thomas Tanselle. Evanston: Northwestern University Press and The Newberry Library, 2009.

———. *Redburn: His First Voyage*. Edited by Harrison Hayford, Hershel Parker, and G. Thomas Tanselle. Evanston: Northwestern University Press and The Newberry Library, 1969.〔『レッドバーン』坂下昇訳、国書刊行会、1982年〕

———. *Typee: A Peep at Polynesian Life*. Edited by Harrison Hayford, Hershel Parker, and G. Thomas Tanselle. Evanston: Northwestern University Press and The Newberry Library, 1968.〔『タイピー——南海の愛すべき食人族達』中山善之訳、柏艪社、2014年〕

———. *White-Jacket, or The World in a Man-of War*. Edited by Harrison Hayford, Hershel Parker, and G. Thomas Tanselle, *et al*. Evanston: Northwestern University Press and The Newberry Library, 1970.〔『白いジャケツ』坂下昇訳、国書刊行会、1982年〕

メルヴィルが用いた主要な自然史資料と他の現代の研究

(メルヴィルがどの出版を使用したかについては、「主要な参考文献」の頁に記載した。Bercaw [Edwards] (1987) および Sealts (1988) を参照)

Agassiz, Louis, and A. A. Gould, *Principles of Zoology*. Rev. ed. Boston: Gould and Lincoln, 1851.

Beale, Thomas. *The Natural History of the Sperm Whale*. London: John Van Voorst, 1839.

Bennett, Frederick D. *Narrative of a Whaling Voyage Round the Globe*. 2 vols. London: Richard Bentley, 1840.

Bowles, M. E. "Some Account of the Whale-Fishery of the N. West Coast and Kamschatka." *Polynesian* (4 October 1845): 82–83.

Brewster, Mary. *"She Was a Sister Sailor": The Whaling Journals of Mary Brewster, 1845–1851*. Edited by Joan Druett. Mystic: Mystic Seaport Museum, 1992.

Browne, J. Ross. *Etchings of a Whaling Cruise* [1846] . Edited by John Seelye. Cambridge, MA: Belknap Press, 1968.

Chase, Owen, *et al., Narratives of the Wreck of the Whale-ship Essex* [1821] . New York:Dover, 1989.

Cheever, Henry T. *The Whale and His Captors; or, The Whaleman's Adventures* [1850].Edited by Robert D. Madison. Hanover, NH: University Press of New England, 2018.

Colnett, James. *A Voyage to the South Atlantic and Round Cape Horn Into the Pacific Ocean, for the Purpose of Extending the Spermaceti Whale Fisheries*... London: W. Bennett, 1798.

Cuvier, Baron Georges. *The Class Pisces*, with supplementary editions by Edward Griffith and Charles Hamilton Smith, vol. 10 of The Animal Kingdom. London: Whittaker and Co., 1834.

Dana, Richard Henry, Jr. *Two Years before the Mast: A Personal Narrative of Life at Sea*. New York: Harper and Bros., 1840.

Darwin, Charles. *Journal of Researches into the Natural History and Geology of the Countries Visited During the Voyage of H.M.S. Beagle*. 2 vols. New York: Harper & Brothers, 1846.〔『ビーグル号航海記』全三巻、島地威雄訳、岩波文庫、1959年〕

——— . *On the Origin of the Species by Means of Natural Selection* [1859] . Edited by William Bynum. New York: Penguin, 2009.〔『種の起源』全二巻、八杉龍一訳、岩波文庫、1990年〕

Dudley, Paul. "An Essay upon the Natural History of Whales, with a particular Account of the Ambergris found in the Sperma Ceti Whale." *Philosophical Transactions* 33 (1724–25): 256–69.

Emerson, Ralph Waldo. "The Uses of Natural History (1833–35)." In *The Selected Lectures of Ralph Waldo Emerson*, edited by Ronald A. Bosco

and Joel Myerson, 1–17. Athens: University of Georgia Press, 2005.

Good, John Mason. *The Book of Nature*. Hartford: Belknap and Hamersley, 1837.

Hamilton, Robert. *The Naturalist's Library: Mammalia. Whales, &c.*, vol. 7. Edited by William Jardine. Edinburgh: W. H Lizards, 1843.

Jackson, J. B. S. "Dissection of a Spermaceti Whale and Three Other Cetaceans." *Boston Journal of Natural History* 5, no. 2 (October 1845): 10–171.

Lawrence, Lewis H. Logbook of the Commodore Morris, 1849–1853. Falmouth Historical Society No. 2006.044.002.

Logkeeper. Logbook of the *Commodore Morris*, 1845–1849 (Capt. Silas Jones). Falmouth Historical Society No. 2013.076.09.

Martin, John F. *Around the World in Search of Whales: A Journal of the Lucy Ann Voyage*, 1841–44. Edited by Kenneth R. Martin. New Bedford: The Old Dartmouth Historical Society/New Bedford Whaling Museum, 2016.

Maury, Matthew Fontaine. *Explanations and Sailing Directions to Accompany The Wind and Current Charts*. 3rd ed. Washington: C. Alexander Printer, 1851.

———. *The Physical Geography of the Sea*. New York: Harper and Brothers, 1855.

———. "The Whale Fisheries...," *New York Herald*, April 29, 1851, p. 3.

Morgan, Charles W. "Address before the New Bedford Lyceum." Charles Waln Morgan Papers, 1796–1861, MS 41, Subgroup 1, Series Y, Folder 1, New Bedford Whaling Museum (1830/37).

Olmsted, Francis Allyn. *Incidents of a Whaling Voyage* [1841]. Edited by W. Storrs Lee.

Rutland, VT: Charles E. Tuttle Co., 1970.

———. *Relics from the Wreck of a Former World; or Splinters Gathered on the Shores of a Turbulent Planet*. New York: Henry Long and Brother, 1947.

Reynolds, Jeremiah N. "The Knickerbocker: Mocha Dick or the White Whale: A Leaf from a Manuscript Journal of the Pacific," vol. 13. New York: The Knickerbocker, 1839.

Scammon, Charles. *The Marine Mammals of the Northwestern Coast of North America* [1874]. New York: Dover Publications, 1968.

Scoresby Jr., William. *An Account of the Arctic Regions, with a History and Description of the Northern Whale-Fishery*. 2 vols. Edinburgh: Archibald Constable and Co., 1820.

———. *Journal of a Voyage to the Northern Whale-Fishery*. Edinburgh: Archibald Constable and Co., 1823.

The Society for the Diffusion of Useful Knowledge. "Whales." In *The Penny*

Cyclopædia of the Society for the Diffusion of Useful Knowledge, vol. 27, "Wales–Zygophyllaceæ," edited by George Long, 271–98. London: Charles Knight and Co., 1843.

Weir, Robert. Journal aboard the *Clara Bell*, 1855–1858. Mystic Seaport Log 164.

Wilkes, Charles. *Narrative of the United States Exploring Expedition*. 5 vols., atlas. London: Wiley and Putnam, 1845.

主要な参考資料

Baker, Jennifer J. "Dead Bones and Honest Wonders: The Aesthetics of Natural Science in *Moby-Dick*." In *Melville and Aesthetics*, edited by Samuel Otter and Geoffrey Sanborn, 85–101. New York: Palgrave Macmillan, 2011.

Bercaw [Edwards], Mary K. *Melville's Sources*. Evanston: Northwestern University Press, 1987.

Bender, Bert. *Sea-Brothers: The Tradition of American Sea-Fiction from "Moby-Dick" to the Present*. Philadelphia: University of Pennsylvania Press, 1988.

Berta, Annalisa, James L. Sumich, and Kit M. Kovacs. *Marine Mammals: Evolutionary Biology*. 2nd ed. Boston: Elsevier, 2006.

Berzin, A. A. *The Sperm Whale (Kashalot)*. Edited by A.V. Yablokov. Translated by E. Hoz and Z. Blake. Jerusalem: Israel Program for Scientific Translation, 1972.

Blum, Hester. *The View from the Masthead: Maritime Imagination and Antebellum American Sea Narratives*. Chapel Hill: University of North Carolina Press, 2008.

Bode, Rita. "'Suckled by the sea': The Materrnal in *Moby-Dick*." In *Melville and Women*, edited by Elizabeth Schultz and Haskell Springer, 181–98. Kent: Kent State University Press, 2006.

Bouk, Dan, and D. Graham Burnett. "Knowledge of Leviathan: Charles W. Morgan Anatomizes His Whale." *Journal of the Early Republic* 27 (Fall 2008): 433–66.

Burnett, D. Graham. "Matthew Fontaine Maury's 'Sea of Fire': Hydrography, Biogeography, and Providence in the *Tropics*." In *Tropical Visions in the Age of Empire*, edited by Felix Driver and Luciana Martins, 113–34. Chicago: University of Chicago Press, 2014.

———. *Trying Leviathan: The Nineteenth-Century New York Court Case That Put the Whale on Trial and Challenged the Order of Nature*. Princeton: Princeton University Press, 2007.

Callaway, David R. *Melville in the Age of Darwin and Paley: Science in* Typee, Mardi, Moby-Dick, *and* Clarel. Binghamton: State University of New York,

1999.

Clark, A. Howard. "The Whale-Fishery." In *The Fisheries and Fishery Industries of the United States*, edited by George Brown Goode, 3–293. Vol. 5, no. 2. Washington: Government Printing Office, 1887.

Creighton, Margaret S. *Rites and Passages: The Experience of American Whaling, 1830–1870.* Cambridge: Cambridge University Press, 1995.

Dyer, Michael P. *"O'er the Wide and Tractless Sea": Original Art of the Yankee Whale Hunt.* New Bedford: Old Dartmouth Historical Society/New Bedford Whaling Museum, 2017.

———. "Whalemen's natural history observations and the Grand Panorama of a Whaling Voyage Round the World." *New Bedford Whaling Museum Blog*, March 29, 2016. whalingmuseumblog.org.

Ellis, Richard. The Great Sperm Whale: *A Natural History of the Ocean's Most Magnificent and Mysterious Creature.* Lawrence: University Press of Kansas, 2011.

———. *The Search for the Giant Squid.* New York: Penguin, 1999.

Estes, James A., *et al.*, eds. *Whales, Whaling, and Ocean Ecosystems.* Berkeley: University of California Press, 2006.

Flower, Dean. "Vengeance on a Dumb Brute, Ahab? An Environmentalist Reading of *Moby-Dick.*" *Hudson Review* 66, no. 1 (Spring 2013): 135–52.

Foster, Elizabeth S. "Melville and Geology." *American Literature* 17, no. 1 (March 1945): 50–65.

Frank, Stuart M. *Herman Melville's Picture Gallery: Sources and Types of the "Pictorial" Chapters of* Moby-Dick. Fairhaven, MA: Edward J. Lefkowicz, 1986.

———, ed. *Meditations from Steerage: Two Whaling Journal Fragments* (The Commonplace Book of Dean C. Wright, Boatsteerer, Ship *Benjamin Rush* of Warren, Rhode Island, 1841–45, and Six Months Outward Bound: John Jones, Steward, Ship *Eliza Adams* of New Bedford, 1852). Sharon, MA: The Kendall Whaling Museum, 1991.

German, Andrew W., and Daniel V. McFadden. *The Charles W. Morgan: A Picture History of an American Icon.* Mystic: Mystic Seaport Museum, 2014.

Greenlaw, Linda. *The Hungry Ocean: A Swordboat Captain's Journey.* New York: Hyperion, 1999.

———. *Seaworthy: A Swordboat Captain Returns to the Sea.* New York, Penguin, 2011. Harvey, Bruce A. "Science and the Earth." In *A Companion to Herman Melville*, edited by Wyn Kelley, 71–82. West Sussex, UK: Wiley-Blackwell, 2015.

Heflin, Wilson. *Herman Melville's Whaling Years.* Edited by Mary K. Bercaw Edwards and Thomas Farel Heffernan. Nashville: Vanderbilt University

Press, 2004.

Hillway, Tyrus. “Melville and Nineteenth-Century Science.” PhD diss., Yale University, 1944.

———. “Melville as Critic of Science.” *Modern Language Notes* 65, no. 6 (June 1950): 411–14.

———. “Melville's Education in Science.” *Texas Studies in Literature and Language* 16, no. 3 (Fall 1974): 411–25.

Hoare, Philip. *The Whale: In Search of the Giants of the Sea*. New York: Ecco, 2010.

Huggenberger, Stefan, Michel André, and Helmut H. A. Oelschläger. “The Nose of the Sperm Whale: Overviews of Functional Design, Structural Homologies, and Evolution.” *Journal of the Marine Biological Association of the United Kingdom* 96, no. 4 (2016): 783–806.

Irmscher, Christoph. *Louis Agassiz: Creator of American Science*. Boston: Houghton Mifflin Harcourt, 2013.

Jackson, J. A., N. J. Patenaude, E. L. Carroll, and C. Scott Baker. “How Few Whales Were There After Whaling? Inference from Contemporary mtDNA Diversity.” *Molecular Ecology* 17 (2008): 236–51.

Kelley, Wyn. “Rozoko in the Pacific: Melville's Natural History of Creation.” In *“Whole Oceans Away”: Melville and the Pacific*, edited by Jill Barnum, Wyn Kelley, and Christopher Sten, 139–52. Kent: Kent State University Press, 2007.

Laist, David W. *North Atlantic Right Whales: From Hunted Leviathan to Conservation Icon*. Baltimore: Johns Hopkins University Press, 2017.

Leyda, Jay. *The Melville Log: A Documentary Life of Herman Melville, 1819–1891*, vol. 1. New York: Harcourt, Brace, 1951.

Madison, R. D., ed. *The Essex and the Whale: Melville's Leviathan Library and the Birth of Moby-Dick*. Santa Barbara, CA: Praeger, 2016.

Marr, Timothy. “Melville's Planetary Compass.” In *The New Cambridge Companion to Herman Melville*, edited by Robert S. Levine, 187–201. Cambridge: Cambridge University Press, 2014.

McCauley, Douglas J., *et al*., “Marine Defaunation: Animal Loss in the Global Ocean.” *Science* 347, no. 6219 (2015): 1–7.

Morowitz, Harold J. “Herman Melville, Marine Biologist.” *Biological Bulletin* 220 (2011): 83–85.

Onley, Derek, and Paul Scofield. *Albatrosses, Petrels, and Shearwaters of the World*. Princeton: Princeton University Press, 2007.

Olsen-Smith, Steven. “Melville's Copy of Thomas Beale's *The Natural History of the Sperm Whale* and the Composition of Moby-Dick.” Harvard Library Bulletin 21, no. 3 (Fall 2010), 1–77.

Osborn, James C. Logbook of the *Charles W. Morgan*, 1841–1845. Mystic

Seaport Log 143. Otter, Samuel. Melville's Anatomies. Berkeley: University of California Press, 1999.

Parker, Hershel. *Herman Melville: A Biography, Vol. 1, 1819–1851*. Baltimore: Johns Hopkins University Press, 1996.

Philbrick, Nathaniel. *In the Heart of the Sea: The Tragedy of the Whaleship* Essex. New York: Viking, 2000.

———. *Why Read Moby-Dick?* New York: Viking, 2011.

Rediker, Marcus. "History from below the Water Line: Sharks and the Atlantic Slave Trade." *Atlantic Studies* 5, no. 2 (2008): 285–97.

Reeves, Randall R., Brent S. Stewart, Phillip J. Clapham, James A. Powell, and Pieter A. Folkens. *Guide to Marine Mammals of the World*. New York: Alfred A. Knopf, 2002.

Roberts, Callum. *The Unnatural History of the Sea*. Washington: Shearwater Books, 2007.

Roman, Joe. *Whale*. London: Reaktion, 2006.

Roman, Joe, and Stephen R. Palumbi. "Whales before Whaling in the North Atlantic." *Science* 301 (2003): 508–10.

Roper, Clyde F. E., and Elizabeth K. Shea. "Unanswered Questions about the Giant Squid *Architeuthis* (Architeuthidae) Illustrate Our Incomplete Knowledge of Coleoid Cephalopods." *American Malacological Bulletin* 31, no. 1 (2013): 109–22.

Rozwadowski, Helen M. *Fathoming the Ocean: The Discovery and Exploration of the Deep Sea*. Cambridge, MA: Belknap Press, 2005.

Sanborn, Geoffrey. "Melville and the Nonhuman World." In *The New Cambridge Companion to Herman Melville,* edited by Robert S. Levine, 10–21. Cambridge: Cambridge University Press, 2014.

Schultz, Elizabeth. "Melville's Environmental Vision in *Moby-Dick.*" *Interdisciplinary Studies in Literature and Environment* 7, no. 1 (2000): 97–113.

Scott, Sumner W. D. "The Whale in *Moby Dick.*" PhD diss., University of Chicago, 1950.

Sealts, Jr., Merton M. M*elville's Reading*. Rev. ed. Columbia: University of South Carolina Press, 1988.

Severin, Tim. *In Search of Moby Dick: The Quest for the White Whale*. New York: Da Capo, 2000.

Shoemaker, Nancy. "Whale Meat in American History." *Environmental History* 10, no. 2 (April 2005): 269–94.

Smith, Richard Dean. *Melville's Science: "Devilish Tantalization of the Gods!"* New York: Garland, 1993.

Smith, Tim D., Randall R. Reeves, Elizabeth A. Josephson, and Judith N. Lund. "Spatial and Seasonal Distribution of American Whaling and Whales in

the Age of Sail." *PLOS One 7*, no. 4 (April 2012): 1–25.

Starbuck, Alexander. *History of the American Whale Fishery from Its Earliest Inception to the Year 1876*. Waltham, MA: Self-published, 1878.

Vincent, Howard P. *The Trying Out of Moby-Dick*. Carbondale: Southern Illinois University Press, 1965.

Ward, J. A. "The Function of the Cetological Chapters in *Moby-Dick*." *American Literature* 28, no. 2 (1956): 164–83.

Wallace, Robert K. "Melville, Turner, and J. E. Gray's Cetology." *Nineteenth-Century Contexts* 13, no. 2 (Fall 1989): 151–75.

Whitehead, Hal. *Sperm Whales: Social Evolution in the Ocean*. Chicago: University of Chicago Press, 2003.

Whitehead, Hal, and Luke Rendell. *The Cultural Lives of Whales and Dolphins*. Chicago: University of Chicago Press, 2015.

Wilson, Eric. "Melville, Darwin, and the Great Chain of Being." *Studies in American Fiction* 28, no. 2 (Autumn 2000): 131–50.

Würsig, Bernd, J. G. M. Thewissen, and Kit M. Kovacs, eds. *Encyclopedia of Marine Mammals*. 3rd ed. London: Academic Press, 2018.

Yaeger, Patricia. "Editor's Column: Sea Trash, Dark Pools, and the Tragedy of the Commons." *Proceedings of the Modern Language Association* 125, no. 3 (2010): 523–45.

Zoellner, Robert. *The Salt-Sea Mastodon: A Reading of Moby-Dick*. Berkeley: University of California Press, 1973.

ウェブサイト

The Complete Works of Charles Darwin Online (Darwin Online). Edited by John van Wyhe. www.darwin-online.org.uk.

The IUCN Red List of Threatened Species. The International Union for the Conservation of Nature and and Natural Resources. www.iucnredlist.org.

The Melville Electronic Library. Hofstra University. Edited by John Bryant. www.hofstradrc.org/projects/mel.html.

Melville's Marginalia Online. Boise State University. Edited by Steven Olsen-Smith, Peter Norberg, and Dennis C. Marnon. melvillesmarginalia.org.

Moby Dick Big Read. Peninsula Arts with Plymouth University. www.mobydickbigread.com.

Mystic Seaport Museum. www.mysticseaport.org.

The New Bedford Whaling Museum. www.whalingmuseum.org.

Searchable Sea Literature. Williams College-Mystic Seaport. Edited by Richard J. King.

Whaling History. www.whalinghistory.org.

注

複数の参考文献はセミコロン (;) で区切った。

第16章

1）Justin T. Richard, *et al.*, "Testosterone and Progesterone Concentrations in Blow Samples Are Biologically Relevant in Belugas (*Delphinapterus leucas*)," *General and Comparative Endocrinology* 246 (2017): 183–84.

2）Bennett, vol. 2, 151; Beale, 16–17.

3）Justin Richard, 26 October 2016, personal communication（その後の議論および電子メールで細部を練り上げた）.

4）*Moby-Dick*, xxii; Bennett, vol. 2, 174; Vincent, 292–93. また、Barbara Todd, *Whales and Dolphins of Kaikōura, New Zealand* (Nelson, NZ: Nature Down Under, 2007), 20も参照。

5）Burnett, *Trying Leviathan*, 125–26.

6）*Moby-Dick*, 222. また、Cheever, *The Whale and His Captors*, 92も参照。

7）*Moby-Dick*, 139, 162; Burnett, *Trying Leviathan*, 126でのエシュリクトの引用。

8）J. J. Rasler, 9 August 2016, 7 October 2017, personal communication.

9）*Moby-Dick*, 232–33.

10）*Moby-Dick*, 372; Annalisa Berta, James L. Sumich, and Kit M. Kovacs, *Marine Mammals: Evolutionary Biology*, 2nd ed. (Boston: Elsevier, 2006), 155; Reeves, *et al.*, *Guide*, 28; J. G. M. Thewissen, John George, Cheryl Rosa, and Takushi Kishida, "Olfaction and Brain Size in the Bowhead Whale (*Balaena mysticetus*)," *Marine Mammal Science* 27, no. 2 (April 2011): 282–94; Takushi Kishida, *et al.*, "Aquatic Adaptation and the Evolution of Smell and Taste in Whales," *Zoological Letters* 1, no. 9 (2015): 1–10.

11）*Moby-Dick*, 370.

12）Beale, 43–44; "Whales," *The Penny Cyclopædia*, vol. 27, 294（ビールの記述を書き換えたもの）. 以下も参照。Wright, *Meditations from Steerage*, 6; William A. Watkins, *et al.*, "Sperm Whale Dives Tracked by Radio Tag Telemetry," *Marine Mammal Science* 18, no. 1 (January 2002), 55; Ladd Irvine, Daniel M. Palacios, Jorge Urbán, and Bruce Mate, "Sperm Whale Dive Behavior Characteristics Derived from Intermediate-Duration Archival Tag Data," *Ecology and Evolution* 7 (2017): 7834; Hal Whitehead and Luke Rendell, *The Cultural Lives of Whales and Dolphins* (Chicago: Chicago University Press, 2015), 152.

13）Colin D. MacLeod, "Beaked Whales," *EMM*, 3rd ed., 82; Peter L. Tyack, *et*

al., "Extreme Diving of Beaked Whales," *Journal of Experimental Biology* 209 (2006): 4238, 4246–48; George Edgar Folk Jr., Marvin L. Riedesel, and Diana L. Thrift, *Principles of Integrative Environmental Physiology* (Bethesda, MD: Austin & Winfield, 1998), 400; Scoresby, *Arctic Regions*, vol. 2, 249–50. また、以下も参照。Charles W. Morgan, "Address before the New Bedford Lyceum," 19（モーガンはスコーズビーの計算をそのまま引き写した）; Beale, 92; Paul J. Ponganis and Gerald Kooyman, "How Do Deep-Diving Sea Creatures Withstand Huge Pressure Changes?," *Scientific American* (2 May 2002), www.scientificamerican.com/article/how-do-deep-diving-sea-cr/.

14）*Moby-Dick*, 357, 371; Paul Ponganis, 8 February 2018, personal communication; Paul J. Ponganis, "Circulatory System," *EMM*, 3rd ed., 192–93; Berta, Sumich, and Kovacs, *Marine Mammals*, 244; "Whales," *The Penny Cyclopædia*, vol. 27, 284–85; Beale, 103–5, 106.

15）William E. Damon, *Ocean Wonders: A Companion for the Seaside* (New York: D. Appleton and Co., 1879), 175–76. また、Philip Hoare, *The Whale* (New York: Ecco, 2010), 12も参照。

16）*Moby-Dick*, 310, 340.

17）*Moby-Dick*, 449; Bennett, vol. 2, 167–69. また、以下も参照。Haley, 250.

18）J. B. S. Jackson, "Dissection of a Spermaceti Whale and Three Other Cetaceans," *Boston Journal of Natural History* 5, no. 2 (October 1845): 10–171.

19）「海のカナリヤ（sea canaries）」については、Henry Lee, "The White Whale" (London: R. K. Burt & Co., 1878), 3を参照。奇妙なことに、メルヴィルは『白鯨』でベルーガに全く言及しない（もし、「鯨学」の章の「氷山鯨（Iceberg Whale）」がベルーガのことでないとすれば）、もしかするとその白さがあまりに生々しすぎたからかもしれない。メルヴィル自身は1851年までにベルーガを見たことはなかったかもしれない。ただ、スコーズビーの著作、および『ザ・ペニー・サイクロペディア（*The Penny Cyclopædia*）』の「Whales」の項でベルーガの図を目にしていたことは確かだ。

20）Stefan Huggenberger, Michel André, and Helmut H. A. Oelschläger, "The Nose of the Sperm Whale: Overviews of Functional Design, Structural Homologies, and Evolution," *Journal of the Marine Biological Association of the United Kingdom* 96, no. 4 (2016): 783–84, 793.

21）Bennett, vol. 2, 224; Dale W. Rice, "Spermaceti," in *Encyclopedia of Marine Mammals*, ed. William F. Perrin, Bernd Würsig, and J. G. M. Thewissen, 2nd ed. (New York: Academic Press, 2009), 1098–99.

22）Bouk and Burnett, 436; David Littlefield with Edward Baker, "Oil from Whales," in Heflin, 231–40.

23）*Moby-Dick*, 338.

24) Beale, 54.

25) Gerhard Neuweiler, *The Biology of Bats*, trans. Ellen Covey (Oxford: Oxford University Press, 2000), 140–41; Wright, *Meditations from Steerage*, 5.

26) Woods Hole Oceanographic Institution, "Bill Schevill," *Woods Hole Currents* 1, no. 2 (Spring 1992): 6–7; Berta, Sumich, and Kovacs, *Marine Mammals*, 279; B. Mohl, *et al.* "The Monopulsed Nature of Sperm Whale Clicks," *Journal of The Acoustical Society of America* 114, no. 2 (August 2003): 1143; Huggenberger, *et al.*, 790, 795.

27) Richard Sears and William F. Perrin, "Blue Whale," *EMM*, 3rd ed., 113.

28) 「大工魚 (carpenter fish)」の語はしばしば書かれているが、私は19世紀の鯨捕りによる資料、もしくは19世紀の鯨捕りに関する資料からはこの表現を (更には、船体を通して聞こえてくる音への言及さえ) 未だ見つけていない。

29) *Moby-Dick*, 331; Bennett, vol. 2, 159, 180; Beale, 114–15. ただし、これらの資料はどれもヒゲクジラの何らの栓や膜に言及していない。

30) *Moby-Dick*, 283; 鯨捕りとマッコウクジラの視覚については Davis, 169–70 および Wright, *Meditations from Steerage*, 6を参照。Marta Guerra, 2 January 2008, personal communication; Severin, 198.

31) Huggenberger, *et al.*, 794–96を参照。

32) *Moby-Dick*, 379.

第17章

1) Adrienne Wilber, 5 August 2017, personal communication; Riley Woodford, "Sperm Whales Awe and Vex Alaska Fisherman," *Alaska Fish and Wildlife News* (August 2003), http://www.adfg.alaska.gov/index.cfm?adfg=wildlifenews.view_article&articles_id=61; BBC (film), "Sperm Whales and Fishing Boats," *Alaska: Earth's Frozen Kingdom*, 27 January 2015, http://www.bbc.co.uk/programmes/p02htrqb.

2) Whitehead and Rendell, 3–7, 11–12, 153–57, 252–54.

3) Kathleen Dudzinski, Lecture, 8 December 2016, Mystic Aquarium; Jason N. Bruck, "Decades-Long Social Memory in Bottlenose Dolphins," *Proceedings of the Royal Society B* 280, no. 1768 (7 October 2013): 1–6.

4) *Moby-Dick*, 199, 348–50, 549; Beale, 29–30, 79. マッコウクジラをより知性ある存在として見ていた他の鯨捕りたちについては、Wright, *Meditations from Steerage*, 6 等を参照。

5) Susanne Shultz, "Whales and dolphins have rich cultures—and could hold clues to what makes humans so advanced," *The Conversation*, 18 October 2017, https://theconversation.com/whales-and-dolphins-have-rich-cultures-and-could-hold-clues-to-what-makes-humans-so-advanced-85858; Kieran C.

R. Fox, Michael Muthukrishna, and Susanne Shultz, "The Social and Cultural Roots of Whale and Dolphin Brains," *Nature Ecology and Evolution* 1 (2017): 1699–1705; Whitehead, "Sperm Whales," *EMM*, 3rd ed., 919; Burnett, *The Sounding of the Whale*, 622–23. また、以下も参照。Samuel L. Metcalfe, *Caloric: Its Mechanical, Chemical and Vital Agencies in the Phenomena of Nature*, vol. 1 (Philadelphia: Lippincott & Co., 1859), 540–46.

6) Parker, vol. 1, 689; Richard Dean Smith, *Melville's Science: "Devilish Tantalization of the Gods!"* (New York: Garland Publishing, 1993), 127–28; Sealts, 193; Bercaw [Edwards], *Melville's Sources*, 97; Darwin, *Journal of Researches*, vol. 2, 203–4; Janet Browne, *Charles Darwin Voyaging*, vol. 1 (London: Pimlico, 2003), 161; The Darwin Human Nature Project, "Darwin and Phrenology," *Darwin Correspondence Project Blog*, 24 November 2010, https://darwinhumannature.wordpress.com/2010/11/24/darwin-and-phrenology.『タイピー』との関連における観相学と骨相学については Otter, *Anatomies*, 30–38を参照。

7) John Caspar Lavater, *Essays on Physiognomy: Designed to Promote the Knowledge and the Love of Mankind*, trans. by Thomas Holcroft, 5th ed. (London: William Tegg & Co., 1848), 217–18, 304.

8) J. G. Spurzheim, M. D., *Phrenology, or the Doctrine of the Mental Phenomena*, 5th ed. (New York: Harper & Brothers, 1846), 223.

9) 出典については以下を参照。Cheever, *The Whale and His Captors*, 74; Vincent, 266–67.

10) *Moby-Dick*, 347.

11) *Moby-Dick*, 311–12.

第18章

1) *Moby-Dick*, 403. また、以下も参照。Cheever, *The Whale and His Captors*, 34.

2) Moby Dick, 407.

3) Beale, 133; Dudley, "An Essay," 262, 265–69; Dale W. Rice, "Ambergris," *EMM*, 2nd ed., 29.

4) *Moby-Dick*, 407–9.

5) Robert Clarke, "The Origin of Ambergris," *Latin American Journal of Aquatic Mammals* 5, no. 1 (June 2006): 11. また、以下も参照。Robert Clarke, "A Great Haul of Ambergris," *Nature* 174, no. 4421 (1954): 155–56; Christopher Kemp, *Floating Gold* (Chicago: Chicago University Press, 2012), 96.

6) Kemp, *Floating Gold*, frontmatter; R. Clarke, "The Origin of Ambergris," 11–13; Dr. [Zabdiel] Boylston, "Ambergris Found in Whales," 33, no. 385

[1724] in *Philosophical Transactions of the Royal Society of London* [1665–1800], vol. 7 (London: C. and R. Baldwin, 1809), 57. 後者は全文が Beale, 131–32 に引用されている。

7) Beale, 135. また、以下も参照。"Proceedings of the Society for the Communication of the Useful Arts in Scotland: Antediluvian Ambergris," *Edinburgh New Philosophical Journal* 15 (April–October 1833): 398; Vincent, 317–26; Kemp, *Floating Gold*, 144; Christopher Kemp, "Ambergris," *EMM*, 3rd ed., 24. 以下も参照。Bennett, vol. 2, 226.

8) Beale, 132; Beale, Melville's Marginalia Online; Mr. Payne, "Ambergris," *American Journal of Pharmacy* 9, no. 4 (1844): 296 (Payne cites both Beale and Bennett); Kemp, *Floating Gold*, 80. 以下も参照。Hoare, *The Whale*, 393–99.

9) William H. Griffith, 29 March 1913, Journal aboard the *Charles W. Morgan*, 1911– 1913, Log 157, Mystic Seaport; Starbuck, 148.

10) Ambergris NZ, Ltd, accessed 17 January 2019, www.ambergris.co.nz/buy-ambergris.

11) Hasan Shaban Al Lawati, "Omani Fishermen Net a Fortune in a Catch," *Times of Oman* (2 November 2016), http://timesofoman.com/article/95707/OmanPride/.

12) *Moby-Dick*, 409.

第19章

1) William Shak [e] speare, *The Tempest*, in *The Dramatic Works of William Shakespeare*, vol. 1 (Boston: Hilliard, Gray, 1837), Act 1, Sc. 2, 23; Shakespeare, Melville's Marginalia Online; Sealts, 213.

2) 以下を参照. Dan Brayton, *Shakespeare's Ocean: An Ecocritical Exploration* (Charlottesville: University of Virginia Press, 2012), 53–55; Steve Mentz, *At the Bottom of Shakespeare's Ocean* (London: Continuum, 2009), 1–13.

3) Herman Melville, "To Evert A. Duyckinck, 24 February 1849, Boston," *Correspondence*, 119–20 を参照。

4) アクシュネット号の給仕係《キャビンボーイ》については Parker, vol. 1, 697 を参照。

5) *Moby-Dick*, 414.

6) *Moby-Dick*, 295, 522, 535.

7) Dobbs, 145–46; Bennett, vol. 1, 95; Maury, *The Physical Geography of the Sea* (1855), 170.

8) Darwin, *Journal of Researches*, vol. 2, 260–81; Charles Darwin, *The Structure and Distribution of Coral Reefs, being the first part of the geology of the voyage of the Beagle* (London: Smith, Elder, and Co., 1842); Dobbs, 5, 254–56; Janet Browne and Michael Neve, "Introduction," in

Charles Darwin, Voyage of the Beagle (New York: Penguin, 1989), 20; *Omoo*, 62–63; *Typee*, 155; Harvey, "Science and the Earth," 73–74.

9) Anonymous, "The Drowned Harpooner," *Casket 2* (February 1827): 65; Martina Pfeiler, *Ahab in Love: The Creative Reception of Moby-Dick in Popular Culture*, Habilitation thesis, TU Dortmund, Germany (May 2017), 85–87.

10) B. D. Emerson, ed., *The First Class Reader* (Philadelphia: Hogan and Thompson, 1843), 56; Emerson, "The Uses of Natural History," 12.

11) *Relics from the Wreck of a Former World; or Splinters Gathered on the Shores of a Turbulent Planet* (New York: Henry Long and Brother, 1847), 8, 12.

12) *Omoo*, 162; J. E. N. Veron and Mary Stafford-Smith, *Corals of the World*, vol. 3 (Townsville: Australian Institute of Marine Science, 2000), 280–91; "National Marine Sanctuary of American Samoa and Rose Atoll Marine National Monument," National Marine Sanctuary Foundation, accessed 31 January 2019, www.marinesanctuary.org/explore/american-samoa/.

13) Damien Cave and Justin Gillis, "Large Sections of Australia's Great Reef Are Now Dead, Scientists Find," *New York Times* (15 March 2017), https://www.nytimes.com/2017/03/15/science/great-barrier-reef-coral-climate-change-dieoff.html; Terry P. Hughes, *et al.*, "Global Warming and Recurrent Mass Bleaching of Corals," *Nature* 543 (16 March 2017): 373; Dennis Normile, "Survey Confirms Worst-Ever Coral Bleaching at Great Barrier Reef," *Science*, 19 April 2016, http://www.sciencemag.org/news.

14) *Omoo*, 192. メルヴィルは実際にはこの歌を William Ellis, *Polynesian Researches* (1831) で知ったようだ。以下を参照。David Farrier, *Unsettled Narratives: The Pacific Writings of Stevenson, Ellis, Melville and London* (New York: Routledge, 2007), 13–15.

第20章

1) *Moby-Dick*, 419.

2) *Moby-Dick*, 20.

3) マイケル・ダイヤーとのインタビューは当初2017年1月6日に実施し、その後の訪問及び連絡を通じて共同で加筆修正を行った。

4) Hjörtur Gisli Sigurdsson, 29 March 2017, personal communication.

5) *Moby-Dick*, 416.

6) *Moby-Dick*, 388; Bennett, vol. 2, 178.

7) Whitehead, *Sperm Whales: Social Evolution*, 271–77; *Moby-Dick*, 391–93; Sarah L. Mesnick and Katherine Ralls, "Mating Systems," and "Sexual Dimorphism," *EMM*, 3rd ed., 587, 590, 848, 1116; Koen Van Waerebeek and Bernd Würsig, "Dusky Dolphin," *EMM*, 3rd ed., 279; Reeves, *et al.*,

Guide, 24; Kenney, "Right Whales," *EMM*, 3rd ed., 819–820; Dudley, "An Essay," 260.

8) Tom Dalzell, *The Routledge Dictionary of Modern American Slang and Unconventional English* (New York: Routledge, 2009), 283; "Dick, n. 1," *Oxford English Dictionary*, 2nd ed. (1895/1989), www.oed.com/view/Entry/52255.

9) D. H. Lawrence, *Studies in Classic American Literature*, ed. Ezra Greenspan, Lindeth Vasey, and John Worthen (Cambridge: Cambridge University Press, 2003), 354, 294; *Moby-Dick*, 463. 下記等を参照。Herbert N. Schneider and Homer B. Pettey, "Melville's Ichthyphallic God," *Studies in American Fiction* 26, no. 2 (Autumn 1998): 193–212; Harry Slochower, "Freudian Motifs in *Moby-Dick:* The White Whale: The Sex Mystery," in *Moby-Dick as Doubloon: Essays and Extracts, 1851–1970* (New York: W.W. Norton & Co., 1970), 234–37; Leland S. Person, "Gender and Sexuality," in *A Companion to Herman Melville*, 231–246; また、エイハブと漁夫王(フィッシャー・キング)伝説のつながりについては Christopher Sten, *Sounding the Whale: Moby-Dick as Epic Novel* (Kent: Kent State University Press, 1996), 67–68; Robert Shulman, "The Serious Functions of Melville's Phallic Jokes," *American Literature* 33, no. 2 (May 1961): 179–194を参照。*Moby-Dick*, 550 等を参照。

10) 下記等を参照。Amy S. Greenberg, "Fayaway and Her Sisters," in *"Whole Oceans Away": Melville and The Pacific*, ed. Jill Barnum, Wyn Kelley, and Christopher Sten (Kent: Kent State University Press, 2007), 17–30; Caleb Crain, "Melville's Secrets," *Leviathan* 14, no. 3 (October 2012): 6–24; Matthew Knip, "Homosocial Desire and Erotic *Communitas* in Melville's Imaginary: The Evidence of Van Buskirk," *ESQ* 62, no. 2 (2016): 355–414.

11) Nathaniel Philbrick, *Why Read Moby-Dick?* (New York: Viking, 2011), 88. シェイクスピアはこの語を「archbishopricke」と綴ったが、末尾を「cke」ではなく「c」とする綴りの方がよく使われたようだ。"Prick, n. 12b," *Oxford English Dictionary*, 3rd ed. (2007), www.oed.com/view/Entry/151146; "Archbishopric, n.," *Oxford English Dictionary*, 3rd ed. (2007), www.oed.com/view/Entry/10308.

第21章

1) ユアン・フォーダイスとのこのインタビューは2018年3月15日に実施し、後に共同で加筆修正を行った。

2) *Moby-Dick*, 452–53; Reeves, *et al.*, *Guide*, 241.

3) Edward O. Wilson, "Introduction," *The Rarest of the Rare: Stories Behind the Treasures at the Harvard Museum of Natural History*, by Nancy Pick and Mark Sloan (New York: Harper Collins, 2004), 1; Mary Sears, Ernst

Mayr Library of the Museum of Comparative Zoology, 23 May 2017, personal communication; Invoice to Museum of Comparative Zoology, 17 July 1891, from Ward's Natural Science Establishment, collection of the Museum of Comparative Zoology Archives; Emerson, "The Uses of Natural History," 4. また、以下も参照。Emerson, *The Journals and Miscellaneous Notebooks of Ralph Waldo Emerson, Volume IV, 1832–1834*, 406.

4） Sealts, 222; Henry David Thoreau, *A Week on the Concord and Merrimack Rivers* [1849] (Cambridge: Riverside Press, 1894), 323. メルヴィルの引用部で著しく異なっているのは、ソローが「skeleton〔骨格〕」という語を使っている一方でメルヴィルが「specimen〔標本〕」を使っている点だ。メルヴィルはエリザベス・ショウとの新婚旅行ではるばるニューハンプシャーまで旅したが、この地〔ニューハンプシャー州マンチェスター〕に立ち寄ったとの記録はない。1847年にマンチェスター博物館は劇場の下にある3階の空間を開放して収蔵品を公開したが、わずか数年後に閉館したようだ。鯨がどうなったかは誰も知らない。Jeffrey Barraclough, 8 March 2018, personal communication; L. Ashton Thorp, *Manchester of Yesterday: A Human Interest Story of Its Past* (Manchester, NH: Granite State Press, 1939), 332–33. また、以下も参照。Leyda, 255–58; William Henry Flower, "On the Osteology of the Cachalot or Sperm-Whale (*Physeter macrocephalus*)," *Transactions of the Zoological Society of London* 6 (London: Taylor and Francis, 1868): 309–10.

5） *Moby-Dick*, 454; Beale, 80, 82; Beale, Melville's Marginalia Online.

6） Jane Walsh, "From the Ends of the Earth: The United States Exploring Expedition Collections," Smithsonian Libraries, 29 March 2004, www.sil.si.edu/DigitalCollections/usexex/learn/Walsh-01.htm.

7） John Rickards Betts, "P. T. Barnum and the Popularization of Natural History," *Journal of the History of Ideas* 20, no. 3 (June–Sept 1959): 366; J. B. S. Jackson, 138–39.

8） William S. Wall, "History and Description of the Skeleton of a New Sperm Whale" (Sydney: W. R. Piddington, 1851), 2–5.

9） Wall, 5, 33; Beale, 84; Darwin, *On the Origin of Species*, 394.

10） Wall, 21, 23, 24.

11） *The Holy Bible... Together with the Apocrypha* (Philadelphia: E. H. Butler & Co., 1860), 648. 以下を参照。Janis Stout, "Melville's Use of the Book of Job," Nineteenth-Century Fiction 25, no. 1 (June 1970): 69–83. 聖書と「アルサシードのあずまや」との他のつながりについては A. Baker, *Heartless Immensity*, 35–38を参照。Wilkes, vol. 5, 14–15.

12） J. Baker, "Dead Bones," 91–95; Ralph Waldo Emerson, "The Naturalist," in *The Early Lectures of Ralph Waldo Emerson*, ed. Stephen E. Whicher

and Robert E. Spiller, vol. 1, 1833–1836（Cambridge, MA: Harvard University Press, 1959）, 79.

13） Mark D. Uhen, "Basilosaurids and Kekenodontids," *EMM*, 3rd ed., 78–79; Richard Owen, "Observations on the Basilosaurus of Dr. Harlan（Zeuglodon cetoides, Owen）," *Transactions of the Geological Society of London*, 2nd series, vol. 6（London: R. and J. E. Taylor, 1842）, 69–79; "Hydrarchos Advertisement," *The Encyclopedia of Alabama*, 2018, http://www.encyclopediaofalabama.org/article/m-8529; Rieppel, 139–161.

14） *Moby-Dick*, 457; Foster, 50–54; R. D. Smith, *Melville's Science*, 136, 301; Harvey, "Science and the Earth," 73–74. メルヴィルのこれ以前の地質学との関わりについては、例えば *Typee*, 155 および *Mardi*, 414–18を参照。オーウェンとバシロサウルスについては、Gaines, 11 および Richard S. Moore, "Owen's and Melville's Fossil Whale," *American Transcendental Quarterly* 26（1975）: 24を参照。

15） *Moby-Dick*, 457.

16） メルヴィルはアガシーの氷河期理論を、氷山が大型の礫岩を堆積・移動させて風景を切り開いたとするライエルの理論と組み合わせたようだ。Foster, 61–62.

17） Foster, 50.

第22章

1） *Moby-Dick*, 460. メルヴィルはラセペードの数値をフランス語の原書からではなく、Scoresby（Vincent, 365）から採った。

2） "Five Wicked Whales," 35; Beale, 15; Beale, Melville's Marginalia Online; Davis, 188; Philbrick, *In the Heart of the Sea*, 254–55; Stuart Frank, *Ingenious Contrivances, Curiously Carved: Scrimshaw in the New Bedford Whaling Museum*（Boston: David R. Godine, 2012）, 54; Clifford W. Ashley, *The Yankee Whaler*, 2nd ed.（London: George Routledge & Sons, 1938）, 73. ホッキョククジラの体長の過大評価については Scoresby, *Arctic Journals*, vol. 1, 449–54を参照。また、Tyrus Hillway, "Melville and Nineteenth-Century Science," PhD dissertation（New Haven: Yale University, 1944）, 100も参照。

3） Bennett, vol. 2, 154; Reeves, *et al.*, *Guide*, 241. また、以下も参照。Ellis, *The Great Sperm Whale*, 97; Whitehead, *Sperm Whales: Social Evolution*, 8, 328; Berzin, 16, 30.

4） Elizabeth Schultz, "Melville's Environmental Vision in *Moby-Dick*," *Interdisciplinary Studies in Literature and Environment* 7, no. 1（2000）: 102.

5） Christopher F. Clements, Julia L. Blanchard, Kirsty L. Nash, Mark A. Hindell, and Arpat Ozgul, "Body Size Shifts and Early Warning Signals

Preceded the Historic Collapse of Whale Stocks," *Nature Ecology & Evolution* 1, no. 0188 (2017): 1–6. また、1971年に平均体長の減少に気づいたベルズィン〔Alfred A. Berzin〕も参照(Berzin, 30)。この研究の信頼性についての議論は Phillip J. Clapham and Yulia V. Ivashchenko, "Whaling Catch Data Are Not Reliable for Analyses of Body Size Shifts," *Nature Ecology & Evolution* 2 (May 2018): 756を参照。これに対する論文の著者たちの返答が Christopher F. Clements, *et al.*, "Reply to 'Whaling Catch Data Are Not Reliable...,'" *Nature Ecology & Evolution* 2 (May 2018): 757–58 である。私はこの件について考える上でデイヴィッド・レイストの助けを得た(David Laist, 14 August 2018, personal communication)。

6) *Moby-Dick*, 460.

7) 1回の航海で殺された鯨の数については、例えば Wilkes, vol. 5, 493や、Dyer, *Tractless Sea*, 70の the whaleship *Pocahontas* (1844–46) を参照。

8) *Moby-Dick*, 461.

9) *Moby-Dick*, 461–62.

10) *Moby-Dick*, 462; Smith, Reeves, Josephson, and Lund, "Spatial and Seasonal Distribution of American Whaling and Whales in the Age of Sail," 1; Jennifer A. Jackson, *et al.*, "An Integrated Approach to Historical Population Assessments of the Great Whales: Case of the New Zealand Southern Right Whale," *Royal Society Open Science* 3 (2016): 11; Elizabeth A. Josephson, Tim D. Smith, and Randall R. Reeves, "Depletion within a Decade: The American 19th-Century North Pacific Right Whale Fishery," in *Oceans Past*, 133–47; Cheever, *The Whale and His Captors*, 48; Bowles, "Some Account of the Whale-Fishery of the N. West Coast and Kamschatka," 83. 米国の捕鯨船によってセミクジラ〔北太平洋のセミクジラ種〕やホッキョククジラが毎年1万3000頭殺されていたとするイシュメールがその数値をどこから持ってきたのか私には定かではないが、1840年代に知られていた内容から考えるととんでもない数というわけではない。Randall R. Reeves and Tim D. Smith, "A Taxonomy of World Whaling," *Whales, Whaling, and Ocean Ecosystems*, 91で引用・議論されているように、Scarff (2001) はあらゆる国籍の船によって1839年から1909年までの間に殺されたセミクジラの個体数は2万6500頭から3万7000頭の間だと計算した。さらに、やはり同書で引用された Best (1987) によれば、1804年から1909年までの間には米国の捕鯨船だけで推定3万頭のホッキョククジラが殺されたという。しかし、Bowles (1845) は先述のイシュメールのように、毎年わずか4ヵ月の捕鯨シーズンのうちに1万2000頭のセミクジラが殺されたと推定した。また、年間の鯨油の樽数については上記 Josephson, Smith, and Reeves, *Oceans Past* 143も参照。

11) Tim Smith, 12 December 2016, personal communication; Whitehead, "Sperm Whales in Ocean Ecosystems," 330.

12) *Moby-Dick*, 388; Whitehead, "Sperm Whales," *EMM*, 3rd ed., 923; Whitehead, *Sperm Whales: Social Evolution*, 11–12.
13) *Moby-Dick*, 358, 462; Laist, 64–65; Kenney, "Right Whales," *EMM*, 3rd ed., 820; Cheryl Rosa, *et al.*, "Age Estimates Based on Aspartic Acid Racemization for Bowhead Whales (*Balaena mysticetus*) Harvested in 1998–2000 and the Relationship between Racemization Rate and Body Temperature," *Marine Mammal Science* 29, no. 3 (July 2013), 424.「友愛的同属性(fraternal congenerity)」については Zoellner, 166–90を参照。また、以下も参照。Bode, 189; "Melville's Tendency to Lateralize," in Geoffrey Sanborn, "Melville and the Nonhuman World," in *The New Cambridge Companion to Herman Melville*, ed. Robert S. Levine (Cambridge: Cambridge University Press, 2014), 13.
14) Agassiz and Gould, 237–39.
15) "On the Fur Trade, and Fur-bearing Animals," *American Journal of Science and Arts*, ed. Benjamin Silliman, 25:2 (New Haven: 1834), 329.
16) 例えば以下を参照。Washington Irving, *Astoria, or Anecdotes of an Enterprise beyond the Rocky Mountains*, vol. 2 (Philadelphia: Carey, Lea, & Blanchard, 1836), 274; Gideon Algernon Mantell, *The Wonders of Geology*, vol. 1 (London: Relfe and Fletcher, 1839), 117; Samuel Gilman Brown, *The Works of Rufus Choate, with a Memoir of His Life*, vol. 2 (Boston: Little, Brown & Co., 1862), 159–60; Primack, 60–61; *Moby-Dick*, 153.
17) Schultz, 107–10; Francis Parkman Jr., *The California and Oregon Trail: Being Sketches of Prairie and Rocky Mountain Life* (New York: George P. Putnam, 1849), 176, 229. パークマンはこの著書の1892年版の序文より前に、現地のバッファローがもはやいなくなってしまったと書いた。《その何百万頭のうち、残ったのは骨ばかりであった(of all his millions nothing is left but bones)》(Boston: Little, Brown, and Co., 1892), vii.
18) Beale, 151.
19) Morgan, "Address before the New Bedford Lyceum," 15–16; Wilkes, vol. 5, 493.
20) Schultz, 106.
21) *Moby-Dick*, 4, 380; Schultz, 107.
22) カリブモンクアザラシについては Deborah A. Duffield, "Extinctions, Specific," *EMM*, 3rd ed., 344–45; J. A. Allen, "The West Indian Seal (*Monanchus tropicalis* Gray)," in *Bulletin of the American Museum of Natural History*, vol. 2, 1887–90 (New York: AMNH, 1890), 27–28を参照。サケについては Roberts, 53–56; US Fish and Wildlife Service, "Final Environmental Impact Statement, Restoration of Atlantic Salmon to New England Rivers" (Newton Corner, MA: USFWS, 1989), 11を参照。Catherine Schmitt, *The President's Salmon: Restoring the King of Fish and*

Its Home Waters (Camden: Down East Books, 2015) を参照のこと。タイセイヨウセミクジラについては Laist, 165–77, 262を参照。コククジラについては Clapham and Link, "Whales, Whaling, and Ecosystems in the North Atlantic Ocean," *Whales, Whaling, and Ocean Ecosystems*, 317–18を参照。サウスシェトランド諸島のオットセイについては以下を参照。Roberts, 107; Robert Hamilton, *The Naturalist's Library* (conducted by Sir William Jardine), *Mammalia*, vol. 8 (Edinburgh: W. H. Lizars, 1839), 95–96.

23) Douglas J. McCauley, *et al.*, "Marine Defaunation: Animal Loss in the Global Ocean (Review Summary)," *Science* 347, no. 6219 (16 January 2015): 247.

24) 「製油かまど《トライ・ワークス》」の章については Dean Flower, "Vengeance on a Dumb Brute, Ahab? An Environmentalist Reading of *Moby-Dick*," *Hudson Review* 66, no. 1 (2013): 144–45を参照。

25) Whitehead, *Sperm Whales: Social Evolution*, 20; Whitehead, "Sperm Whale," *EMM*, 3rd ed., 923. マッコウクジラの鯨油の用途については Joe Roman, *Whale* (London: Reaktion, 2006), 131, 144–45 および Rice, "Spermaceti," *EMM*, 2nd ed., 1099を参照。

26) Whitehead, *Sperm Whales: Social Evolution*, 130–31; B. L. Taylor, *et al.*, "*Physeter microcephalus*," IUCN Red List of Threatened Species, 2008, www.iucnredlist.org/details/41755/0.

27) Whitehead and Rendell, 154–55; Whitehead, "Sperm Whale," *EMM*, 3rd ed., 922.

28) Laist, 262.

29) Michael Dyer, "Why Black Whales Are Called 'Right Whales'," New Bedford Whaling Museum Blog (13 September 2016), www.whalingmuseumblog.org; "An 1849 Statement on the Habits of Right Whales," 140; "Active Maps: The First Voyage of the *Charles W. Morgan*, 1841–1845," Mystic Seaport for Educators, 2016, http://educators.mysticseaport.org/maps/voyage/morgan_first/; Logbook of the Commodore Morris, 1845–49.

30) 近年の遺伝学的研究により、初期のバスク人たちによる捕鯨がセミクジラ類に実際はどれほどの影響を及ぼしたのかが問われてきた。彼らはセミクジラ類よりもホッキョククジラを多く捕獲していたかもしれない。以下を参照。Laist, 136–37; Toolika Rastogi, *et al.*, "Genetic Analysis of 16th-Century Whale Bones Prompts a Revision of the Impact of Basque Whaling on Right and Bowhead Whales in the Western North Atlantic," *Canadian Journal of Zoology* 82 (2004): 1647–54; Richard M. Pace III, Peter J. Corkeron, and Scott D. Kraus, "State-Space Mark-Recapture Estimates Reveal a Recent Decline in Abundance of North Atlantic Right Whales," *Ecology and Evolution* (July 2017): 1; National Marine Fisheries Service,

"North Atlantic Right Whale (*Eubalaena glacialis*), 5-Year Review: Summary and Evaluation," (October 2017), 1–33; J. G. Cooke and A. N. Zerbini, "Eubalaena australis," The IUCN Red List of Threatened Species, 2018, https://www.iucnredlist.org/species/8153/50354147; J. A. Jackson, N. J. Patenaude, E. L. Carroll, and C. Scott Baker, "How Few Whales Were There after Whaling? Inference from Contemporary mtDNA Diversity," *Molecular Ecology* 17 (2008): 244; Kenney, "Right Whales," *EMM*, 3rd ed., 818; Richard L. Merrick, Gregory K. Silber, and Douglas P. DeMaster, "Endangered Species and Populations," *EMM*, 3rd ed., 313; M. M. Muto, *et al.*, "North Pacific Right Whale (*Eubalaena japonica*): Eastern North Pacific Stock," NOAA-TM-AFSC-355 (30 December 2016), 1–9.

31) Reeves, *et al.*, *Guide*, 190–93.

32) Joe Roman and Stephen R. Palumbi, "Whales before Whaling in the North Atlantic," *Science* 301 (25 July 2003): 508. また、以下も参照。Stephen R. Palumbi, "Whales, Logbooks, and DNA," in *Shifting Baselines: The Past and the Future of Ocean Fisheries*, ed. Jeremy B.C. Jackson, Karen E. Alexander, and Enric Sala (Washington, DC: Island Press, 2011), 163–73.

33) Peter Kareiva, Christopher Yuan-Farrell, and Casey O'Connor, "Whales Are Big and It Matters," in *Whales, Whaling, and Ocean Ecosystems*, 383.

34) Joe Roman and James J. McCarthy, "The Whale Pump: Marine Mammals Enhance Primary Productivity in a Coastal Basin," *PLOS One* 5, no. 10 (October 2010): 1. エリザベス・シュルツの詩「Holy Shit」(Elizabet Shultz, *Ishmael on the* Morgan (2015), 17) を参照のこと。

35) Thoreau, *Cape Cod*, 219–20.

第23章

1) *Moby-Dick*, 487.

2) Onley and Scofield, 14–15; Good, 137, 192; Robin Hull, *Scottish Birds: Culture and Tradition* (Edinburgh: Mercat Press, 2001), 91.

3) W. B. Alexander, *Birds of the Ocean*, rev. ed. (New York: G. P. Putnam's Sons, 1963), 52; John James Audubon, *Ornithological Biography, or An Account of the Habits of the Birds of the United States of America*, vol. 3 (Edinburgh: Adam and Charles Black, 1835), 486–90.

4) Isaac Jessup, "19 August 1849," Logbook of the *Sheffield* 1849–50, Mystic Seaport Log 351.

5) Melville, "The Encantadas," *The Piazza Tales*, 135–36.

6) Hull, 92–93.

7) Baron Cuvier and Edward Griffith, *The Animal Kingdom*, vol. 8 (London: Whittaker, Treacher, and Co., 1829), 641; Bennett, vol. 1, 12–13.

第24章

1）*Moby-Dick*, 503. この船尾のボートの破壊を凶兆とする考え方については Olmsted, 24を参照。

2）*Moby-Dick*, 506–7; John G. Rogers, *Origins of Sea Terms* (Mystic: Mystic Seaport Museum, 1985), 49, 150. また、以下も参照。"Corposant" and "St. Elmo, n.," *Oxford English Dictionary*, 2nd ed. (1989), www.oed.com/view/Entry/41856 and www.oed.com/view/Entry/189733.

3）*Moby-Dick*, 507. 以下を参照。R. D. Smith, *Melville's Science*, 142–44.

4）*Moby-Dick*, 508.

5）"Tropical Cyclones in 1993," Royal Observatory Hong Kong (1995), 14; Associated Press, "Typhoon Kills 4 in Seas off Hong Kong," *Los Angeles Times* (28 June 1993), http://articles.latimes.com/1993-06-28/news/mn-80221_hong-kong; メルヴィルは日本沖（小笠原諸島からも遠くない）の台風についての記述も Beale, 269–73 で読んでいた。

6）気圧計への言及は *Moby-Dick*, 235 を参照。

7）"Tropical Cyclones in 1993," 20.

8）*Moby-Dick*, 513, 516.

9）Webster, 491.

10）Scott Huler, *Defining the Wind: The Beaufort Scale, and How a 19th-Century Admiral Turned Science into Poetry* (New York: Three Rivers Press, 2004), 123. 鯨捕りたちとボーフォート・スケール〔ビューフォート風力階級〕についてはダイヤーの私信（Michael Dyer, 5 April 2018, personal communication）を参考にした。

11）*Moby-Dick*, 158, 432, 433; Chase, 27; Nathaniel Bowditch and J. Ingersoll Bowditch, *The New American Practical Navigator* (New York: E. & G. W. Blunt, 1851), 117–19, 318; Huler, 121.

12）Huler, 121.

13）フランクリンとの関連におけるモーリーについては R. D. Smith, *Melville's Science*, 298–99を参照。捕鯨船のアース鎖についてはダイヤーの私信（Michael Dyer, 5 April 2018, personal communication）を参考にした。

14）Eason, "16 March 1858."

15）メルヴィルはその後も短編 "The Lightning-Rod Man"（1854）で稲光、理性、権威の探求を続ける。

16）Melville, *Journals*, 6. メルヴィルの嵐の経験については Mary K. Bercaw Edwards, "Ships, Whaling, and the Sea," in *A Companion to Herman Melville*, 89–92を参照。

17）Bennett, vol. 1, 4, 190; Wilkes, vol. 2, 159; Kenneth W. Cameron, "A Note on the Corpusants in *Moby-Dick*," *Emerson Society Quarterly* 19 (1960): 22–24; Darwin, *Journal of Researches*, vol. 1, 49.

18）Dana, 434.

19） 客観的相関物としての嵐については下記を参考にした。Dan Brayton, 1 July 2016, personal communication; Sealts, 214, 225; Shak [e] speare, “Tempest,” in *Dramatic Works*, 16; Coleridge, “The Ancient Mariner,” 56–57.

20） 旋回性の嵐に対する当時の知識についてはBowditch and Bowditch（1851）, 119を参照。

21） Henry Piddington, *The Sailor's Horn-Book for the Law of Storms: being a Practical Exposition of the Theory of the Law of Storms . . .*（London: Smith, Elder, and Co., 1848）.

22） *Moby-Dick*, 158.

23） Weir, “24 April 1856.”

24） 以下を参照。Dan Brayton, *Shakespeare's Ocean: An Ecocritical Exploration*（Charlottesville: University of Virginia Press, 2012）; Gwilym Jones, *Shakespeare's Storms*（Manchester: Manchester University Press, 2016）; Kris Lackey, “‘More Spiritual Tenors’: The Bible and Gothic Imagination in *Moby-Dick*,” *South Atlantic Review* 52, no. 2（May 1987）: 37–50.

25） Geophysical Fluid Dynamics Laboratory, “Global Warming and Hurricanes,” rev. 20 September 2018, www.gfdl.noaa.gov/global-warming-and-hurricanes;
Maggie Astor, “The 2017 Hurricane Season Really Is More Intense than Normal,” *New York Times*（19 September 2017）, www.nytimes.com. また、以下も参照。Richard J. Murnane and Kam-bui Liu, eds., *Hurricanes and Typhoons: Past, Present, and Future*（New York: Columbia University Press, 2004）.

第25章

1） Heflin, 42, 259–60; *Moby-Dick*, 115 での「独自のクロノメーター（patent chronometer）」としてのスターバック; Dava Sobel, *Longitude*（New York, Penguin: 1996）; Tamara Plakins Thornton, *Nathanial Bowditch and the Power of Numbers*（Chapel Hill: University of North Carolina Press, 2016）, 73.

2） Chase, 27. これらの道具の名前については長年にわたり少々紛らわしい状況が続いている。八分儀は円周の8分の1の円弧をもつことからそう名づけられており、45度までの角度を測れる。四分儀は〔円周の4分の1ではなく〕8分儀と同じ大きさなのだが、鏡がついていて90度を測れる。六分儀は円周の6分の1の円弧を持つが、やはり鏡があるおかげで120度を測れる。例えばBowditch（1851）, 128, 133, Plate 9（本書の図48に取り入れた）を参照。

3） *Moby-Dick*, 501.

4） *Moby-Dick*, 501.

5) *Moby-Dick*, 501.
6) 「存在の連鎖」については Wilson, 136を参照。
7) R. D. Smith, *Melville's Science*, 301を参照。
8) メルヴィルが羅針盤の針がずれる様子を自ら見ていなかったとしても、その現象についてスコーズビーの *Journal of a Voyage to the Northern Whale Fishery* で読んでいた可能性がある。R. D. Smith, *Melville's Science*, 144–45を参照。

第26章

1) Colnett, 169.
2) Colnett, 176.
3) *Moby-Dick*, 523–24; Vincent, 382–83.
4) *Moby-Dick*, 524, 532.
5) カンパーニャによる私信 (Claudio Campagna, 11 April 2017, personal communication). Olmsted, 177にも説得力のある類似点が挙げられている。
6) *Moby-Dick*, 150, 523; Roberts, 99–113; George W. Peck, *Melbourne, and the Chincha Islands; with sketches of Lima, and a voyage round the world* (New York: Charles Scribner, 1854), 191–92; Mark Bousquet, "Afterword: 'The Cruel Harpoon' and the 'Honorable Lamp': The Awakening of an Environmental Consciousness in Henry Theodore Cheever's *The Whale and His Captors*," in Cheever, *The Whale and His Captors*, 241; Brewster, 389. 鯨捕りとアザラシ捕りを組み合わせた航海については例えば以下を参照。Log of the ship *Emeline* 1843–44, New Bedford Whaling Museum Log 147; Joshua Drew, *et al.*, "Collateral Damage to Marine and Terrestrial Ecosystems from Yankee Whaling in the 19th Century," *Ecology and Evolution* 6 (2016): 8181–92.
7) Beers, 191; Roman, 157.
8) Brian Clark Howard, "Haunting Whale Sounds Emerge from Ocean's Deepest Point," *National Geographic* (5 March 2016), news.nationalgeographic.com. また、以下も参照。Roger Payne, "Melville's Disentangling of Whales," in *Moby-Dick*, ed. Parker, 3rd ed., 702–4.

第27章

1) "To Sophia Peabody Hawthorne, 8 Jan 1852," *Correspondence*, 218–19.
2) *Moby-Dick*, 542.
3) *Moby-Dick*, 190, 191, 274, 393, 497; Whitehead and Rendell, 157.
4) Victor Reinking and David Willingham, "Conversation with Ursula K. Le Guin," in *Conversations with Ursula K. Le Guin*, ed. Carl Freedman (Jackson: University Press of Mississippi, 2008), 118. 女性の視点から『白鯨』とこの歴史上の時代を語り直す行為については、セナ・ジーター・ナ

スランドの1999年の小説「Ahab's Wife, or, The Stargazer」を参照〔Sena Jeter Naslund, *Ahab's Wife: Or, The Stargazer* (New York: William Morrow and Company, 1999)〕。

5) *Moby-Dick*, 397. Person, "Gender and Sexuality," in *A Companion to Herman Melville*, 231–46を参照。

6) *Moby-Dick*, 544; Rita Bode, "'Suckled by the Sea': The Maternal in *Moby-Dick*," in *Melville and Women*, ed. Elizabeth Schultz and Haskell Springer (Kent: Kent State University Press, 2006), 181–98.

7) *Moby-Dick*, 545.

第28章

1) *Mardi*, 179, 283.

2) *Moby-Dick*, 548. メルヴィルは『オムー』、『エンカンタダス』、そしておそらく『タイピー』でもネッタイチョウに言及している。そして、このような長い尾羽根をもつ海鳥はネッタイチョウがほぼ唯一である。以下を参照。R. D. Madison, "The Aviary of Ocean: Melville's Tropic-Birds and Rock Rodondo—Two Notes and an Emendation," in *This Watery World: Humans and the Sea*, ed. Vartan P. Messier and Nandita Batra (Newcastle upon Tyne: Cambridge Scholars Publishing, 2008), 158–62.

3) *Moby-Dick*, 548.

4) Beale, 60–61; Beale, Melville's Marginalia Online; 以下を参照。Bercaw [Edwards], *Melville's Sources*, 55; Peter Mark Roget, *The Bridgewater Treatises on the Power Wisdom and Goodness of God as Manifested in the Creation: Treatise V, Animal and Vegetable Physiology Considered with Reference to Natural Theology*, vol. 1 (London: William Pickering, 1834), 265–66. ブリッジウォーター論文集についてはCallaway, 141–46を参照。

5) William Wood, *Zoography, or, The Beauties of Nature Displayed*, 3 vols. (London: Cadell and Davies, 1807), vol. 1: vii–xiv, vol. 2: 579; Roget, 30. 詩的効果のためにアオイガイの伝説を使った作家には、他にアレグザンダー・ポープ、オリヴァー・ウェンデル・ホームズ、ジュール・ヴェルヌ、マリアン・ムーアなどがいる。

6) Bernd Brunner, *The Ocean at Home: An Illustrated History of the Aquarium*, trans. Ashley Marc Slapp (London: Reaktion, 2011), 30–31; A. Louise Allcock, *et al.*, "The Role of Female Cephalopod Researchers: Past and Present," *Journal of Natural History* 49, nos. 21–24 (2015): 1242–43; The Society for the Diffusion of Useful Knowledge, "Paper Nautilus," *The Penny Cyclopædia*, vol. 17 (London: Charles Knight and Co., 1840), 210–15.

7) Brunner, 105–8.

8) *Moby-Dick*, 548.

第29章

1) マルタ・ゲーラとレベッカ・バッカーとのこのインタビューは当初2018年1月2日から5日にかけて実施し、後に共同で加筆修正を行った。
2) Todd, *Whales and Dolphins of Kaikōura*, 21, 26; Guerra, 7 May 2018, personal communication. この海域の雄のマッコウクジラの個体数は減少してきている。また、「定住個体（residents）」と「通りすがりの個体（transients）」の定義は曖昧な可能性がある。
3) 水中マイクの使える距離について、さらに詳しくは Whitehead, *Sperm Whales: Social Evolution*, 144を参照。クラング音、別称「遅めのクリック音」が採餌にどのように関わっている可能性があるかの議論はNathalie Jaquet, Stephen Dawson, and Lesley Douglas, "Vocal Behavior of Male Sperm Whales: Why Do They Click?," *Journal of the Acoustical Society of America* 109, no. 5, pt. 1 (May 2001): 2254–59を参照。
4) カイコウラ・キャニオンと比較的似た生産性をもつ海域は、オーストラリアのブレマー湾だ。カイコウラの生物生産性は非化学合成的である（この海域が、熱水による生態系や、化学組成の変化から活発な影響を受けている生態系ではないという意味）。以下を参照。Fabio C. De Leo, Craig R. Smith, Ashley A. Rowden, David A. Bowden, and Malcolm R. Clark, "Submarine Canyons: Hotspots of Benthic Biomass and Productivity in the Deep sea," *Proceedings of the Royal Society B* 277 (2010): 2783, 2785; National Institute of Water and Atmospheric Research Ltd, "Kaikōura Canyon: Depths, Shelf Texture and Whale Dives," NIWA Miscellaneous Chart Series, 1998, http://teara.govt.nz/en/zoomify/31738/kaikoura-canyon-poster.
5) Guerra, *et al.*, "Diverse Foraging Strategies by a Marine Top Predator," 98–108.
6) *Moby-Dick*, 556.
7) Whitehead, "Sperm Whale," *EMM*, 922.
8) Todd, *Whales and Dolphins of Kaikōura*, 7; D. E. Gaskin, "Analysis of Sightings and Catches of Sperm Whales (*Physeter catodon* L.), in the Cook Strait Area of New Zealand in 1963–4," *New Zealand Journal of Marine and Freshwater Research* 2, no. 2 (1968): 260.
9) Todd, 23, 26.
10) *Moby-Dick*, 183.
11) 『白鯨』でのマッコウクジラによる死亡例は以下の通り。*Moby-Dick* 180, 183（頭部と顎の暗示）、316–17（メイシー，尾）、257（ラドニー，顎）、438–39（ブーマー，尾）。
12) Morgan, "Address before the New Bedford Lyceum," 16; Beale, 3, 5.

13) Bennett, vol. 2, 214.

14) Bennett, vol. 2, 217; Weir, "16 November 1856," and "9 December 1857"; Michael Dyer, "Introduction to the Art of the American Whale Hunt," *New Bedford Whaling Museum Blog* (6 March 2013), https://whalingmuseumblog.org; Dyer, *Tractless Sea*, 250–56. また、Creighton, 67も参照。

15) Heflin, 85, 91.

16) Reeves, *et al.*, *Guide*, 242, 256–57, 422–23; Whitehead, "Sperm Whale," *EMM*, 3rd ed., 1095; Whitehead, *Sperm Whales: Social Evolution*, 194–95; Hidehiro Kato, "Observation of Tooth Scars on the Head of Male Sperm Whale, as an indication of Intra-sexual Fightings," *Scientific Reports of the Whales Research Institute Tokyo* 35 (1984): 39–46.

17) Whitehead, *Sperm Whales: Social Evolution*, 193; Ellis, *The Great Sperm Whale*, 98; Beale, 36–37.

18) Kazue Nakamura, "Studies on the Sperm Whale with Deformed Lower Jaw with Special Reference to Its Feeding," *Bulletin of Kanagawa Prefecture Museum* 1, no. 1 (March 1968): 13, 17, 19. また、Berzin, 93, 94, 274も参照。この研究は鯨捕りたちが捕鯨をしていた海域を拠点としていたため、性比も雄に偏っている。

19) Whitehead, *Sperm Whales: Social Evolution*, 45; Dolin, 402.

20) Bennett, vol. 2, 220; Haley, 250.

21) Philbrick, *In the Heart of the Sea*, 81; Parker, vol. 1, 725; Leyda, 411; Cheever, "1853 Additions," in *The Whale and His Captors*, 168–69.

22) Chase, 26–27; Philbrick, *In the Heart of the Sea*, 81. エセックス号について更に詳しくは Philbrick, *In the Heart of the Sea; David Dowling, Surviving the Essex: The Afterlife of America's Most Storied Shipwreck* (Hanover: ForeEdge, 2016) および Madison, *The Essex and the Whale*を参照。

23) "The Whale Fishery," No. 82 (Jan 1834), *North American Review* 38 (Boston: Charles Bowen, 1834), 112; Olmsted, 144–45; Madison, *The Essex and the Whale*, 89; Hal Whitehead and Marta Guerra, 6 February 2018, personal communication; Philbrick, *In the Heart of the Sea*, 87, 255–56. この点を含めたマッコウクジラの知覚と船への衝突の要素の議論についてはDowling, 141–65も参照。

24) *Correspondence*, 209; Parker, vol. 1, 878; Sidney Kaplan, "Can a Whale Sink a Ship? The Utica *Daily Gazette* vs the New Bedford *Whalemen's Shipping List*," *New York History* 33, no. 2 (April 1952): 159–63. また，以下も参照。Cheever, "1853 Additions," in *The Whale and His Captors*, 165–68; Starbuck, 123–25, 159; Andrew B. Myers, "Two More Attacks," *Melville Society Extracts* 29 (1977): 12; また、マッコウクジラが船首に突っ込み、水切り部をなぎ払い、歯で〔船底の〕銅包板を齧った捕鯨船オ

スケオラ号（*Osceola*）の報告について A. Howard Clark, "The Whale-Fishery," in *The Fisheries and Fishery Industries of the United States*, ed. George Brown Goode, 5:2 (Washington, DC: Government Printing Office, 1887), 261–62を参照。1902年の捕鯨船キャスリーン号（*Kathleen*）の沈没について、さらにCaptain Thomas H. Jenkins, *Bark Kathleen Sunk by a Whale* (New Bedford: H. S. Hutchinson & Co., 1902) を参照。近年の報告についてはGregory L. Fulling, *et al.*, "Sperm Whale (*Physeter macrocephalus*) Collision with a Research Vessel: Accidental Collision or Deliberate Ramming?," *Aquatic Mammals* 43, no. 4 (2017): 421–29を参照（この論文の動画は、掲載誌のウェブサイト www.aquaticmammalsjournal.org で論文を閲覧した際に「Supplemental Material」欄から見ることができる〔2022年1月現在の動画リンク：https://vimeo.com/223171515 またはhttps://www.aquaticmammalsjournal.org/index.php?option=com_content&view=article&id=1669:fulling-et-al&catid=48:videos-accompanying-published-articles&Itemid=147〕）。

25） Reeves, *et al.*, *Guide*, 360; David Lusseau, "Why Are Male Social Relationships Complex in the Doubtful Sound Bottlenose Dolphin Population?," *PLoS ONE* 2, no. 4 (2007): 1–8; Ingrid N. Visser, *et al.*, "First Record of Predation on False Killer Whales (*Pseudorca crassidens*) by Killer Whales (*Orcinus orca*)," *Aquatic Mammals* 36, no. 2 (2010): 195; Whitehead, *Sperm Whales: Social Evolution*, 278–81; Bennett, vol. 2, 218; Whitehead, "Sperm Whale," *EMM*, 3rd ed., 922.

26） 同様の観察例は Olga Panagiotopoulou, Panagiotis Spyridis, Hyab Mehari Abraha, David R. Carrier, and Todd Pataky, "Architecture of the Sperm Whale Forehead Facilitates Ramming Combat," *PeerJ* (2016): 3を参照。

27） David R. Carrier, Stephen M. Deban, and Jason Otterstrom, "The Face that Sank the Essex: Potential Function of the Spermaceti Organ in Aggression," *Journal of Experimental Biology* 205 (2002): 1755, 1760–62.

28） Carrier, *et al.*, 1762.

29） Burnett, *Trying Leviathan*, 131.

30） サミュエル・ロバートソン号の航海日誌（1841〜46年）で、ウィリアム・A・アレンは《日の出にしろ日の入りにしろ、彼〔マッコウクジラ〕は変わらず太陽に向かって死ぬだろう》と書いた。William A. Allen, "27 June 1842," Journal of the *Samuel Robertson* 1841–46. New Bedford Whaling Museum ODHS Log 1040; Beale, 161.

31） *Moby-Dick*, 354–55.

32） *Moby-Dick*, 356–57.

33） Bousquet, 221–222; Enoch Carter Cloud, *Enoch's Voyage: Life on a Whale Ship, 1851–1854*, ed. Elizabeth McLean (Wakefield, RI: Moyer Bell, 1994), 53.

34) Beers, 21, 23; Humphry Primatt, *A Dissertation on the Duty of Mercy and Sin of Cruelty to Brute Animals* (London: R. Hett, 1776), 13, 237, 308–9; Jeremy Bentham, *An Introduction to the Principles of Morals and Legislation* (London: T. Payne and Son, 1789), 309. ラセペードの翻訳は Jacques Cousteau, *Whales* (New York: H. N. Abrams, 1988), 13 に収録。Barwell, 57.
35) *Moby-Dick*, 74.
36) *Moby-Dick*, 382, 461.
37) Lori Cuthbert and Douglas Main, "Orca Mother Drops Calf, after Unprecedented 17 Days of Mourning," *National Geographic* (13 August 2018), https://www.nationalgeographic.com/animals/.
38) Schultz, 100, 112.
39) *Moby-Dick*, 385.
40) Payne, "Melville's Disentangling of Whales," in *Moby-Dick*, ed. Parker, 703.
41) Delbanco, 177; Leyda, 427.

第30章

1) Vincent, 389を参照。また Osborn, "Logbook of the *Charles W. Morgan*" に収録された旗信号一覧を参照。
2) *Moby-Dick*, 572.
3) *Moby-Dick*, 539, 573; Bennett, vol. 2, 242; Vincent, 387–89. ロバート・マディソンに感謝する。
4) Chris Elphick, John B. Dunning Jr., and David Allen Sibley, eds., *The Sibley Guide to Bird Life and Behavior* (New York: Knopf, 2001), 167; Peter Harrison, *Seabirds: An Identification Guide*, rev. ed. (Boston: Houghton Mifflin, 1983), 307–8, 310; Audubon, Ornithological Biography, vol. 3, 497. また、以下も参照。Walt Whitman, "To the Man-of-War-Bird" (1876) in *The Sea is a Continual Miracle: Sea Poems and Other Writings* by Walt Whitman, ed. Jeffrey Yang (Hanover: University Press of New England, 2017), 198.
5) Bennett, vol. 2, 243–44.
6) Walters, 18–19; Gregory S. Stone and David Obura, *Underwater Eden: Saving the Last Coral Wilderness on Earth* (Chicago: University of Chicago Press, 2013), 45–46; David Steadman, *Extinction and Biogeography of Tropical Pacific Birds* (Chicago: University of Chicago Press, 2006); Warren B. King, "Conservation Status of Birds of Central Pacific Islands," *Wilson Bulletin* 85, no. 1 (March 1973): 89, 101; Ian Fraser and Jeannie Gray, *Australian Bird Names: A Complete Guide* (Collingwood, Victoria: CSIRO Publishing, 2013), 57; Melville, "The Encantadas," *The Piazza Tales*, 134–35.

7) "Pelecanidæ," *The Penny Cyclopædia*, vol. 17 (London: Charles Knight and Co., 1840), 386.
8) Melville, *Typee*, 10. また、メルヴィルの詩 "The Man-of-War Hawk" (1888), *Poems*, 230も参照。

第31章

1) Tuake Teema, 22 July 2017, personal communication; Randi Rotjan, *et al.* "Establishment, Management, and Maintenance of the Phoenix Islands Protected Area," in *Advances in Marine Biology*, vol. 69, ed. Magnus L. Johnson and Jane Sandell (Oxford: Academic Press, 2014), 305.
2) 下記の動画を参照。Education Association, "Whales and Tall Ships," ed. Chris Nolan, film by Jan Witting, 4 November 2015, www.youtube.com/watch?v=Egb9ZV6E3d4; Amber Kinter and Abby Cazeault, 5, 8 August 2017, personal communication.
3) Haley, 111–22; Smith, Reeves, Josephson, and Lund, "Spatial and Seasonal Distribution of American Whaling and Whales in the Age of Sail," 10; Erin Taylor, "A Whale's Tale of the Phoenix Islands," *New England Aquarium Phoenix Islands Blog* (March-December 2013), pipa.neaq.org; "3 May 1852," *Logbook of the Commodore Morris*, 1849–53.
4) Colnett, 28–29; Bennett, vol. 2, 172; McCauley, *et al.*, "Marine Defaunation," 2; Walters, 232.
5) Deborah S. Goodwin, "Final Report for S.E.A. Cruise S274," (Woods Hole, MA: Sea Education Association, 2017) 5, 48.
6) Sandra Altherr, Kate O'Connell, Sue Fisher, and Sigrid Lüber, "Frozen in Time: How Modern Norway Clings to Its Whaling Past," *Animal Welfare Institute, OceanCare, and Pro Wildlife* (2016): 1–23; "Which Countries Are Still Whaling?" *International Fund for Animal Welfare* (accessed 12 March 2018), https://www.ifaw.org/united-states/our-work/whales/which-countries-are-still-whaling; Rachel Bale, "Norway's Whaling Program Just Got Even More Controversial," *National Geographic* (31 March 2016), www.news.nationalgeographic.com; "Special Permit Catches since 1985," International Whaling Commission, accessed 31 January 2019, https://iwc.int/table_ permit; Rupert Wingfield-Hayes, "Japan and the Whale," BBC News, Tokyo (8 February 2016), http://www.bbc.com/news/world-asia-35397749; Randall R. Reeves, "Hunting," *EMM*, 3rd ed., 492–96; J. G. Cook and P. J. Clapham, "*Eubalaena japonica*," The IUCN Red List of Threatened Species, 2018, http://www.iucnredlist.org/details/41711/0; J. G. Cook, "*Eubalaena glacialis*," The IUCN Red List of Threatened Species, 2018, www.iucnredlist.org/details/41712/0.
7) Shane Gero and Hal Whitehead, "Critical Decline of the Eastern

Caribbean Sperm Whale Population," *PLOS ONE* 11, no. 10 (5 October 2016): 1; Brandon L. Southall, "Noise," *EMM*, 3rd ed., 642; Kathleen M. Moore, Claire A. Simeone, and Robert L. Brownell Jr., "Strandings," 945–47, *EMM*, 3rd ed.

8) Whitehead, "Sperm Whales in Ocean Ecosystems," 324–33.

9) *Moby-Dick*, 571, 572.

10) Leavitt, 29; また、以下も参照。Bennett, vol. 2, 221.

11) この渦についてさらに詳しくは以下を参照。Matthew Mancini, "Melville's 'Descartian Vortices,'" *ESQ* 36, no. 4 (1990): 315–27; and David Charles Leonard, "Descartes, Melville, and the Mardian Vortex," *South Atlantic Bulletin* 45, no. 2 (May 1980): 13–25.

12) ノーランによる私信 (Chris Nolan, 5 August 2017, personal communication)。

13) *Moby-Dick*, 457.

14) *Moby-Dick*, 568.

15) *Moby-Dick*, 573.

16) Kennedy Wolfe, Abigail M. Smith, Patrick Trimby, and Maria Byrne, "Vulnerability of the Paper Nautilus (*Argonauta nodosa*) Shell to a Climate-Change Ocean: Potential for Extinction by Dissolution," *Biological Bulletin* 223 (October 2012): 236–244; Goodwin, 47; Deborah Goodwin, 1 September 2018, personal communication; Ocean Portal Team with Jennifer Bennett, "Ocean Acidification," Ocean Portal, Smithsonian, 2017, http://ocean.si.edu/ocean-acidification; Kevin Krajick, "Ocean Acidification Rate May Be Unprecedented, Study Says," Lamont-Doherty Earth Observatory, 1 March 2012, www.ldeo.columbia.edu/news-events; O. Hoegh-Guldberg, *et al.*, "Coral Reefs Under Rapid Climate Change and Ocean Acidification," *Science* 318 (14 December 2007), 1737.

17) Conservation International, "Establishing the Phoenix Island Protected Area," (n.d.), 1; *Stone and Obura*, title page, 15–17; Max Quanchi and John Robson, *Historical Dictionary of the Discovery and Exploration of the Pacific Islands* (Lanham, MD: Scarecrow Press, 2005), xix; また、以下も参照。Dyer, *Tractless Sea*, 110 (船の元の名は「*Canton*」だった); *Moby-Dick*, 443; Colnett, ix; Elizabeth Dougherty, "Rise of the Reef Doctors," BU Experts, Boston University, 2017, medium.com/boston-university-pr; Randi Rotjan, Lecture, Sea Education Association, Woods Hole, 20 June 2017.

18) Stone and Obura, 9–12.

19) Anthony L. Andrady, "Persistence of Plastic Litter in the Oceans," 57–72; Amy Lusher, "Microplastics in the Marine Environment: Distribution, Interactions and Effects," 260, in *Marine Anthropogenic Litter*, ed. Melanie Bergmann, Lars Gutow, and Michael Klages (New York: Springer, 2015).

20) Edith Regalado, "BFAR: Plastic, Steel Wires Killed Whale in Samal," *Philippine Star*, 20 December 2016, www.philstar.com. また、例として以下も参照。J. K. Jacobsen, L. Massey, F. Gulland, "Fatal Ingestion of Floating Net Debris by Two Sperm Whales (*Physeter macrocephalus*)," *Marine Pollution Bulletin* 60, no. 5 (May 2010): 765–67; Kristine Phillips, "A Dead Sperm Whale Was Found with 64 Pounds of Trash in Its Digestive System," *Washington Post* (11 April 2018), www.washingtonpost.com.

21) 海洋教育協会 (Sea Education Association) によるマイクロプラスチックの研究については、例えば以下を参照。Kara Lavender Law, *et al.*, "Distribution of Surface Plastic Debris in the Eastern Pacific Ocean from an 11-Year Data Set," *Environmental Science and Technology* 48, no. 9 (2014): 4732–38. 私たちのプラスチックとの近代的な関係性および『白鯨』や海洋文学とのつながりについて、さらに詳しくは以下を参照。Donovan Hohn, *Moby-Duck: The True Story of 28,800 Bath Toys Lost at Sea and of the Beachcombers, Oceanographers, Environmentalists, and Fools, Including the Author, Who Went in Search of Them* (New York: Viking, 2011) ; Patricia Yaeger, "Sea Trash, Dark Pools, and the Tragedy of the Commons," *PMLA* 125, no. 3 (2010): 523–45.

22) Steven L. Chown, "Tsunami Debris Spells Trouble," *Science* 357, no. 6358 (29 September 2017): 1356; Becky Oskin, "Japan Earthquake & Tsunami of 2011: Facts and Information," LiveScience (13 September 2017), www.livescience.com; James T. Carlton, *et al.*, "Tsunami-Driven Rafting: Transoceanic Species Dispersal and Implication for Marine Biogeography," *Science* 357, nos. 1402–1406 (2017): 1–4.

23) Schultz, 110. また、以下も参照。Harvey, "Science and the Earth," 80; Randy Kennedy, "The Ahab Parallax: '*Moby Dick*' and the Spill," *New York Times* (12 June 2010), www.nytimes.com.

24) Lewis Mumford, *Herman Melville* (New York: Literary Guild of America, 1929), 194.

25) Sanford E. Marovitz, "The Melville Revival," in *A Companion to Herman Melville*, 515–31; David Dempsey, "In and Out of Books," *New York Times*, 3 September 1950, 108; Paul Lauter, "Melville Climbs the Canon," *American Literature* 66, no. 1 (March 1994): 20.

26) Margaret Atwood, "The Afterlife of Ishmael," in *Whales: A Celebration*, ed. Greg Gatenby (Boston: Little Brown, 1983), 210.

27) 海棲哺乳類と文化については Whitehead and Rendell, 269–70を参照。Catherine Robinson Hall, 3 July 2018, personal communication.

28) John Vidal, "Pacific Atlantis: First Climate Change Refugees," *Guardian*, 25 November 2005, www.theguardian.com; The World Bank, "Water,

Water, Everywhere, but Not a Drop to Drink: Adapting to Life in Climate Change-Hit Kiribati," 21 March 2017, www.worldbank.org.

29) John Walsh *et al.*, "Ch. 2: Our Changing Climate," *Climate Change Impacts in the United States: The Third National Climate Assessment*, ed. J. M. Melillo, Terese (T. C.) Richmond, and G. W. Yohe (US Global Change Research Program, 2014): 44–45, doi:10.7930/J0KW5CXT.

30) The World Bank, "Water, Water, Everywhere."

31) Roberts, 349–62; Enric Sala and Sylvaine Giakoumi, "No-Take Marine Reserves Are the Most Effective Protected Areas in the Ocean," *ICES Journal of Marine Science* 75, no. 3 (2018): 1166–68; Anote Tong, "Foreword," in Stone and Obura, ix.

32) Kareati Waysang, c. 4 August 2017, personal communication. また、以下も参照。Kayla Walsh, "Kiribati Confronts Climate Upheaval by Preparing for 'Migration with Dignity,'" Monga-Bay, 11 July 2017, https://news.mongabay.com/2017/.

33) Vidal, "Pacific Atlantis: First Climate Change Refugees"; Coral Davenport and Campbell Robertson, "Resettling the First American 'Climate Refugees,'" *New York Times* (3 May 2016), www.nytimes.com.

34) Batiri T. Bataua, *et al.*, *Kiribati: A Changing Atoll Culture* (Suva, Fiji: Institute of Pacific Studies of the University of the South Pacific, 1985), 14.

35) "COP15 Kiribati Side Event—Song of the Friage Te Itei," posted by Marc Honore, presented at the United Nations Framework Convention on Climate Change, COP 15, 9 December 2009, https://www.youtube.com/watch?v=G5wEgGZhXrw&t=5s.

36) Spencer R. Weart, *The Discovery of Global Warming*, rev. ed. (Cambridge: Harvard University Press, 2008), 5.

37) *Moby-Dick*, 572.

38) Rachel Carson, *Under the Sea-Wind* (New York: Penguin, 2007), 162. カーソンについては例えば以下を参照. Susan Power Bratton, "Thinking like a Mackerel: Rachel Carson's *Under the Sea-Wind* as a Source for a Trans-ecotonal Sea Ethic," in *Rachel Carson: Legacy and Challenge*, ed. Lisa H. Sideris and Kathleen Dean Moore (Albany: SUNY Press, 2008), 79–93.

39) "NYC Flood Hazard Mapper," New York City Department of Planning, accessed 31 January 2019, http://www1.nyc.gov/site/planning/data-maps/flood-hazard-mapper.page; Matthew Bloch, Ford Fessenden, Alan McLean, Archie Tse, and Derek Watkins, "Surveying the Destruction Caused by Hurricane Sandy," *New York Times*, accessed 31 January 2019, www.nytimes.com.

著者

リチャード・J・キング（Richard J. King）

海洋文学研究者、ライター、イラストレーター。スコットランドのセント・アンドリュース大学で博士号を取得。同大で教員を務めた後、米国・ウッズホール海洋研究所内の海洋教育協会（Sea Education Association）で客員准教授を務める。海洋文学とその背景にある海事・漁業文化を研究する傍ら、過去25年以上にわたり船員・教員として数々の航海に出ている。著作に *The Devil's Cormorant: A Natural History*（University of New Hampshire Press）など。

訳者

坪子　理美（つぼこ・さとみ）

英日翻訳者。博士（理学）。メダカやプランクトンなどの水棲動物を材料に、動物の行動の多様性と遺伝子の関係を研究。訳書に『なぜ科学はストーリーを必要としているのか』（慶應義塾大学出版会）、『悪魔の細菌』（中央公論新社）など。共著に『遺伝子命名物語』（中央公論新社）がある。

クジラの海をゆく探究者《ハンター》たち　下
――『白鯨』でひもとく海の自然史

2022年10月5日　初版第1刷発行

著　者――――リチャード・J・キング
訳　者――――坪子理美
発行者――――依田俊之
発行所――――慶應義塾大学出版会株式会社
〒108-8346　東京都港区三田2-19-30
ＴＥＬ〔編集部〕03-3451-0931
〔営業部〕03-3451-3584〈ご注文〉
〔　〃　〕03-3451-6926
ＦＡＸ〔営業部〕03-3451-3122
振替 00190-8-155497
https://www.keio-up.co.jp/
装　丁――――Malpu Design（清水良洋）
ＤＴＰ――――アイランド・コレクション
カバー画―――yu nakao
挿　図――――モリモト印刷株式会社
印刷・製本――中央精版印刷株式会社
カバー印刷――株式会社太平印刷社

Printed in Japan ISBN978-4-7664-2837-7